U0307442

中国物流业碳排放测算与低碳化路径研究

Carbon Emission Measurement and Low Carbon Path of China's Logistics Industry

李 创 著

中国财经出版传媒集团

国家社科基金后期资助项目
出版说明

后期资助项目是国家社科基金设立的一类重要项目，旨在鼓励广大社科研究者潜心治学，支持基础研究多出优秀成果。它是经过严格评审，从接近完成的科研成果中遴选立项的。为扩大后期资助项目的影响，更好地推动学术发展，促进成果转化，全国哲学社会科学工作办公室按照“统一设计、统一标识、统一版式、形成系列”的总体要求，组织出版国家社科基金后期资助项目成果。

全国哲学社会科学工作办公室

前　言

随着改革开放，特别是中国经济的高速增长，物流业也得到了蓬勃发展，自2013年以来，中国一直是全球物流总量最高的国家，约占世界物流总量的1/5。随着产业内分工和电子商务的快速推进，物流业的社会需求还会持续增长。与此同时，《中国能源统计年鉴》的数据显示，物流业的能源消耗不仅总量持续加大，而且在各行业能源消耗排名中，物流业已经上升至第四位，仅次于有色金属、化工制造和黑色金属，另外，国家发展和改革委员会能源研究所的研究指出，未来物流业将成为中国能源需求和碳排放增长的主要贡献者。因此，在全球国际竞争和中国节能减排政策的双重压力之下，物流业如何实现低碳高效的清洁发展至关重要。在此背景下，开展物流业的碳排放测算与低碳化路径研究具有重要的理论和现实意义。首先，从应对气候变化和加强环境保护的国际形势来看，物流业的低碳化发展是顺应国际发展潮流和参与国际竞争的必然选择与唯一可行之路。其次，从国内供给侧改革和节能减排的需要来看，作为国家的基础性和战略性产业，物流业的碳减排和低碳化发展事关中国经济社会的发展质量和发展效益。最后，从物流业可持续发展来看，低碳化发展是物流业实现规模化、现代化、节约型发展的总目标，是中国物流业发展模式和发展路径的总体体现。

本书围绕物流业的碳排放测算与低碳化路径具体开展以下研究。第一章，绪论。这一部分主要阐述本书的选题背景与研究意义，以及研究思路、主要研究内容、使用的研究方法和创新之处，为整体研究工作奠定基础。第二章，国内外文献综述。这一部分主要是全面系统地梳理国内外有关物流业碳排放测算和低碳化路径的研究成果，尤其是与物流业相关的测算方法、低碳化路径和低碳化政策的研究成果，在充分肯定现有研究贡献的基础上，指出存在的不足并提出未来的研究方向。第三章，环境管制背景下物流企业的竞争力评价研究。首先，客观分析了中国物流的发展现状，重点从经济规模、从业规模、运输方式、运输效率和基础设施五个方面进行总结；其次，分别阐述了环境管制和企业竞争力的相关理论，揭示了环境管制对企业竞争力的影响机制；最后，基于前面的理论分析，构建了基于环境要素的企业竞争力分析模型，从而将加强环境管制与提升企业竞争力有机统一。第四章，环境管制背景下物流业的碳排放测算研究。首先，分析了近20年中国物流业的能源消耗现状，即能源消耗量大且增速较快，而且能源消耗以石油类燃料为主是中国物流业的能耗特征；其次，分别以IPCC碳排放系数法的直接能耗法和基于投入产出表的完全能耗法，计算了中国1995～2014年物流业的碳排放，并进行了两种测算结果的对比分析，研究得出前一种方法的不足，以及间接碳排放已经成为中国物流碳排放的主要贡献者，进而运用Kaya恒等式以及LMDI加法分解模式，对中国物流业碳排放的影响因素进行了分解研究；最后，基于单位根检验、协整检验、格兰杰因果检验、脉冲响应分析和方差分解等详细分析了物流业碳排放与能源消耗和经济增长之间的动态关系。研究认为，靠牺牲环境换取经济增长的发展方式不可取，并基于EKC理论对未来物流业的碳排放趋势进行了预测研究，结果发现，中国物流业的碳排放拐点尚未到来，这也警示我们必须加强物流业的低碳化发展。第五章，环境管制背景下物流企业的环境技术创新研究，主要从环境技术创新角度，揭示物流业的低碳化路径。首先，详细总结了物流业环境技术创新的发展现状和理论依据，在此基础上重点分析了运输、储存、包装和废弃物等环节的创新路径，为物流企业开展环境技术创新指明了具体方向。其次，以河南省2002～2018年的数据为基础，实证研究了环境技术创新与经济高质量发展之间的关系，研究结果再一次表明，加强环境技术创新对于推动经济高质量发展的重要性。第六章，物流企业低碳化发展的国际经验及政策体系研究。主要是学习借鉴发达国家的低碳物流发展经验，并结合中国国情构建了加征碳税、财政补贴和公众参与三种途径促进低碳化发展的体制机制，最后从政府、企业和社会三个层面提出了促进中国物流业低碳化发展的政策建议。

本书由河南理工大学能源经济研究中心的李创撰写。本书在写作过程中，参考了大量中外文献，在此向所有作者表示感谢。由于研究条件有限，书中难免存在疏漏和错误，敬请各位读者批评指正。

目　　录

第一章 绪论

第一节 研究背景与研究意义

一、研究背景

1. 国际背景

20世纪中叶以来，全球出现了气候变暖、海平面不断上升、极地冰川融化、大范围持续的雾霾天气和气候反常等现象，地球生态系统遭到严重破坏，这给世界各国的发展带来负面影响，也给各国人民的生活带来了困扰。联合国环境规划署的相关文件指出，造成这些问题的主要原因之一就是二氧化碳等温室气体排放过量。为了解决这些全球性的能源问题和气候变化的问题，人类必须走低碳发展之路，各国必须调整经济发展方式，进行碳减排。

2003年，英国率先发布了能源白皮书，提出了“低碳经济”一词，并明确表示，英国将发展低碳经济。随后，美国在2005年、2007年和2009年分别通过了《能源政策法》《低碳经济法案》《美国清洁能源与安全法案》等发展节能技术和清洁能源的政策法规，开启了美国的“低碳计划”。德国政府于2004年通过了《可再生能源法》、2013年通过了德国“高新技术战略”，以加强新能源开发和技术创新。日本不断对《节能法》进行修订和完善，并于2011年颁布了《可再生能源法》，将低碳社会作为国家发展的长远目标。2015年联合国气候变化框架公约第21次会议在巴黎成功召开，并通过了《巴黎协定》，确立了减排是2020年后全球气候治理的重要内容。在国际减排的政策引领下，低碳经济正在成为世界各国经济发展的潮流趋势。

物流作为最重要的经济活动之一，在各国低碳发展中都起着至关重要的作用。物流业是国家经济发展的重要产业，但同时也呈现出高能耗、高排放的特点（McKinnon，2010），想要发展低碳经济，就必须降低物流业的碳排放量，实现物流业低碳化发展。据国际能源署（International Energy Agency，IEA）2012 年的年度报告显示，2010 年全球交通用油总量占全球石油消耗总量的 61.5%，全球交通部门二氧化碳排放量占全球二氧化碳排放量的 22.3%。由此可见，物流业既是能源消耗大户，也是碳排放大户，是第三产业中的高碳行业。据美国国家环境保护局（United States Environmental Protection Agency，USEPA）2016 年发布的数据显示，美国 2014 年因运输产生的温室气体排放约占美国温室气体排放总量的 26%，使其成为仅次于电力行业的第二大贡献者。因此，低碳物流越来越受到国际组织和各国行政管理部门的高度重视，降低能耗和碳排放已成为物流业的必然趋势（Fahimnia et al.，2015）。从宏观上看，发展低碳物流有助于低碳制造和低碳消费，共同构成可持续的低碳经济体系，因此，低碳物流正在成为全球物流业共同努力的目标（Halldórsson and Kovács，2010）；从微观上看，低碳物流有助于物流企业节能减排，提高市场竞争力（Tang et al.，2015；Guo et al.，2016），是企业可持续发展的必然选择。

2. 国内背景

改革开放以来，中国经济持续高速发展，在 2011 年成为世界第二大经济体，2012 年中国的碳排放总量已位居全球之最。与此同时，中国也是《京都议定书》的成员国，是《联合国气候变化框架公约》的缔约国，担负着量化减排的重要任务。在 2009 年哥本哈根气候会议上，中国领导人向全世界做出声明：到 2020 年中国每单位 GDP 的二氧化碳排放量与 2005 年相比，要下降 40% ~50%。2015 年，李克强总理宣布，到 2030 年使单位国内生产总值二氧化碳排放量比 2005 年下降 60% ~65%[①]。党的十九大报告中指出，将“坚持人与自然和谐共生”的理念确定为新时代背景下更好地对中国特色社会主义进行发展的根本方略，并从改革生态环境监管体制、着力解决突出环境问题、推进绿色发展、加大生态系统保护力度四个方面，更好更快地促进生态文明的体制改革与建设美丽新中国。近几年来，党中央和国务院印发了大量重要文件，如《中共中央 国务院关于加快推进生态文明建设的意见》和《生态文明体制改革总体方案》等，对中国进一步更好地进行生态文明建设提出了更加明确的要求。由此可见，中国顺应国际趋势，发展低碳经济势在必行。

① 罗欢：《西语媒体热议李克强总理访法》，人民网，2015 年 7 月 1 日。

在此背景下，顺应低碳经济发展潮流的低碳物流应运而生。一方面，中国物流业是低碳经济的重要组成部分，实现物流业低碳化有利于中国的低碳发展。这是因为，物流业是中国能源消耗的重点行业，中国物流与采购联合会的数据显示，2018 年物流业的油品消耗量约占全国油品消耗总量的 1/3。换言之，物流业是中国进行“低碳经济革命”的重点行业之一。另一方面，物流业的低碳化发展势在必行。近年来，随着中国工业化、城市化的推进，以及国家“十一五”“十二五”“十三五”规划的支撑，中国物流业得到了飞速发展，自 2013 年开始，中国成为世界物流总量第一大国，2013 年中国物流市场占全球物流市场的 18.6%，超过美国 15.8% 的水平。[①] 中国目前正处于快速发展阶段，未来物流业规模将会进一步扩大，随之带来的就是碳排放的增加，要实现减排目标就需将物流业作为减排的重要领域。同时，中国物流业要想在国际竞争中保持优势，也必须尽早进行低碳化发展。但由于中国物流业发展较晚，专业水平较低，政策体系不够健全，所以在物流业低碳化发展中还存在许多问题。想要解决这些问题，就必须正视中国低碳物流发展的制约因素，学习物流业发达国家的低碳化成功经验，构建促进中国物流企业进行低碳化转型发展的相关机制，并相应完善中国物流业低碳化发展的政策体系，才能更好地促进中国物流业的低碳化发展。

二、研究意义

党的十八大报告强调要继续坚持环境保护的基本国策，大力推进生态文明建设。在编制“十三五”规划时，习近平明确强调：要树立绿色、低碳发展理念，增强可持续发展能力，提高生态文明水平，建设资源节约型、环境友好型社会。[②] 由此可见，环境保护已经被提升到前所未有的高度。作为能源消耗和碳排放大户，物流业面临的节能减排形势将愈发严峻。随着环境问题的日益凸显，物流企业的竞争环境变得更为复杂，环境因素对物流企业竞争力的影响更加明显。因此，本书围绕环境管制背景下物流企业的碳排放测算与低碳化发展问题开展相关研究，具有重要的理论和现实意义。

---

① 关觉：《新知新觉：充分挖掘物流蕴藏的经济效益》，载于《人民日报》2016 年 8 月 29 日第 7 版。

② 《习近平谈“十二五”五大发展理念之三：绿色发展篇》，中国共产党新闻网，2015 年 11 月 12 日。

1. 理论意义

首先，通过对国内外碳排放测算方法以及国内外物流业碳排放测算相关研究成果的梳理总结及分析研究，不仅可以为其他学者开展碳排放测算相关研究提供研究参考，而且有助于进一步丰富中国物流业低碳化发展的理论基础。尤其是本书分别采用传统的碳排放系数法和对数据要求较高的投入产出完全能耗法对中国物流业碳排放测算进行科学量化，可以较好地克服现有研究测算误差大、可靠性较低的不足，为更准确地掌握中国物流业碳排放规模提供了科学基础。此外，通过对中国物流业碳排放与能源消耗、经济增长的关系，以及碳排放影响因素和碳排放趋势的定量分析，有助于客观分析中国物流业碳排放形势，为碳减排政策的制定提供基础数据支撑。

其次，在全球应对气候变化以及中国加强生态文明建设的今天，环境标准只会越来越高，环境管制力度也会越来越大，换言之，环境因素将成为企业可持续发展必须关注的内容。因此本书在环境管制背景下构建基于环境要素的企业竞争力分析模型，是将企业竞争力理论推向可持续发展的新高度，既能为物流企业的低碳化发展提供理论指导，也能为其他竞争力研究提供重要的借鉴价值。

最后，中国物流业低碳化发展涉及利益主体众多，通过文献研究发现政府和物流企业这两个行为主体之间的关系对中国物流业低碳化转型发展具有重要影响。本书通过对低碳物流活动中政府与物流企业这两个行为主体间的博弈研究，确定政府对物流企业实施监管能够影响物流企业低碳化转型发展的意愿选择，同时也能影响物流企业的低碳化成效。这一研究结果为政府制定物流企业低碳化发展政策体系提供了理论决策依据。

2. 现实意义

首先，在低碳经济盛行的大环境下，物流业低碳化发展是物流行业未来发展的目标和方向，但目前中国物流业低碳化发展情况并不理想，究其原因在于低碳化路径不明。本书通过深入分析环境技术创新和企业竞争力后认为，加强环境技术创新，既能促进物流企业低碳化发展，又能提升物流企业竞争力水平，实现经济效益和环境效益的双赢，这为加快中国物流企业转型、提升物流企业竞争优势具有重要的现实指导意义。

其次，物流业的碳排放测算既是国家层面设计物流业减排政策的前提，也是企业层面采取针对性减排措施的决策基础，同时也为社会层面加强减排奖惩监督提供了依据。因此，本书为进一步完善中国物流业低碳化发展战略提供了基础数据，进而通过国家的政策引导和约束机制，使物流业实现从“高碳”模式到“低碳”模式的转型，提升产业竞争力，推动物流业的长远发展。

最后，通过建模分析碳税机制、财政补贴机制和公众参与机制下的物流业碳减排意愿和策略选择，有助于深入探寻物流企业低碳化发展的微观决策机制，进而为政府构建科学有效、合理可行的环境管制政策与激励机制提供依据。这一研究成果对于其他行业的节能减排体制机制设计也具有很好的决策参考价值。

第二节　研究内容

本书的主要内容共分为以下六个部分。

第一章，绪论。介绍全书的选题背景与研究意义、研究内容、研究方法和技术路线，并指出本书的创新之处。

第二章，国内外文献综述。这一部分主要从国外和国内两个方面对低碳物流的内涵、碳排放测算、物流业的碳排放测算、物流业的低碳化路径和物流业的低碳化政策五个方面，对相关文献进行系统梳理和总结，在此基础上指出现有研究的不足和可能的研究方向，以期为开展进一步研究提供清晰的思路。

第三章，环境管制背景下物流企业的竞争力评价研究。首先，对中国物流业的发展现状进行概括性分析，包括物流业的经济规模、从业规模、运输方式、运输效率和基础设施等方面，以期对中国物流业的整体发展现状有个基本的了解。其次，从环境管制的基本概念、政策类型和政策对比等方面阐述环境管制的基础理论，从企业竞争力的基本概念、影响因素等方面阐述企业竞争力的相关理论，并深入剖析了环境管制对企业竞争力的影响机制和现有研究成果，在此基础上，构建了基于环境要素的企业竞争力分析模型，从而将企业竞争力理论推向可持续发展的新高度。

第四章，环境管制背景下物流业的碳排放测算研究。首先，对中国物流业能源消耗现状进行数据收集和整理，为后续碳排放测算研究提供基础数据。其次，在综合分析国内外碳排放测算方法的基础上，结合中国物流业的统计数据，选择直接能耗法和基于投入产出表的完全消耗系数法作为本书的主要研究方法，对 1995 ~ 2014 年中国物流业的碳排放总量进行定量计算，归纳总结中国物流业的碳排放特征和碳排放规律，对比分析不同测算方法下的测算结果。再其次，基于 Kaya 分析模型对物流业的碳排放影响因素进行分解研究，并从物流业增加值、货物周转量能源消耗等角度分析中国物流业的碳排放强度，旨在揭示中国物流业的能耗效率和发展趋势。最后，通过计量分析模型，定量分析物流业碳排放与能源消耗、经济增长的动态关联关系，中国物流业快速发展背后的增长动力，并基于环境库兹涅兹曲线理论，对未来中国物流业的碳排放趋势进行科学预测。总之，这一部分从测算方法的选择、研究数据的处理、测算结果的对比分析，以及碳排放影响因素的分解、与经济增长的动态关系和发展趋势的预测等方面，全方位对环境管制背景下的物流业碳排放测算问题进行了系统研究。研究结果不仅对物流业的碳减排具有指导价值，而且这种研究逻辑和研究思路对于其他行业的碳排放测算也具有很好的启示和借鉴价值。

第五章，环境管制背景下物流企业的环境技术创新研究。在环境管制日趋严厉的背景下，物流企业低碳化发展的根本出路在于环境技术创新，而且党的十八大报告中也强调，要充分发挥企业在环境技术创新中的主体作用。为此，本章首先系统梳理了环境技术创新的国内外研究进展以及物流企业环境技术创新的研究现状，提出开展环境技术创新对物流企业的重要意义。其次，从可持续发展角度系统阐述了物流企业环境技术创新的环境经济学理论和可持续发展理论。再其次，结合行业特点，着重对中国物流业环境技术创新的具体路径进行了深入剖析，包括物流运输、仓储、包装、废弃物等主要环节，为物流企业实现经济效益和生态效益的和谐发展提供了发展思路与具体建议。最后，构建克强指数，实证分析环境技术创新与经济高质量发展之间的关联关系，从而为企业自愿开展环境技术创新提供理论指导。

第六章，物流企业低碳化发展的国际经验及政策体系研究。低碳物流起源于发达国家，并且他们在实践中取得了非常好的效果，积累了非常丰富的经验。中国作为后起之秀，在物流业低碳化发展中应充分借鉴和吸收这些成功经验。为此，本章首先全面系统总结了欧盟与英国、美国、日本的低碳物流实践经验。其次，运用博弈分析思想，围绕物流企业与政府之间的低碳化成本与收益进行利益博弈，重点分析政府征收碳排放税和提供碳减排财政补贴，以及公众参与碳减排监督后的物流企业行为决策，这些研究为中国加快物流企业低碳化转型提供了政策参考。最后，从政府、企业和社会公众三个层面提出促进中国物流业低碳化发展的政策建议。

第三节 研究方法

本书注重理论联系实际，研究内容既有理论分析也有实证研究，既有归纳总结等推理思维也有评价测算等定量思维，在研究过程中需要综合运用环境经济学、计量经济学、竞争力经济学、系统工程以及企业管理等多学科的理论知识，同时还需要掌握和熟练运用 EViews 等统计分析软件。

本书采用的技术路线如图 1－1 所示。

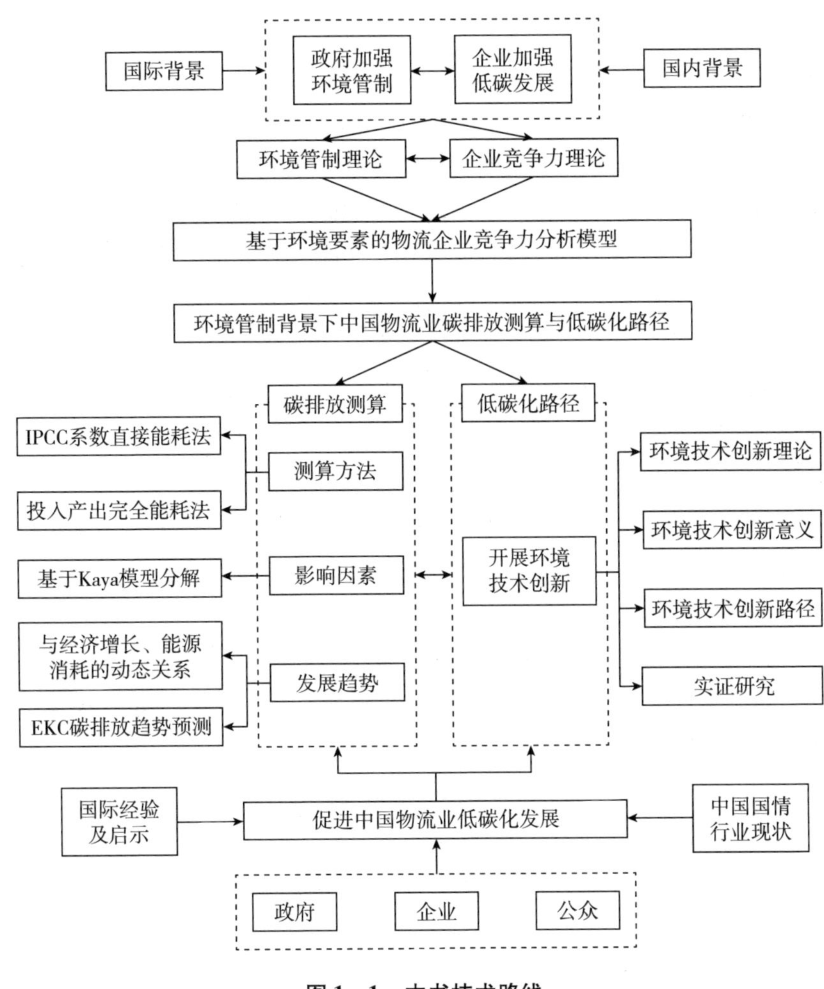

图 1－1 本书技术路线

具体研究方法如下：

1. 文献分析法

在研究前期，通过查阅国内外关于环境管制和企业竞争力相关领域的研究成果，以及碳排放测算的基本思路和测算方法，准确把握该研究领域的研究进展和发展趋势，为后续研究打下坚实的理论基础。

2. 专家访谈法

研究过程中开展了三次较大规模的专家访谈活动，它们分别集中在研究开展的前期、中期和后期三个阶段。其中，在研究开展的前期阶段，通过与该研究领域专家访谈并向其咨询，进一步凝练本书的研究目标，找准切入点；在研究开展的中期阶段，召开了一次小型专家论证座谈会，旨在对研究方法和研究手段以及前期研究成果进行诊断，以保证本书的顺利进行和圆满完成；在研究接近尾声时，再次邀请相关专家进行咨询活动，以期通过对研究成果作出批评与指正，为后续研究的开展奠定基础。此外，在进行研究的各个阶段也不定期与有关专家、政府主管部门领导和企业界高层管理人士进行访谈活动。一方面，本书固有的研究内容，如从事企业环境技术创新活动的动因与障碍性因素研究时，不仅需要了解企业层面的原因，还需要向政界、商界和学界的诸多专家咨询；另一方面，广泛征集和吸收社会各界的学术观点有利于创新本书的研究思路，使得研究内容更加客观有效，避免了研究中的主观臆断，有助于取得更为丰富的研究成果。

3. 定性分析和定量分析相结合

在物流企业竞争力评价指标确定的过程中，将定性指标和定量指标结合起来，增加了评价指标的可信度，减少了人为主观因素的干扰，使综合评价结果更加科学、合理和客观。在物流业碳排放测算方面，既有基于直接碳排放系数法和完全能耗法的碳排放测算，同时也有针对物流业碳排放影响因素的定性分析，从而为中国物流业碳排放研究提供了量化决策依据和宽广的研究思路。

第四节　研究创新

1. 研究视角新颖

本书并没有向过往研究那样着重于环境管制与物流企业竞争力之间的关联关系论证，而是从环境管制的外部压力出发，在环境管制理论和企业竞争力理论的基础上构建了基于环境因素的企业竞争力一般分析框架，从而将企业竞争力理论推向可持续发展的新高度，在研究视角上具有一定的创新性。

2. 研究内容新颖

物流业一直是中国的高能耗、高污染行业，要实现节能减排根本还在于技术创新，尤其是与环境有关的环境技术创新。为此，本书从这一低碳化路径进行分析，并以理论与实证相结合的研究方法进行了详细论证，为物流企业实现低碳化发展提供了可操作性的发展建议，这一研究内容在以往研究中还不多见。

3. 研究方法新颖

碳排放测算的研究领域非常广泛，但研究历史并不长，相关的研究成果主要是基于直接能源消耗的碳排放测算，这种测算方法操作简单、计算结果易于理解，但误差较大，尤其是随着价值链分工的深化发展，产业之间的间接能源消耗已经成为影响碳排放测算精度的重要方面。为此，本书基于投入产出表的隐含碳排放计算方法开展物流业的碳排放测算，是对现有研究方法的有益补充和积极尝试。

第二章 国内外文献综述

第一节 国外文献综述

一、低碳物流的内涵

低碳经济是指通过一些方法尽可能减少在经济发展过程中造成的温室气体排放量的一种经济发展方式。一般可以通过技术创新、制度创新、产业转型升级、开发新能源等方法来构筑低能耗、低污染为基础的经济发展体系。低碳经济的特征包括：低能耗、低污染、低排放、高发展。

全球气候变暖以及能源消费造成的环境问题，给人类的生存和发展带来了威胁，在此背景下，“低碳经济”“低碳发展”等低碳概念和政策应运而生。英国是全球率先提出发展低碳经济的国家，早在2003年时英国就强调，在追求经济发展的同时必须注重生态环境的保护工作，努力通过创新来驱动经济增长，同时呼吁社会各界应减少化石能源的消耗。此后，美国、日本等发达国家相继出台了有关发展低碳经济的政策措施。国际组织也纷纷通过多种途径促进世界各国的低碳发展。2009年，世界气候大会在哥本哈根举行，各国共同商讨了《京都议定书》一期承诺（2012～2020年）到期后的全球减排方案。2011年12月，联合国气候变化框架公约第17次缔约方会议在南非德班召开，经过各方积极磋商，最后建立了德班增强行动平台特设工作组，确定实施《京都议定书》第二期承诺，决定启动首批绿色气候基金。因此，这次会议也是全球应对气候变化大会上的一次里程碑事件。2012年12月，第18届联合国气候大会在卡塔尔多哈举行，会议最终决定将《京都议定书》延长至2020年，欧洲一些发达国家也承诺将率先向气候基金注资。回顾过去，应对全球气候变化的过程虽然不是一帆风顺，但保护地球、保护环境已经成为全球共识，越来越多的国家正在采取切实行动保护环境。

低碳物流是伴随着低碳经济的发展兴起的，它与全球气候变化、绿色技术发展和环保意识的增强紧密相关。低碳物流实践起源于发达国家，1966年日本在《流通业务城市街道整备法》中提出了“增强城市物流绿色化功能”这一理念。邓恩等（Dunn et al.，1995）认为，低碳物流管理中既包括正向物流的低碳化过程，也包括逆向物流的低碳化。巴顿·亨舍（Button Hensher，2001）认为，低碳物流就是一种与生态环境相辅相成的物流系统，同时也是相对于环境比较友好的一种物流系统。阿布德尔卡德·斯比希等（Abdelkader Sbihi et al.，2007）从低碳经济的可持续角度提出，低碳物流是经过对社会以及环境等因素的考虑之后，选择可持续的生产与配送产品的方式，同时他们还对物流垃圾管理、低碳路径优化和逆向物流等多个方面的碳减排方法进行了论述。黄华（2010）参照绿色物流在《中华人民共和国国家标准物流术语》中的界定，将低碳物流定义为一种具有低污染和低能耗特点的物流模式，以实现物流效率最大化和碳排放最小化为最终目的。凯瑟琳·诺维克（Katarzyna Nowick，2014）指出，低碳物流是可持续发展的物流活动，认为这种可持续的物流活动在环境、社会和经济三个维度中存在。张德志等（2018）指出，低碳物流是为了减少人类在活动中所产生的二氧化碳等温室气体，即在物流管理活动中，在产生温室气体排放的同时，又寻找减少温室气体的排放机会。

二、碳排放测算研究

碳排放是对温室气体排放的一个总称，温室气体包括水蒸气（H_2O）、臭氧（O_3）、二氧化碳（CO_2）、氧化亚氮（N_2O）、甲烷（CH_4）、氢氟氯碳化物类（CFCs，HFCs，HCFCs）、全氟碳化物（PFCs）及六氟化硫（SF_6）等，温室气体中最主要的成分就是二氧化碳，由此用“碳”一词作为代表，统称为碳排放。

国际上系统地提出完整的碳排放核算体系的时间并不长（王丽萍和刘明浩，2018）。早在1992年，《联合国气候变化框架公约》（United Nations Framework Convention on Climate Change，UNFCCC）就提出要将大气中温室气体的浓度控制在一定范围内，但由于没有具体量化的减排指标，缺乏可操作性，直至政府间气候变化专门委员会（Intergovernment Panel on Climate Change，IPCC）温室气体排放清单的编制及算法的提出，才开启了温室气体排放核算体系的新时代（陈红敏，2011）。

关于碳排放的测算思路最直观的做法就是实测法，即环境检测部门借助环境监测站采集排放气体样本，并测量其流速、流量、浓度，进而计算气体的排放总量。显然，实测法的优点是精确度高，但缺点也非常明显，它要求样品要有代表性，并需要经常测定，而且测算成本较高。因此，实测法主要用于锅炉、农林、森林等领域的碳排放研究，其他领域的应用很少。

受实测法检测范围的限制，目前关于碳排放测算的思路主要是基于能源消耗的核算，根据世界资源研究所、世界可持续发展工商理事会和中国标准化研究院 2013 年联合出版的《产品生命周期核算与报告标准》对温室气体核算范围的划分，将其分为直接能耗测算法和完全能耗测算法。直接能耗法是指根据产品或服务在生产过程中直接消耗的能源测算其碳排放量；而完全能耗法则考虑了产品在包括其他关联行业在内的整个生产链过程中所消耗的能源。根据能源消耗结果，结合碳排放系数，就可以计算得出直接能耗的碳排放或完全能耗下的碳排放。其中，碳排放系数是指每一种能源燃烧或使用过程中单位能源所产生的碳排放数量。根据 IPCC 的假定，在一般使用过程中，可以认为某种能源的碳排放系数是不变的，并且都可以通过折算系数换算成标准煤。

综上所述，碳排放测算结果主要取决于估计的能源消耗量，并且直接能耗测算法较完全能耗测算法的估计值明显偏低，大量的实证研究也支持这一观点。例如，伦曾（Lenzen，1998）运用投入产出表对澳大利亚居民的生活需求所造成的直接与间接排放的温室气体数量进行了研究，指出居民日常对温室气体的排放主要来源于居民使用能源的间接消费。马卡多（Machado，2001）等通过对巴西非能源类出口产品的直接和间接二氧化碳排放量进行了测算，发现碳排放量最大的方式是间接排放。

在间接碳排放测算方面，如何将整个产业链中的能源消耗估算准确，不同学者采用的方法不一，概括起来主要有生命周期法、投入产出表。例如，魏一鸣等（2007）运用生命周期法对居民日常家庭生活所消耗的能源量和二氧化碳的排放量进行了估算，研究表明居民的日常间接能源消耗量更大。弗雷等（Frey et al.，2008）对比研究了小型汽车油耗和碳排放之间的关系，结果发现汽车的汽油消耗率与二氧化碳排放率呈现强的正相关性，即最低化汽车油耗也就意味着最低化的碳排放。保拉（Paula，2004）根据印度全国能源消耗总量，计算出因能源消耗产生的碳排放量，并根据因素分解方法得出影响碳排放的因素有能源消费结构、能源消耗强度以及经济活动等。阿克博斯坦（Akbostanc，2011）统计了 1995 ~ 2001 年土耳其工业的能源消耗总量，从而测算了其制造业的碳排放量，并应用 LMDI 分解法进行了因素分解分析。迪亚库拉克（Diakoulaki，2007）根据拉斯拜尔指数法对 14 个欧盟成员国的工业碳排放进行分解分析，并根据脱钩理论法进行了评价，提出各国应划分责任以促进共同减排。安德里尼（Andreoni，2012）应用脱钩评价法研究了意大利的 GDP 增长与碳排放的关系，并对影响能源碳排放的因素进行分解分析，他还将影响二氧化碳的排放分为农业、工业、电热行业、交通运输业及服务行业，并分别进行研究。

为了确保核算成果的量化具有较准确的可比性，国外推出了一些行业认同度较高的二氧化碳排放标准，如国际标准化组织的温室气体排放量化表（ISO 14061-1）、世界资源研究所（World Resources Institute，WRI）制定的温室气体核算体系（The Greenhouse Gas Protocol）、英国标准协会等部门颁布的《PAS 2050：2008 商品和服务在生命周期内的温室气体排放评价规范》（Publicly Available Specification PAS 2050：2008 Specification For the Assessment of the Life Cycle Greenhouse Gas Emissions of Goods and Service，PAS 2050）等。潘迪（Pandey，2011）对碳足迹的相关基础理论与计算方法进行了深入研究，指出碳足迹可以作为温室气体排放量测算的一个重要测度指标。波查特·科罗尔（Burchart-Korol，2011）对 ULCOS 炼钢法的二氧化碳排放采用生命周期法进行了评估，认为此方法有利于减少碳排放量。同时大卫·博尼拉等（David Bonilla et al.，2015）采集了 9 个相关部门的数据以及环境投入产出表，对欧盟各部门的二氧化碳排放水平进行分析，结果表明行业中的电子工业和纺织工业的二氧化碳排放量最高。王建兴（2019）为解决电动汽车与燃料汽车相结合的闭环物流配送问题，从碳排放的角度对物流配送过程进行碳排放量的测算，提出了在城市物流网络配送系统中推广低碳意识，帮助物流企业在物流配送过程中有效地降低碳排放和整体运营成本。

三、物流业的碳排放测算研究

国外关于物流业碳排放测算的研究相对较早，麦金农和伍德伯恩（McKinnon and Woodburn，1996）初步构造了一个量化物流活动二氧化碳排放的模型框架。关于物流业碳足迹的概念，最早也是英国的马休兹·韦伯和汉·斯里克森（Matthews Weber and Hen-Srickson，2008）提出的。总之，国外的研究方法丰富、研究内容较深入，并且已将测算结果应用于进一步的研究中。概括地说，国外相关研究主要分为两类：一是对物流碳排放测量方法的研究及应用；二是在碳排放测算基础上将其作为影响因素对物流活动进行深入研究。

1. 物流业碳排放测算方法研究

整体来看，国外学者在物流业碳排放测算的研究中，由于通用的IPCC碳排放系数法存在一定误差而应用较少，通常采用基于运距的碳排放系数法、生命周期法及投入产出分析法，此外，还有采用网络碳计算器法、直接测量法和模型构建法等。韦恩斯等（Woensel et al.，2009）提出采用恒定速度的单位距离油耗来测算碳排放存在一定误差，应该用动态的单位距离油耗量来计算碳排放，但很多学者采用的是恒定速度的单位距离油耗测算法。如乌韦达和阿思勒斯等（Ubeda and Arcelus et al.，2010）以食品物流配送公司作为研究对象，提出通过车队的管理、路径的优化等来实现减排的同时还可以实现效率目标。乔利特和文卡（Cholette and Venkat，2009）基于运输规模采用网络碳计算器对每个运输链和储存点的能源消耗的碳排放进行了计算，发现供应链配置不同会对碳排放产生很大的影响。要求较高的直接测量法在国外物流业碳排放测算中也有相关应用研究，如李（Lee，2011）通过直接测量法对一个供应商样本进行了碳足迹测算。帕塔拉等（Pattara et al.，2012）介绍了标准的碳足迹计算工具，采用生命周期法对葡萄酒供应链进行了测算研究，并与其他方法计算的碳排放量进行比较，结果发现由于假设条件不同导致差异较大。大卫·博尼拉（David Bonilla，2015）基于环境投入产出表对欧盟各部门碳排放水平的研究，为其他学者采用投入产出法对行业碳排放研究提供了借鉴。

在物流供应链碳排放与碳足迹研究方面也取得了众多成果。林顿等（Linton et al.，2007）提出了在整个供应链过程中应用可持续发展的观念，即从生产、消费到顾客服务及废弃物回收等整个过程考虑对环境的影响。卡伦·巴特纳等（Karen Butner et al.，2008）在供应链管理过程中考虑碳因素，通过整合供应链中的产品、过程、信息以及资金的优化管理，达到质量、服务、成本和碳排放之间的平衡，以取得整个供应链的低成本、低排放、高收益的目标。2008年英国标准协会（British Standards Institution，BSI）、碳信托基金（Carbon Trust）与英国环境、食品和乡村事务部联合发布了PAS 2050，采用产品生命周期方法评价和测量了与产品或服务相关的碳排放量，促使企业以最大限度降低供应链的碳排放。阿里·达达（Ali Dada，2009）把EPC技术应用到企业产品生产消费的各个过程中，跟踪和监测了产品从生产、储存、运输、配送到最后消费者消费全过程的碳排放，获取详细的碳足迹数据，并采用标签标记，给未来控制碳排放提供了很大帮助。巴兰等（Balan et al.，2010）结合整个物流供应链碳足迹，运用欧拉—拉格朗日运输方法进行碳排放的计算，指出在物流供应链的整个阶段的碳排放量足以构成一个显著威胁，在供应链设计中应该格外考虑碳排放因素。此外，碳排放和碳足迹标记在各国也受到很大重视。法国政府专门颁布法律，要求在法国出售给消费者的所有商品从 2011 年开始必须有碳足迹标签，用红黄蓝标签以显示商品的碳足迹等级；日本经济产业省同 30 家企业合作，执行一个生态产品计划；而韩国则对 10 种消费品进行碳等级标记的实验；英国最大的零售超市特易购专门对其 7.5 万个库存单元商品进行碳标签张贴；在德国，包括巴斯夫、汉高在内的大型企业进行小量样品标注碳足迹实验（McKinnon，2010）。

在物流公路运输碳排放及低碳运输研究方面，布兰德（Brand，2010）提出了英国交通运输碳排放模型（UK transport carbon model，UKTCM），即战略运输、能源、碳排放和环境影响模型，该模型涉及经济发展、外部成本、能源需求、政策影响、碳排放等一系列运输—能源—环境问题，作者通过建立一个包含三个政策建议的政策体系来求证该模型是具有可行性的，从而有力地支持了低碳运输政策制定。希克曼等（Hickman et al.，2010）以伦敦市为例，构建了一个运输和碳排放仿真模型，该模型可用于分析多种政策框架，并且能够评估其执行效果，为降低运输过程的碳排放量提供了参考。帕帕吉安纳基和迪亚库拉基（Papagiannaki and Diakoulaki，2009）以希腊和丹麦为例，对 1990 ~ 2005 年两国大型客车产生的二氧化碳排放量进行因素分解，研究得出发动机功率大小、运输车辆所有权、混合燃料、年度里程数、客车汽车配置等是碳排放的重要影响因子。麦昂尼等（Mahony et al.，2012）采用多因素分析法对爱尔兰 1990 ~ 2007 年因消耗能源产生的碳排放量进行剖析，最终找出了 11 个影响能源消耗碳排放的因素，并将之分为正驱动和负驱动两类因素。帕默（Palmer，2007）基于运输距离的远近，构建了一个整数模型，以此来评价各运输工具的二氧化碳排放数量。

2. 国外物流业碳排放测算结果的应用研究

一些国外学者将碳排放测算结果作为影响因素，放到物流运输的操作决策中进行研究，并取得一定成果，为物流业减排提供了理论支撑与借鉴。首先，是对碳排放与成本关系的研究。扎希利（Zahiri，2014）给出一个在考虑温室气体排放下的不确定性的混合整数线性规划（Mixed Integer Linear Programming，MILP）模型，该模型目标不仅包括车辆运距及利用率的最小化，还包括燃料消耗和温室气体排放量及总成本的最小化，其研究发现减少碳排放和节约成本能够同时发生。但哈里斯等（Harris et al.，2011）通过研究基础设施成本优化模型对物流成本和碳排放的影响，认为基于成本的优化设计并不是解决二氧化碳排放的最佳解决方案。其次，也有碳排放对供应链运作影响的研究。如蒂莫·布希等（Timo Busch et al.，2007）针对碳排放对企业风险管理的影响进行了研究，认为如果企业不衡量和管理碳排放将会负面影响供应链及合作伙伴。

四、物流业的低碳化路径研究

许多国家都通过颁布与低碳相关的法律法规对低碳物流进行推广。英国在《更加绿色的未来》一书中依据不同的运输方式提出了不同的实现减排的方法和途径，在低碳城市交通方面，提出通过采用清洁能源、转变结构战略和使用新技术的手段来实现减排。美国在2002年出版的《美国国内产业自律型的能源消耗说明书》中提出通过投入充足的资源来促使设备的改进并实现减排，2007年出台的《2007能源独立和安全法案》也对提高车辆燃烧经济性等方法做了介绍。日本政府在2008年制定的《实现低碳社会行动计划》中明确了日本低碳经济的发展目标及行动指南，《绿色经济与社会变革》草案的出台也完善了其减排措施。于2005年生效的《京都议定书》为推进全球减排工作，出台了各国合作减排方案，主要包括碳排放交易政策、测算"净碳排放量"、绿色开发机制、集团方式减排四种方案。

除了国家层面对低碳物流的推进，国外学者也对物流减排对策开展了一系列研究。库珀等（Coopert et al.，1991）在其著作中提出可以通过改变运输工具、运输方式以及加大公路运费等方式实现物流改革、实现绿色物流。玛丽安娜等（Marianne et al.，2009）通过对2020年运输业碳足迹的预测及影响因素分析后认为，车辆利用率、燃油效率、替代运输模式及低碳燃料的运用与改善对减少碳排放量有很大的影响。莫罗等（Morrow et al.，2010）通过对燃油税、购车税等对减排的影响分析，发现这些政策都不能达到政府提出的减排目标，但提高开车成本却能在很大程度上减少碳排放。乌丰达等（Ubeda et al.，2011）通过系统动力学的方法建模考察通用政策对商业航空减排的影响，结果发现技术效率改进、运营效率改进、替代燃料使用、需求转变、碳定价五个政策中，没有一项政策能在增加航空运输需求下保持平稳的排放水平；但是积极的技术水平和操作效率的改进相结合的政策却会在短途需求上升140%的情况下，碳排放量上升20%。因此，他们认为改变运输路径，实现最优化运输有利于降低物流碳排放。洛雷罗（Loureiro，2013）等在对西班牙客运交通低碳化对策的研究中发现，人类的行为方式在低碳化实现上扮演着非常重要的角色，如果人类的各种行为方式不改变，就算技术进步也不会达到理想的减排效果，相比之下，低碳燃料是大众人民比较容易接受的方式。

五、物流业的低碳化政策研究

日本十分重视低碳物流的发展，并在世界低碳物流方面一直发挥着引领和示范作用（Liqin，2017）。1989 年，日本提出 10 年内促进低碳物流的三项战略发展目标：含氮化合物的排放标准降低 30% ~60%；颗粒物的排放降低 6% 以上；汽油中的含硫成分减少 10%。1992 年日本推出《汽车氮氧化物限制法》，规定了企业可以使用的五种货车型号。1997 年，日本政府出台了关于低碳物流实施的文件，即《综合物流实施大纲》，其中主要内容就是减少空气污染，加强对环境的保护，同时对可回收资源进行二次利用，进而实现生态资源和经济的良好循环发展，建立符合环境要求的低碳物流体系。在 2001 年日本又出台了《新综合物流实施大纲》，建立了减少污染排放，适应环境保护要求的新型物流业发展政策。2008 年日本内阁通过了“实现低碳社会行动计划”，该计划提出，政府主导发展创新科技，实行碳排放交易模式，推行节能制度。2009 年的税制改革中，日本制定了二氧化碳的环境税来降低运输工具对环境造成的污染。另外，日本政府和物流企业界积极推动干线运输方面的模式转换，为有效控制大气污染等问题做出了积极贡献。概括起来，在进入 21 世纪以来，在运输方面，日本政府重点推行运输模式转型的策略，倡导物流企业采用碳排放量较低的水路和铁路运输，同时尽可能地采用这些低碳运输方式取代高碳排放的公路运输。

欧洲是世界上经济发达同时又注重生态环境保护的地区之一。对于欧洲这个高度重视低碳物流发展的地区来说，在 20 世纪 80 年代欧洲的物流企业就开始进行低碳物流的转型发展，并创新发展了综合物流以及低碳供应链技术，通过对资源进行整合进而提高物流的低碳运作效率。不仅如此，欧洲各国还积极创新，以求得更好更有效的低碳发展。2005 年欧洲环境署（European Environment Agency，EEA）提出，欧洲国家将不断完善相应的低碳政策体系，为世界各国提供绿色发展的政策范本。在规划和新建物流相关设施方面，欧洲货代组织（Freight Forward Europe，FFE）重点强调低碳物流的建设，从战略方向对物流环节中的运输、装卸和管理过程制定了十分严格的低碳化标准，鼓励物流企业运用低碳物流技术。斯坦等（Stan et al.，2015）提出，低碳物流发展较好的北欧国家，其原因是国家的经济发展水平较高，而且相应的关于能源和低碳的政策制定得较好，他们通过制定二氧化碳排放征税、使用新型清洁能源给予奖励补贴、二氧化碳排放的新交易体系等众多低碳政策，来促进北欧的这些国家达到了能源使用高效和绿色可持续发展，北欧国家的低碳实施已经走在了世界前列。

美国对于碳排放方面制定了严格的政策体系。早在1975年美国就制定并实施了《1975能源政策与节约法案》，对超标排放的汽车进行惩罚，在2005年颁布《能源政策法案》，旨在通过税收优惠的方式促进新能源运输工具的发展与购买。环保和低碳一直是美国交通运输战略规划中的发展主线，美国积极开发新能源，重视交通工具的标准化，推行多式联运，提高其运输效率，同时减少能耗。不仅如此，美国的计算机网络技术、条码识别技术、信息分析和分拣技术、卫星定位技术等先进技术使物流流通环节大大加快，在物流企业实际具体的活动中，对于其包装环节、搬运环节、配送环节等使用了准时制生产、绿色包装、电子数据交换、配送规划等技术，为物流业的低碳化发展提供了强有力的技术支持和保障。值得一提的是美国的低碳运输网络十分发达，从公路、铁路到航空运输，再从内陆、水路到海运，多种运输方式合理有效的结合，形成了一套综合高效的运输网络体系，实现了运输环节的低碳化发展，为物流业低碳化的发展提供了强有力的支撑。

第二节　国内文献综述

一、低碳物流的内涵

在国内，很多学者都对低碳物流进行了界定，同时将低碳物流与绿色物流、可持续发展、生态经济、绿色经济等概念联系在一起。陶晶（2010）提出，在低碳经济等概念的衍生下出现了低碳物流的概念，低碳物流建立在绿色物流的基础上，同时将节能减排和可持续发展的理念融入现代物流的各个环节，使物流企业运用领先的管理方法和低碳物流技术，达到能源利用效率最高和生态环境污染最小的目的。杨雨薇（2011）从物流环节和物流系统两个角度分析认为，低碳物流就是在运行整个物流系统时，采用先进的管理手段和低碳技术，提高资源的效用，着力降低在物流过程中温室气体的产生及排放，令物流系统的效益达到最大化。段向云等（2014）指出，低碳物流是在低碳经济盛行的大背景下，为了最大限度降低温室气体的排放量，同时也要保证社会经济正常高效发展的物流系统。这要求物流主体应用低碳物流技术，采取节能减排举措等，达到能源消耗、碳排放量和环境污染都降低的物流低碳发展模式。沈文婷（2014）提到，低碳物流是建立在有效管理和先进创新的低碳技术之上的，是可持续的系统性的物流发展模式。张冬梅和姚冠新等（2015）在对中国低碳物流发展现状的研究中发现，由于研究视角的差异，国内外学者对于低碳物流的定义也不同，但是大部分学者都认为低碳物流就是经济和环境的统一发展，这主要包含了实际物流的各个环节以及管理方面的低碳化发展。马丁（2018）认为，低碳物流是迎合低碳经济的时代要求，在现代物流的全部过程中，运用领先的低碳物流信息化技术，将绿色低碳与节能环保作为最终目标，达到物流的资源效用最大化，同时又有效降低二氧化碳排放量，推动我国物流经济的可持续发展。

二、碳排放测算研究

从碳排放测算的研究方法来看，有实测法和基于能源消耗的碳排放测算研究。与国外相同，实测法应用较少，大多数研究是基于直接能耗的碳排放测算，基于全部能耗法的碳排放测算较少。从研究领域来看，基于省域或国家层面的碳排放测算研究都比较丰富。肖宏伟（2013）提出中国碳排放测量研究要基于四个基本原则，即系统性、科学性、时间与空间动态变化性、利用现有数据的原则，提出要综合考虑各种数据、碳排放因子与系数的动态变化性，强调要降低测量误差。岳超等（2010）在对碳排放预测方法及模型的评价基础上，预测了中国 2050 年的碳排放总量并作出相关分析。李明贤和刘娟（2010）基于 1987 ~ 2006 年的中国碳排放量及对应各年份的经济总量数据进行了综合分析，运用回归分析、相关系数分析构建了我国经济增长和碳排放之间的关系模型。朱勤等人（2009）基于 1980 ~ 2007 年碳排放测算数据，采用改进后的 Kaya 恒等式对碳排放因素进行分解，讨论了中国能源消费与碳排放变化之间的关系。成舸和岳贤平（2011）、易艳春和宋德勇（2011）基于 EKC 模型研究了中国碳排放同经济增长之间的关系，并分别提出了发展低碳经济的途径。简晓彬、施同兵和刘宁宁（2011）以徐州市为例，在分析碳排放影响因素的基础上，利用时间序列曲线趋势外推和灰色关联分析法，对徐州碳减排进行了探讨和预测分析。宋强玉和葛新权（2011）应用大量数据图表，引入隐含碳排放概念，测算了环渤海湾地区的二氧化碳，并对环渤海地区的二氧化碳流入、流出进行了建模分析和测量。宋杰鲲等（2012）以山东省为例，基于LMDI分解法将其能源消费碳排放量分解为人均财富、人口、能源消费强度、能源消费结构、产业结构五个方面，研究了2000～2009年山东省的碳排放问题。

三、物流业的碳排放测算研究

目前，国内关于物流业碳排放的测算相较于国外，不仅起步较晚，研究也不够深入，而且更多的研究内容是有关交通方面的碳排放研究，针对物流业系统整体碳排放的测算研究相对较少（吴开亚等，2012；朱长征，2015；何美玲等，2015）。目前国内相关研究中，关于物流业碳排放测算方法的研究及应用，主要包括四种方法：一是应用比较多的IPCC碳排放系数法；二是基于运输距离的碳排放系数法，与国外相比应用较少；三是生命周期法；四是投入产出法。前两种属于直接能耗法，即只对物流产业链活动过程中的碳排放进行测算，后两种测算范围比较广，包括为生产活动服务的其他行业的间接碳排放，这方面的应用研究较少。

IPCC碳排放系数法的数据采集相对容易、计算过程较为简单，目前中国学者在物流碳排放研究中使用较多。欧阳斌等（2015）运用IPCC方法，以中国交通能耗统计数据为基础，设立省级交通运输能耗碳排放测算方法与特征性评价指标，对2005～2012年江苏省运输能耗和碳排放现状进行测算研究，对公路能耗与碳排放总量、能源品种与运输方式的比例结构、能源消耗与碳排放强度等相关方面的特点进行了分析。最后指出，低碳交通运输发展必须以降低能耗和碳排放强度为核心，重点为公路货运，战略导向为优化综合运输模式和促进公共交通发展，重要途径是发展清洁低碳能源等政策。综合国内对中国物流业碳排放整体状况的研究成果，不难得出这样的结论：中国物流业碳排放总量增长趋势明显（张晶和蔡建峰，2014），且与GDP之间呈正相关关系（梁雯和方韶晖，2019），在物流业碳排放总量中柴油消费碳足迹所占比例最大（罗希，2012），中国物流业碳排放量存在地域不平衡性，中东部大部分省域要高于西部省域二氧化碳排放量，其中东部地区的碳排放总量和增速均明显大于中西部地区（周叶等，2011），单位换算周转量碳足迹呈下降趋势，而单位货物周转二氧化碳排放量西部大部分省域要高于中东部省域。总之，现有研究的测算范围主要是物流过程中的直接能源消耗碳排放量，这些研究成果为减排政策提供了理论借鉴。此外，中国交通运输业碳排放量逐年随经济增长而增长的关系，说明中国物流业发展还处于以破坏环境为代价来实现经济增长的阶段，物流业面临的碳减排压力巨大。

基于运距的算法，是指以运输车辆单位运输距离的耗油量为基础对物流业的运输部门碳排放进行测算的方法，虽然此方法可以为政府制定减排政策提供借鉴。但曲艳敏等（2010）采用此方法对湖北骨干公路网在三种不同情境下的碳排放进行的预测研究，以及唐慧玲等（2019）以车辆行驶里程最短和碳排放量最小为目标，构建了多目标的非线性规划模型，并基于改进的蚁群算法，提出了物流运输过程中的最优路径解，为处理低碳车辆路径优化提供了较好的思路。

国内学者在物流业碳排放测算研究中，生命周期法应用研究为物流业碳排放测算及测算范围的界定提供了很重要的借鉴，但实证研究较少。楚龙娟和冯春（2010）以 PAS 2050：2008 规范为指导，对物流链条进行了分析，对物流活动碳排放的计算方法进行了理论研究，研究结论对碳排放测算研究有一定的参考价值，但其并没有进行实证研究。还有一些学者对物流服务的碳排放范围进行了界定研究。如张秀媛等（2014）根据城市电动车和新能源汽车的运用，对北京市生命周期的能源消耗和公共交通进行了全生命周期的能源消耗和碳排放测算，并根据分析结果对城市交通系统节能减排政策提出了相关建议。

目前国内很少有采用投入产出法对物流业碳排放进行研究的文献，仅有的采用此法的研究中包括国家层面和省域层面的物流业碳排放测算，且主要是对直接与间接碳排放的测算以及碳排放结构的分析，发现物流业的隐性碳主要集中于本行业。如唐建荣和李烨啸（2013）考察了最终消费、资本形成、出口、进口、净输入量等方面在物流业直接与间接碳排放中的结构构成，发现对物流业碳排放贡献度较高的行业有建筑业、批发零售及其他服务业，且隐性碳中隐形排放的重点来源是最终消费及出口，这一研究结论对减排指标的制定有一定启示。王丽萍等（2018）对 1997～2014 年中国物流行业的直接能源消耗导致的碳排放和基于投入产出表的隐藏碳排放量进行了测算，研究发现，物流业碳排放的增加不仅与物流活动中直接消耗的能源相关，而且还与其他行业活动的碳排放有着密切关系。他们提出经济发展是导致碳排放的主要原因，中国应当发展低碳技术和促进节约型经济以降低碳排放的建议。

在模型构建方面的代表性成果。刘龙政和潘照安（2012）基于 LMDI 分解法对影响中国物流行业碳排放量的因素进行了分解，并提出了降低碳排放的方法。顾丽琴和梅志强（2012）对江西省物流业的发展现状做出分析，随后应用环境库兹涅兹模型估算了江西省碳排放情况，并提出了减排的方法及建议。李创等（2016）以中国2004～2014年物流运输所消耗能源为基础数据，利用LMDI分解法对物流运输所产生的二氧化碳排放量进行因素分解，得出影响碳排放的五种影响因素，继而通过构造分解模型，用量化方式得出各因子对中国运输碳排放量的贡献量，根据研究结果为中国运输业碳减排提出了政策建议。

在物流业碳源分析研究方面。周叶和王道平（2011）从物流作业角度进行二氧化碳排放量的计算，认为物流作业所引发的二氧化碳排放，是由于在物流作业过程中消耗各种能源和物质所带来的直接和间接二氧化碳，并将其具体分为石油燃料、消耗煤炭、消耗燃气、消耗电能、消耗热能所折算的碳排放量，计算出各省域物流作业二氧化碳排放量，最后提出了几点发展低碳化的建议。秦新生（2014）对物流企业碳排放指标计算方法进行了研究，对物流企业碳源进行了合理归类和界定，将其大体分为直接碳排放、间接碳排放和其他碳排放，并分别针对移动碳源和固定碳源进行了碳排放测量评估，同时还进行了实际案例验证，提出物流企业应该合理规划运输路线、提升装卸搬运效率、提高企业物流信息技术水平、建立科学的能源控制利用指标体系等。刘龙政和潘照安（2012）通过对中国物流产业碳排放量主要因素的分析，认为中国物流业碳排放量处于增加的趋势中，基于节能减排的迫切压力，中国物流企业必须尽快完成从高碳物流向低碳物流的转型，并分别从提高能源效率、改善能源结构、发展现代物流等方面提出了建议。

在物流供应链、生命周期及碳足迹研究方面。罗春燕和文桂江（2011）立足于生命周期法，较为详细地对碳足迹进行了研究、核算与控制，提出对于物流运输企业而言，碳排放测量要从运输工具本身在运输过程中直接排放、生产运输工具产生的间接碳排放，以及人工业务操作过程所消耗能量排放（如电力、空调等）这三块进行核算，在具体排放核算中，主张细分为采购期、生产期、销售期、报废期四个周期进行测量。李玉民和熊育伟（2012）则依据全生命周期理论认为，从“出生到坟墓”的过程都会产生排放，进而提出物流园区低碳化的必要性，并对物流园区进行低碳规划，提出低碳的实施策略，指出规划低碳物流园区的重要性。王微、林剑艺等（2010）深入剖析了碳足迹概念，提出了包括过程分析法和投入产出法两种计算碳足迹的方法，对交通领域碳排放测量也做了比较详细的分析。王卿和尤建新在2011年第二届管理科学与人工智能工程国际会议上，提出了基于ISO14064标准中所规定的碳足迹核算范畴，以制造型企业内外整体物流系统作为分析样本，采用关键绩效指标理论（key performance indicator，KPI），准确地找出企业物流中最为核心与重要的碳因素指标，从而构建评价体系。贾顺平等（2010）测算了中国交通能源的消耗水平，在此基础上分析了国内交通运输能耗的统计数据与国际统计口径的差异。卢萌（2014）基于鱼骨图法对中国港口低碳物流进行了分析，指出影响低碳发展的因素有政府、行业以及企业因素，然后运用层次分析法赋予各因素相应的权重，最后提出了建立低碳物流的政策建议。

四、物流业的低碳化路径研究

关于低碳物流的发展策略，国内学者也进行了广泛的研究。任稚苑（2010）在对中国碳排放与经济增长的实证研究中提出，可以通过提高能源利用效率和优化能源结构的方式实现减排。潘瑞玉（2011）针对物流减排提出建立一个全社会的大物流系统，这个系统主要是通过信息技术实现各系统主体（即企业和政府）的连接，在政府相关政策的支撑下，实现物流资源的高效利用，减少能耗。在低碳物流研究中，也有很多学者认为运输环节的减排是至关重要的，应该对运输模式进行创新。欧阳斌等（2015）提出低碳交通运输发展需以降低能耗与碳排放强度为核心，以公路货运为突破重点，以优化综合运输结构和优先发展公共交通为战略导向，以发展清洁低碳能源为重要途径等政策启示。龚雪和荆林波（2017）详细阐述了绿色物流在经济转型发展中的重要作用以及作用机制，在此基础上总结了欧盟、美国和日本发展低碳物流的成功经验。最后提出，未来中国应加强绿色物流的战略引导作用，加快区域绿色物流和物流业绿色转型的政策制定，力争构建一套动态绿色评价体系，进而为国家提供前瞻性和储备性的政策建议。

五、物流业的低碳化政策研究

在全球低碳经济的发展背景下，世界各国都十分重视物流业的低碳发展，在某种程度上，物流业低碳发展正在成为衡量国家综合国力的一个指标，因此中国政府也越来越重视低碳物流的发展，陆续出台多项政策及法律法规促进物流业低碳化的发展。从 2009 年推出的《物流业调整和振兴规划》为发端，到 2018 年 12 月 17 日出台《快递业绿色包装指南（试行）》，10 年来国务院和各相关部委发布的物流文件达 100 多个。物流业的发展政策不断出台，对中国物流业发展产生了深远影响。

在物流业低碳化转型的发展过程中，政府制定的政策起到了关键性作用，所以政府需要对物流业进行更系统的规划，并对产业布局进行优化，以促进高效政策与良性政策循环的实现。舒辉（2010）认为，在当前中国物流业市场秩序相对混乱的阶段，政府需要加大对物流业的规划、管理与协调等力度，同时还要避免政府过度干预造成不良后果。钱洁和张勤（2011）提出，政府在制定低碳物流相关政策时，需要综合考虑政策所实施的各项系统，使低碳政策可以在各个子系统中协调发展，顺利执行。对于政府来说，更是要破除现有体制与观念的壁垒，给物流业低碳化发展创造出良好的政策环境，引导和鼓励物流中的各个行为主体携手发展低碳物流，帮助和引导政府制定相应的政策体系，更快更有效地促进中国物流业的低碳化发展。刘伟力和刘冰露（2011）提出，中国想要进行物流业的低碳化发展，首先需要政府制定相应的政策体系给予激励和规制，然后相关部门采取一定的手段进行监督，确保政策措施执行到位。

目前中国已经推行的低碳物流政策大多数是指令操控和一些行政方法，具有一定的局限性。李丽（2013）研究了京津冀地区物流业低碳化的转型发展情况，发现中国当前针对低碳物流所制定的部分政策，如低碳物流规划、低碳物流政策环境和物流业低碳化基础设备等有所欠缺，需要进一步完善。李创和高震（2017）指出，中国制造业的物流需求量大，且空间布局和产业协调的难度也比较大，但是目前中国制造业物流的专业化程度低、物流人才匮乏、资源消耗大、环境污染严重等问题突出，为此，应着重从引进先进的低碳物流技术、加强物流人才培养和管理，以及推进低碳物流体系建设、完善配套政策、扩大宣传教育等方面入手，尽快实现制造业的低碳物流发展。

第三节　现有文献评析

综合以上国内外学者的研究成果，目前对于低碳物流并没有一个确定的规范化的定义，大多是以“减少碳排放量”为中心。学术界多数以定性的方法研究低碳物流，采用定量方法的研究成果相对较少。

从研究内容上看，国外关于碳排放及物流业碳排放测算的研究比国内起步早，研究丰富且深入，碳排放测算研究尺度从个人到集体、从区域到国家都有，同时行业覆盖范围也非常广泛，从农业到工业及服务业都有相关研究，但针对物流业系统整体碳排放测算的研究较少，且并没有形成系统的低碳物流发展途径。国内与国外相比，关于碳排放测算的研究起步晚，研究层次较浅，研究行业覆盖食品行业、制造业、包装业、重工业、建筑业、旅游业、农业等，但其中关于物流业碳排放测算的研究较少，关于物流业碳排放测算的研究基本是近几年的成果，且政策体系研究不系统。

从碳排放测算方法上看，关于碳排放或具体到某一行业碳排放的测算研究并没有形成统一的方法。直接能耗法只考虑了生产过程的直接碳排放，相对于完全能耗法数据采集比较容易，操作过程相对简单，具有广泛适用性。国内学者对物流业碳排放测算多采用较简单的 IPCC 碳排放系数法，但其采用相同碳排放因子，计算结果显得粗糙。实测法和完全能耗法的碳排放测算结果虽然相对准确，但由于其数据获取及处理难度大且操作困难，国内很少学者采用完全能耗法对物流业间接碳排放进行实证研究，特别是对整个物流业系统整体间接碳排放的研究几乎没有，导致对物流业碳排放的估算不够全面和准确。

通过对发达国家低碳政策及物流业碳减排政策的系统梳理不难发现，发达国家执行低碳物流的政策体系比较完善。相比之下，中国发展低碳物流起步较晚，相关政策体系制定并不完善，尽管已有研究成果提出的政策措施为促进中国物流业的可持续发展提供了很好的决策参考，但仍存在一些待改进之处，如物流的低碳化路径尚不清晰，政府与企业两大主体相互作用关系的研究较为模糊，尤其是促使物流企业低碳化转型和相关的激励机制研究不足。

在此情况下，非常有必要采用系统化的碳排放测算方法开展相关研究，加强中国物流业整体碳排放的纵向测算与深入分析，以便把握中国物流业整体碳排放状况和动态特征，为中国物流业减排政策的制定提供决策依据，同时探讨中国物流业低碳化的具体路径，为中国物流业低碳化发展提出更具针对性和可操作性的政策建议。

第三章　环境管制背景下物流企业的竞争力评价研究

自 20 世纪 90 年代以来，伴随着经济体制改革和市场开放，物流理论和信息技术的兴起，不同形式的物流企业纷纷出现。近年来，物流行业更是受到中国政府的高度重视并给予了大力支持，“十一五”和“十二五”规划中都明确提出了要大力发展物流业，而且在“十三五”规划中进一步提出要着力推动物流业创新发展的任务。某种程度上看，物流业的迅速发展已经成为中国经济持续发展的新力量。

第一节　中国物流业的发展现状

有关物流业的定义涉及部门较多，是一个新型的跨行业、跨部门、跨区域及渗透性强的复合型产业，而且产业分工还在不断深化发展，因此，它的统计工作就显得非常复杂，且要紧跟时代发展。但是，由于中国物流业发展较晚，尚未有直接的统计数据，因此只能参考相关统计年鉴的数据间接获取。例如，在《中国能源统计年鉴》中，将“交通运输、仓储和邮政业”“批发、零售业和住宿、餐饮业”分别作为两个不同的分行业进行能源消耗统计。《中国统计年鉴》中的行业分类也是将“交通运输、仓储和邮政业”“批发、零售业和住宿、餐饮业”分别作为两个不同的分行业进行统计，这一点与《中国能源统计年鉴》相同。在《国民经济行业分类》（GB/T 4754—2017）中，将“批发、零售业”“交通运输、仓储和邮政业”分别作为两个独立的行业进行分类统计，其中“批发业、零售业”具体细分为批发业和零售业。批发业是指商品在流通环节中的批发活动和零售活动，主要指向其他批发或零售单位及其他企事业单位、机关团体等批量销售生活用品、生产资料的活动，以及从事进出口贸易和贸易经济与代理的活动，还包括各类商品批发市场中固定摊位的批发活动以及以销售为目的的收购活动；零售业是指百货商店、超级市场、专门零售店、品牌专卖店、售货摊等主要面向最终消费者的销售活动，以及以互联网、邮政、电话、售货机等方式的销售活动。由于《国民经济行业分类》与《中国能源统计年鉴》中的行业划分不完全一致，为克服统计口径不一致造成的统计数据不准确，本书将“交通运输、仓储和邮政业”作为物流业开展相关研究。交通运输、仓储和邮政业可以简化为运输业，是物流系统中最重要的功能，又称“小物流”，其不仅涉及运输，还涉及仓储、装卸搬运、信息处理、流通加工，甚至配送的相关环节。

一、中国物流业的经济规模

物流业发源于美国，20 世纪 70 年代传入中国后迅速发展。图 3－1 是 1978～2018 年中国物流业的工业增加值。

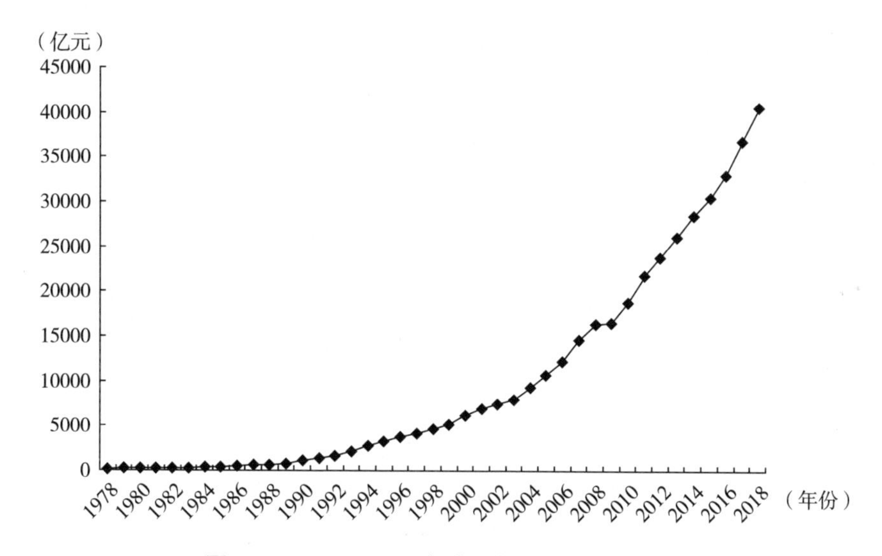

图 3－1　1978～2018 年中国物流业工业增加值

资料来源：历年《中国统计年鉴》，其中 2018 年数据来自《2018 年国民经济和社会发展统计公报》。

从图 3－1 看出，中国物流业工业增加值的曲线走势大致可为以下四个阶段。

第一阶段，1978～1990 年。这个阶段中国的物流发展水平和技术都比较落后，物流发展比较缓慢，年均增长速度十分有限。尤其是 1984 年之前，平均增速仅为 8.6%，后期的增长率有明显加快。而且 1980～1981

年、1984～1986 年这两个阶段的增加量较之前是减少的。1978 年中国物流的产值是 182 亿元，1990 年时达到 1167.2 亿元，1989～1990 年的年均增长量达到 354.3 亿元。

第二阶段，1991～2007 年。随着中国科技和经济水平的提高，这一时间段中国的物流业得到了飞速的发展。1991 年中国物流业的产值为 1420.3 亿元，较 1978 年已增加了 1238.3 亿元。这个阶段年平均增长达到 844 亿元，其中，1994～1995 年、1996～1997 年、2000～2003 年这三个阶段增长量较之前是减少的。在中国改革开放经济发展积累的基础上，中国这个阶段的物流业得到了人力、物力、财力的最大支撑。2005 年国家税务总局颁布了关于在物流行业试点减免税费的通知，减轻物流行业资金投入的负担，为物流行业发展提供优越的外部环境，科学有效地完成国家"十一五"规划的发展任务。

第三阶段，2008～2010 年。中国的物流增长基本处于停滞状态。这一阶段正值全球金融危机，世界各国的经济遭受了重大打击，许多企业濒临破产的边缘，物流业也遭遇了前所未有的挑战。2008～2009 年，中国物流业增长值仅为 153.8 亿元。为了有效应对经济危机，国家针对国内物流业发展的状况制定了一系列的扶持政策，以促进中国物流业逐渐回升。《国务院关于印发物流业调整和振兴规划的通知》中提到了包括减少税收、方便物流出行、鼓励技术创新和投入、制定和完善相关配套政策措施、促进物流业健康发展、充分合理地利用各部门的资源等九项政策，推动物流全面发展。物流业逐渐发展为中国的支柱产业，在带动经济发展、人员就业方面发挥了关键的作用。

第四阶段，2011 年至今。这一阶段物流业发展正在实现从高速增长向中高速转变，从注重发展速度向加强发展质量转变，这与全国整体经济运行特征非常吻合，也从侧面说明，物流业是经济运行的"晴雨表"。到了 2018 年，中国物流业的工业增加值达到了 40550 亿元，已经是名副其实的国民经济的重要支柱行业。这一阶段，物流业的工业增加值增长速度较以前有所下降，物流业的年平均增长率为 10.2%，不仅低于 20 世纪 80 年代中后期到 21 世纪的 20.31% 的年均增速，而且低于 1978 年以来 40 年的平均增速 14.72%。尽管增速不如过去那样快，但物流业的高质量发展态势却非常可喜。随着国家层面的基础设施建设战略规划的逐步落实到位，以及各种运输方式的有效衔接，加之全国各地区积极的建立为第一、第二产业服务的物流网络，物流业的规模化、精细化、低碳化发展趋势正在形成。近几年，特别是电子商务、微商、淘宝的蓬勃兴起，进一步推动了物流业的发展。

二、中国物流业的从业规模

根据《中国统计年鉴》《中国交通年鉴》《2018 年交通运输行业发展统计公报》的相关数据，本书收集整理了 1985 ~ 2018 年中国物流业从业人员情况，如图 3 - 2 所示。可以看出，中国物流业从业人员规模呈三个逐步上升的台阶状趋势：2000 年以前，中国物流业从业人员基本保持在 500 万人左右，除 1993 年、1994 年、1998 年、1999 年的从业人员略有不同程度的减少；2002 ~ 2012 年，中国物流业的从业人员规模一直稳定在 600 多万人；2013 ~ 2017 年，从业人员规模稳定在 850 万人。如果加上其他社会服务人员，则物流业的从业人员规模更大，2018 年的估算为超过 5000 万人，占中国就业人员总数的 6.5%，因此，物流业为中国劳动力就业和增加居民家庭收入方面作出了巨大贡献。

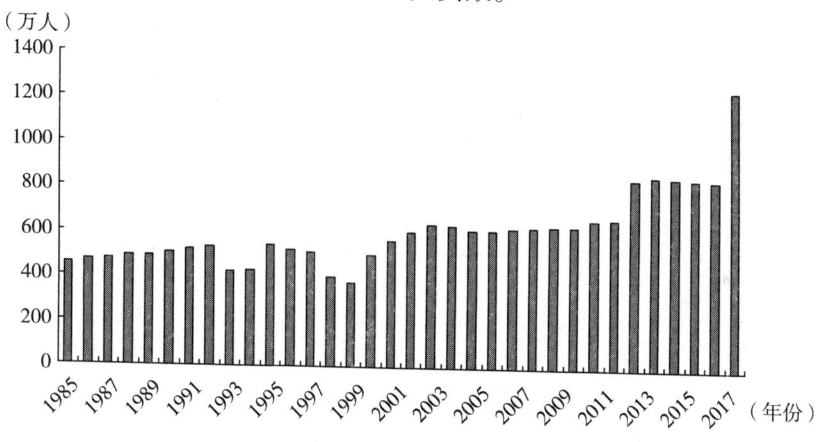

图 3 - 2　1985 ~ 2018 年中国物流业从业人员情况

资料来源：历年《中国统计年鉴》，其中 2018 年数据来自《2018 年交通运输行业发展统计公报》。

表 3 - 1 从企业法人单位数、从业人员、资产总额和营业收入四个方面展示了 2018 年中国物流业的基本情况。在企业法人单位数量方面，各类运输方式共有 25 万多家，其中，公路运输业的企业数量最多，占据半壁江山，有超过 13 万家企业单位；其次是装卸搬运和运输代理业，占比为 27.92%，二者合计就超过了 80%。相比之下，铁路运输业的企业数量最少，仅为 313 家，这与中国铁路体制有关。在提供就业岗位方面，公路运输业依然容纳了本行业最多的从业人员，在整个运输行业中占比为

48.80%；相比之下，管道运输业的从业人数是最少的，仅为3.8万人，这与管道运输的特殊业务有关。在中国管道运输主要服务油气运输，随着中国经济对油气资源需求的持续高涨，未来管道基础设施建设还将加大，预计2020年中国油气管道总里程将突破16万公里，可以更好地服务国民经济发展。[①] 在资产规模方面，公路、铁路和水路占据前三位，分别占比37.07%、26.23%和11.45%，三者合计达到物流运输业资产总额的75%。尤其是铁路运输，尽管企业数量和从业人数都相对较少，但资产规模却高达49500.6亿元。从营业收入来看，只有公路运输收入达到万亿元规模，铁路、水路和航空运输的营业收入基本相当，占比均在10%左右。值得一提的是，装卸搬运和运输代理业以及仓储业的营业收入比较可观，尽管其资产规模较小，反映出这些物流运输环节的利润率较高。总体来看，公路运输在各方面的规模都是最大的，管道和邮政业务因其业务的行业特性或服务群体不同，在总量方面都明显偏小。特别是在广大农村市场甚至偏远山区，邮政业务发挥着不可替代的重要作用。由于航空运输的货物价值昂贵，因此，其营业收入相对资产规模而言明显偏高，这与航空运输物品普遍具有“价值大、时间紧、体积小”的特征紧密相连。

表3－1　2018年中国交通运输、仓储和邮政业企业法人单位主要指标

运输方式	企业法人单位		从业人员		资产总额		营业收入	
	数量（家）	占比（%）	人数（万人）	占比（%）	金额（亿元）	占比（%）	金额（亿元）	占比（%）
铁路	313	0.12	203.2	16.30	49500.6	26.23	6562.4	11.94
公路	132409	52.55	608.5	48.80	69949.1	37.07	17826.7	32.42
水路	10015	3.97	67.9	5.45	21605.3	11.45	5506.2	10.01
航空	1378	0.55	45.3	3.63	13080.7	6.93	4948.2	9.00
管道	309	0.12	3.8	0.30	3798.6	2.01	839.6	1.53
装运	70353	27.92	132.7	10.64	11218.0	5.95	9850.1	17.91
仓储	24779	9.83	62.1	4.98	16878.6	8.95	7100.9	12.91
邮政	12425	4.93	123.5	9.90	2659.8	1.41	2349.0	4.27
合计	251981	100.00	1247.0	100.00	188690.7	100.00	54983.1	100.00

资料来源：交通运输部，《2018年交通运输行业发展统计公报》，其中装卸搬运和运输代理业简写为“装运”。

① 《发改委：未来10年油气管道建设还将处于稳定增长期》，证券时报网，2014年12月8日。

从企业法人的类型来看（见表3－2），2018年无论是企业法人单位数量还是从业人员数量，都是国内投资企业占主要比重，其比例分别为98.41%和95.84%。在企业单位法人方面，内资企业中占比最高的是私有企业，其次是有限责任公司。从业人员数量在不同内资企业中的占比最高的则是有限责任公司，其次是私有企业。

表3－2　2018年按登记注册类型划分的企业法人单位和从业人员

分类	企业法人单位数(万个)	从业人员(万人)
内资企业	24.8	1195.2
国有企业	0.9	343.0
集体企业	0.5	24.7
股份合作企业	0.2	5.3
联营企业	0.1	2.5
有限责任公司	5.6	379.3
股份有限公司	0.5	88.8
私有企业	16.0	333.0
其他企业	1.0	18.6
港、澳、台商投资企业	0.2	30.3
外资投资企业	0.2	21.5
合计	25.2	1247.0

资料来源：交通运输部，《2018年交通运输行业发展统计公报》。

三、中国物流业运输方式现状

1978～2018年，从整体上看，中国客运周转量和货运周转量保持稳步上升趋势（见图3－3）。

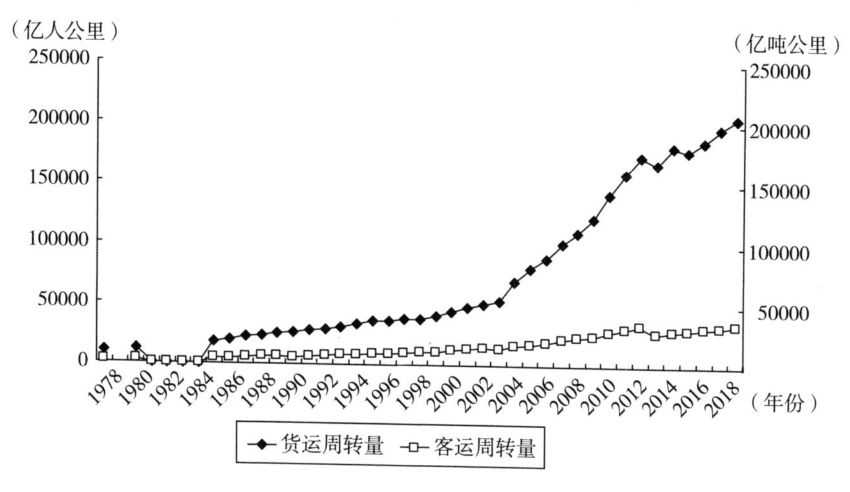

图3－3　1978～2018年中国物流业货运周转量和客运周转量情况

资料来源：历年《中国统计年鉴》。

1978年，中国客运周转量和货运周转量分别为1743.1亿人公里和9928.3亿吨公里。1978～2000年，无论是货运还是客运，周转量均呈缓慢增长，此后货运周转量急剧增加。但是，2012～2013年中国客运周转量和货运周转量呈现不同程度的下降。到2018年客运和货运周转量分别增长到了34218.2亿人公里和205247.5亿吨公里，分别是40年前的20.7倍和19.6倍，可谓发生了翻天覆地的变化。从变化速度来看，"十一五"和"十二五"期间运输周转出现急剧式增长。进入"十三五"时期，客运运输周转量整体比较平稳，但货运周转量依然保持强劲增长态势。客运货运的频繁周转，反映出中国经济蓬勃发展的内生动力比较充足，当然，科学合理的运输规划和万全周密的调度指挥仍然是中国运输业不懈的追求目标。

如图3－4所示，改革开放40多年来，中国客运事业蓬勃发展，客运方式也发生了很大变化。20世纪90年代以前，中国的客运力量几乎都是由铁路和公路承担，且铁路运量较公路运量更胜一筹，航空和水路的客运量很少。1995年以来，公路运量始终位居第一，其次是铁路、航空和水运的发展也进入快车道。下面重点对1990年以来的情况进行分析。1990～2018年的客运周转采用的交通方式主要以公路和铁路为主，但二者发生了翻转式的变化，水路和民航承接了部分周转任务。具体可分为三个阶段。第一阶段，1978～1992年，公路和铁路平分秋色，几乎均等地分摊着全国客运运输任务，这一时期的水路和航空运输的客运周转量也较少。第二阶段，1993～2013年，公路运输客运周转量不断领先铁路运输，尤其是2012年，公路运输客运周转量创下历史最高水平，为18467.5亿人公里，同期铁路客运周转量为9812.3亿人公里，公路运输几乎是铁路运输周转量的2倍。第三阶段，2013～2018年，由于公路运输周转量的急剧减少，及同期铁路客运周转量继续保持增长态势，导致铁路开始超过公路，承接了全国客运周转的主要任务，到2018年铁路和公路的客运周转量分别为14146.6亿人公里和9279.7亿人公里，铁路是公路周转量的1.5倍。公路运输周转量的变化与国家统计指标的变更也有一定关系。据交通运输部发布的统计公报显示，2013年开展的交通运输专项经济统计调查后，公路和水路交通流量观测站点数量发生了变化，有关公路和水路的统计口径也发生了变化，相关数据都是调整后的。另外，从水路运输来看，1988年水路客运周转量达到了历史最高水平，为203.9亿人公里，此后整体呈减少趋势，到2001年每公里水路客运周转量跌破100亿人，2008年为历史最低水平，仅为59.2亿人公里。这些年水路运输的客运周转量基本稳定在70亿人公里至80亿人公里，在全国客运周转量中占比最低。此外，从民航运输来看，在20世纪90年代开始进入快速发展阶段，并开始超过水路，客运周转量从1978年的27.9亿人公里，迅速增长到2001年的1091.4亿人公里，进入21世纪以后首次突破千亿人次周转量大关。2018年更是突破了万亿人的客运周转量，达到10721.3亿人公里，同时超过了公路客运周转量，占中国客运周转市场的1/3，显示出中国民用航空事业的强劲发展动力。

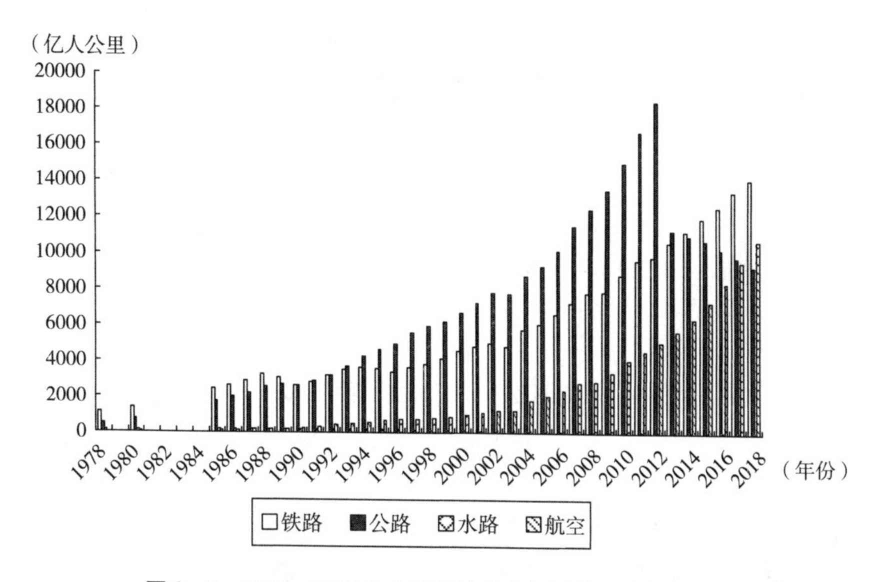

图3-4　1978~2018年中国物流业客运周转运输方式情况

资料来源：历年《中国统计年鉴》。

在货运周转量方面，各类运输方式呈现出不同程度的增减规律，如图3-5所示。通过铁路完成的货运周转量占比呈不断减少的趋势，从1978年的53.8%下降到2018年的14%。水路在全社会货运周转量中所占比重呈现先增加后减少的趋势，从1978年的38.3%增加到2007年的63.4%，2018年降至48.3%。1985~2007年，公路运输在全社会货运周转量中所占比重基本维持在10%~13%，此后迅速增加到1/3的比重，并基本维持在这一比重，2018年为34.7%。相比之下，民航运输周转量非常低，1993~2018年，在全社会货运周转量中所占比重均为0.1%，2018年民航货运周转量为262.5亿吨公里。管道运输在全社会货运周转量中所占比重长期处于1.5%，自2013年开始，管道运输量明显增加，2018年货运周转量为5862亿吨公里，是1996年的10倍，是1978年的13.6倍，这与国内油气资源的旺盛需求密不可分。

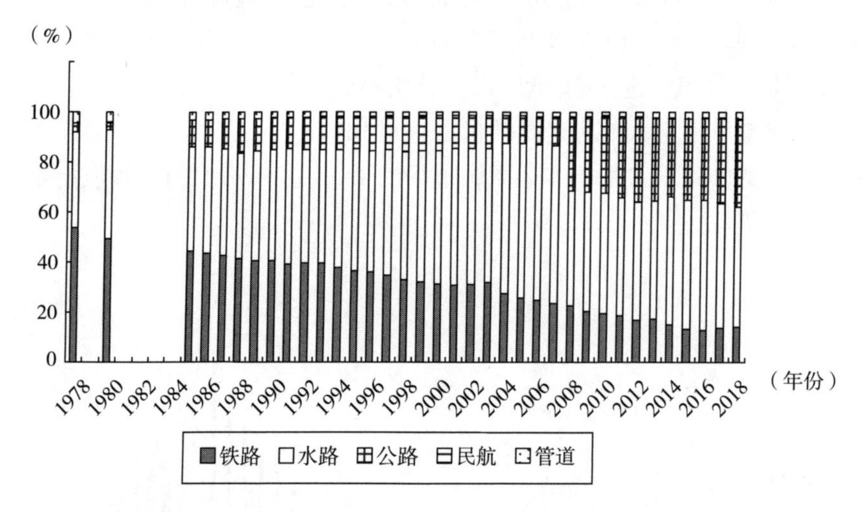

图 3-5　1978~2018 年中国各类货运运输周转量占比情况

资料来源：历年《中国统计年鉴》。

这里重点对水路、铁路和公路的货运周转量做进一步分析。水路货运周转量率先在 1988 年突破万亿吨公里，达到 10070.4 亿吨公里，并超过铁路的货运周转量。但整体来看，在 21 世纪之前，铁路和公路的货运周转量相差不大，公路货运周转量在 5000 多亿吨公里，民航和管道在货运周转市场中承担了较低的周转任务，民航尚未突破 50 亿吨公里，管道货运周转量为 600 多亿吨公里。进入 21 世纪，随着中国港口基础设施建设的加快，通过水路完成货物运输周转的规模迅速增加，尤其是 2005~2007 年占到全国货运市场周转量的 1/3，充分发挥了水路运输“量大、价低”的竞争优势。短距离运输，对速度时间有要求的周转，公路运输成为最佳的选择。但是，公路运输需要克服其自身的缺陷，如增加运输承载量、构建完整的公路运输网络、减少空车率。此外，随着中国以高速铁路为架构、以城际动车为补充的高速铁路网络的进一步完善，铁路的利用效率还将进一步提高，这将会大大提升铁路货运周转量。

下面重点对中国 1995~2018 年物流运输的货物周转量进行统计分析，具体包括铁路、公路、水运、远洋运输、民航以及管道运输，如表 3-3 所示。

表 3-3　1995～2018 年中国的货物周转量统计数据

单位：亿吨公里

指标	1995 年	1996 年	1997 年	1998 年	1999 年	2000 年	2001 年	2002 年
总量	35908.9	36589.8	38384.7	38088.7	40567.8	44320.5	47709.9	50685.9
铁运	13049.48	13106.2	13269.9	12560.1	12910.3	13770.49	14694.1	15658.4
公路	4694.9	5011.2	5271.5	5483.38	5724.3	6129.4	6330.4	6782.5
水运	17552.2	17862.5	19235	19405.8	21262.8	23734.2	25988.9	27510.6
远洋	11938	11254	14875	14920	17014	17073	20873	21733
民航	22.3	24.93	29.1	33.45	42.34	50.27	43.72	51.55
管道	590	585	579	606	627.93	636	653	683
指标	2003 年	2004 年	2005 年	2006 年	2007 年	2008 年	2009 年	2010 年
总量	53859.2	69445	80258.1	88839.85	101418.81	110300	122133.31	141837.42
铁运	17246.7	19288.8	20726	21954.41	23797	25106.28	25239.17	27644.13
公路	7099.48	7840.9	8693.2	9754.25	11354.69	32868.19	37188.82	43389.67
水运	28715.8	41428.7	49672.3	55485.75	64284.85	50262.7	57556.67	68427.53
远洋	22305	32255	38552	42577	48686	32851	39524	45999
民航	57.9	71.8	78.9	94.28	116.39	119.6	126.23	178.9
管道	739	815	1088	1551.17	1865.89	1944.03	2022.42	2197.20
指标	2011 年	2012 年	2013 年	2014 年	2015 年	2016 年	2017 年	2018 年
总量	159323.6	173804.46	168013.8	185837.42	178355.9	186629.48	197372.65	205451.6
铁运	29465.8	29187.09	29173.89	27530.19	23754.31	23792.26	26962.2	28821
公路	51374.74	59534.86	55738.08	61016.62	57955.72	61080.1	66771.52	71202.5
水运	75423.84	81707.58	79435.65	92774.56	91772.45	97338.8	98611.25	99303.6
远洋	49355	53412	48705	55935	54236	58075	55084	51926.58
民航	173.91	163.89	170.29	187.77	208.07	222.45	243.55	262.4
管道	2885.44	3211.04	3495.89	4328.28	4665.35	4195.87	4784.13	5862

资料来源：国家统计局公布数据。其中，2008 年公路、水路运输量统计口径有调整。

从货运周转总量来看，2018 年的货运周转量是 1995 年的 5.72 倍，其中，公路运输周转量提升最快，是 1995 年的 15.2 倍；其次是管道运输，货物周转量是 1995 年的 9.9 倍。此外，水运周转量是 1995 年的 5.7 倍，民航运输周转量是 1995 年的 4.6 倍，远洋运输周转量是 1995 年的 4.3 倍，铁路运输周转量是 1995 年的 2.2 倍。货物运输周转量的显著提升反映出中国货运效率的改进与这些年中国加快交通运输基础设施建设密不可分，同时也与中国物流企业管理方法和运输工具的改进等有关。

四、中国物流业运输效率现状

关于物流业的运输效率可以从很多方面进行考量，本书侧重从物流成本、经济效益和能源消耗三个角度加以分析。

首先，从物流成本来看，衡量社会物流成本最常见也是最权威的指标就是社会物流总费用在 GDP 中所占比重。为此，本书不仅统计了中国社会物流总费用的长期变化趋势，同时测算了 1991～2018 年以来该费用占中国 GDP 比重的变化，如图 3－6 所示。

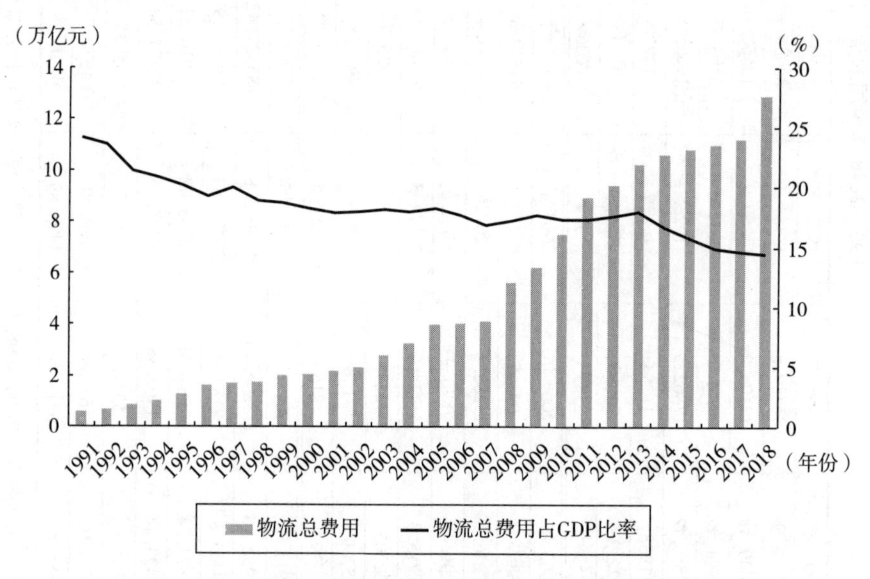

图 3－6　1991～2018 年中国社会物流总费用占 GDP 比重的变化趋势

资料来源：历年《中国统计年鉴》。

可以看出，随着物流运输规模的急速扩张，物流费用也在不断攀升，但物流费用在同期 GDP 中所占比重整体却呈下降趋势。这从侧面反映出，随着近些年物流技术的提高，中国物流行业的整体运输效率水平已有很大的提升。2001～2010年中国社会物流总费用占GDP的比重整体呈缓慢下降趋势，说明物流效率提升速度较慢。相比之下，“十三五”以来，2015年、2016年、2017年物流费用整体增加有限，由此导致物流费用占比呈较大幅度减少，2015～2018年中国物流业总费用占GDP的比例依次为15.7%、14.9%、14.6%、14.4%，反映出中国总体运输效率在不断提升。2018年12月26日，在北京举行的第十九届中国国际运输与物流博览会新闻发布会公布的数据显示，中国物流总费用约13万亿元，占全国GDP（90万亿元）的比重为14.4%。当然，同发达国家物流业总费用占GDP的比例（10%）相比，中国还有很大的差距，成本过高说明整个行业的技术进步较慢，有待提升。今后应加强大数据、云计算、5G等先进技术在物流运输系统的应用，提升物流服务系统对中国经济高质量发展的支撑作用。

其次，从经济效益来看，考虑物流运输总里程不断增加的情况下，物流业的工业增加值变化趋势，即每公里运输线路创造的工业增加值，反映出中国物流基础设施建设的经济效益在不断改进。为此，本书计算了1997～2018年中国物流单位运输线路上的工业增加值，如图3－7所示。整体来看，单位线路的工业增加值已经从1997年的14.57万元增长到2018年的29.81万元，经济效率提升了105%。

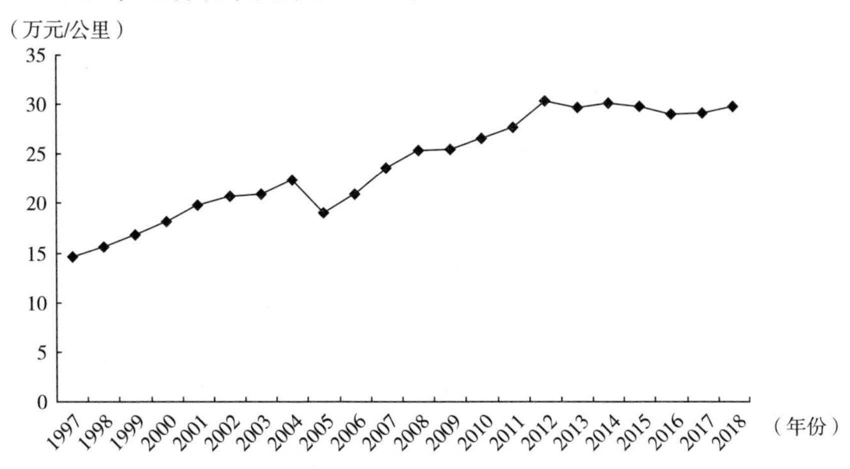

图3－7　1997～2018年中国物流运输的经济效率变化情况

资料来源：历年《中国统计年鉴》。

最后，从能源消耗来看，借鉴万元GDP产值能耗指标的研究思路，本书利用物流业的工业增加值与其能源消耗量，计算了1997～2016年的物流业万元工业增加值的能源消耗，以期从能耗角度考察物流业的运输效率，结果如图3-8所示。从图3-8看出，1997~2016年物流业的能源消耗利用水平整体是在改进的，从世纪之初的1.82吨标准煤/万元降低到2016年的1.19吨标准煤/万元，能源利用效率提升了34%。尤其是"十一五"规划期间，中国物流业的能耗效率提升最为明显，"十二五"以来，中国物流业万元工业增加值的能耗量基本稳定在1.3吨标准煤/万元左右。

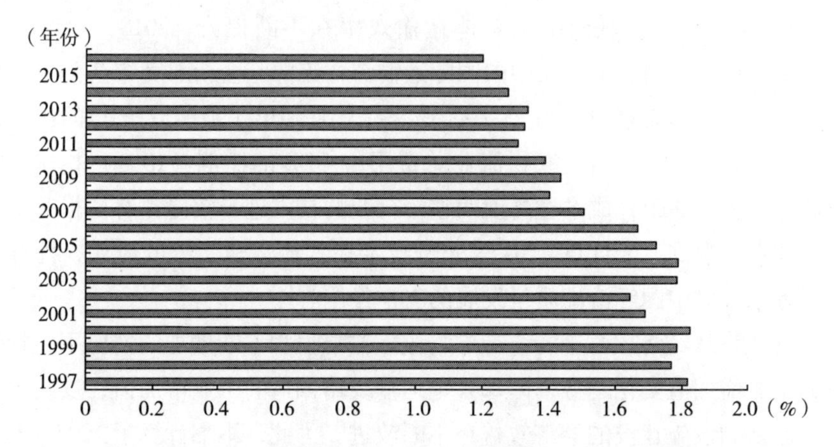

图3-8 1997~2016年中国物流业能源利用效率变化情况

资料来源：历年《中国统计年鉴》。

五、中国物流业基础设施现状

根据《中国统计年鉴》的数据，1978~2018年，中国交通运输基础设施建设不断完善，物流业运输里程不断增加（见图3-9）。到2018年，中国物流行业的运输线路总长达到1360.37万公里，是1978年123.51万公里的11倍之多。

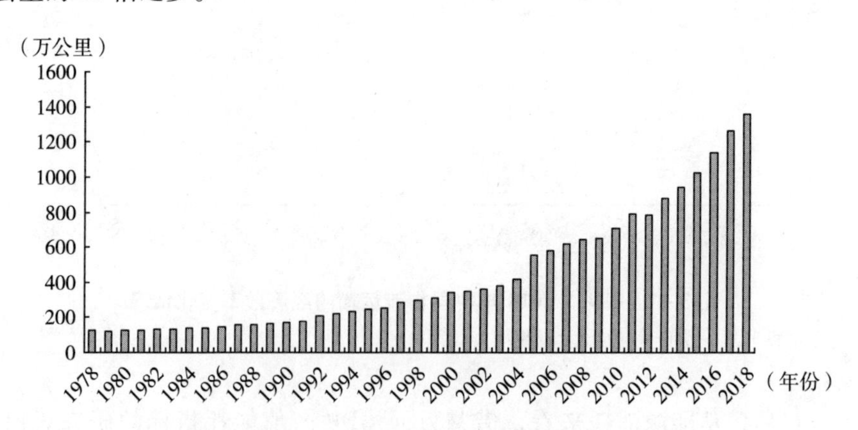

图3-9 1978~2018年中国物流业运输总里程情况

资料来源：历年《中国统计年鉴》。

1978～1991年，中国物流运输航线总里程始终未能突破200万公里，在1998年之前，中国物流运输航线总里程持续保持在300万公里以内，即使到2003年中国运输总里程也仅为378.89万公里，由此看出，自1978年改革开放到2003年，中国物流运输的基础设施建设步伐都比较缓慢。但继2004年突破400万公里大关以后，2007年又突破600万公里大关，2010年拥有了超过700万公里的运输总里程，2015年中国实现了1000万公里的历史性进展，这几年的建设速度都保持了两位数的增速。

表3－4显示了1978年以来中国各类运输方式的营业里程。在各类运输方式中，铁路、公路和航空运输的线路里程增长速度最为突出，表现在全国各地大中小城市之间的高速铁路网络日渐完善，覆盖城市和农村的高速公路和“村村通”公路四通八达，主要城市的机场建设和新航线的开辟此起彼伏。到2018年，中国物流运输公路里程达到484.65万公里，较2000年增长了316.67万公里，增长率为188.52%；运输航线里程达到837.98万公里，较2000年增长457.58%。同时，中国物流铁路、内河、管道输油运输里程分别达到13.1万公里、12.71万公里、11.93万公里。各种交通运输方式的有效结合，完善了全国的运输网络，优化了资源的综合配置，有助于提高物流运输的效率，促进物流业的低碳发展。

表3－4　　1978～2018年中国各类运输方式的营业运输总里程　单位：万公里

年份	铁路	公路	内河航道	民航	管道	总里程
1978	5.17	89.02	13.60	14.89	0.83	123.51
1979	5.30	87.58	10.78	14.89	0.83	119.38
1980	5.33	88.83	10.85	19.53	0.87	125.41
1981	5.39	89.75	10.87	21.82	0.97	128.80
1982	5.33	90.70	10.86	23.27	1.04	131.20
1983	5.46	91.51	10.89	22.91	1.08	131.85
1984	5.48	92.67	10.93	26.02	1.10	136.20
1985	5.52	94.24	10.91	27.72	1.17	139.56
1986	5.58	96.28	10.94	32.31	1.30	146.41
1987	5.60	98.22	10.98	38.91	1.38	155.09
1988	5.62	99.96	10.94	37.38	1.43	155.33
1989	5.70	101.43	10.90	47.19	1.51	166.73
1990	5.79	102.83	10.92	50.68	1.59	171.81
1991	5.78	104.11	10.97	55.91	1.62	178.39

续表

年份	铁路	公路	内河航道	民航	管道	总里程
1992	5.81	105.67	10.97	83.66	1.59	207.70
1993	5.86	108.35	11.02	96.08	1.64	222.95
1994	5.90	111.78	11.02	104.56	1.68	234.94
1995	6.24	115.70	11.06	112.90	1.72	247.62
1996	6.49	118.58	11.08	116.65	1.93	254.73
1997	6.60	122.64	10.98	142.50	2.04	284.76
1998	6.64	127.85	11.03	150.58	2.31	298.41
1999	6.74	135.17	11.65	152.22	2.49	308.27
2000	6.87	167.98	11.93	150.29	2.47	339.53
2001	7.01	169.80	12.15	155.36	2.76	347.08
2002	7.19	176.52	12.16	163.77	2.98	362.62
2003	7.30	180.98	12.40	174.95	3.26	378.89
2004	7.44	187.07	12.33	204.94	3.82	415.60
2005	7.54	334.52	12.33	199.85	4.40	558.64
2006	7.71	345.70	12.34	211.35	4.81	581.91
2007	7.80	358.37	12.35	234.30	5.45	618.26
2008	7.97	373.02	12.28	246.18	5.83	645.28
2009	8.55	386.08	12.37	234.51	6.91	648.42
2010	9.12	400.82	12.42	276.51	7.85	706.73
2011	9.32	410.64	12.46	349.06	8.33	789.81
2012	9.76	423.75	12.50	328.01	9.16	783.18
2013	10.31	435.62	12.59	410.60	9.85	878.96
2014	11.18	446.39	12.63	463.72	10.57	944.49
2015	12.10	457.73	12.70	531.72	10.87	1025.12
2016	12.40	469.63	12.71	634.81	11.34	1140.89
2017	12.70	477.35	12.70	748.30	11.93	1262.98
2018	13.10	484.65	12.71	837.98	11.93	1348.44

注：经《中国统计年鉴》、和讯数据和前瞻数据库等多方查证，1979 年铁路、公路和内河航道的营业总里程均出现不同程度减少。

资料来源：历年《中国统计年鉴》。

从表 3-5 中可以看出，随着中国经济的发展，交通业基础设施和固定资产投资继续保持增长，公路运营线路、铁路运营线路以及水路、航空运营线路不断扩展，中国逐步形成了纵贯南北、横跨东西的综合运输网络，截至2018年营业运输线路总里程长达1348.44万公里。据交通运输部颁布的《国家公路网规划（2013—2030年）》，到2030年中国国家公路网总规模将达到约40万公里。铁路方面，铁路运输是中国各类运输中最重要的运输方式，据《中国交通运输行业发展统计公报》的数据显示，截至2018年底，全国总营业里程达到13.1万公里，其中高速铁路总营业里程达到2.9万公里，每万平方公里的铁路网络密度已经达到136公里。中国成为世界上完成铁路运输量最大的国家之一，也是运输量增长最快、运输设备利用效率最高的国家。在公路方面，截至2018年底，中国公路营业总里程达到484.65万公里，每百平方公里的公路密度已经从2014年的46.50公里增长到2018年的50.48公里，突破50公里大关。其中，公路等级在四级及以上的公路里程为446.59万公里，占比为92.15%；高速公路里程14.26万公里，占比为2.94%。随着改革开放和对外开放强度的加深，尤其是“一带一路”倡议的提出，除了水路这一传统国际贸易的运载方式外，中欧铁路班列在全国多个省市开通，如沈阳、郑州、西安、苏州、义乌、合肥、重庆、武汉、长沙和厦门，通过铁路直接将中国内地与中亚、欧洲紧密联系，既节省了水路的运送时间，又降低了运输成本，加强了彼此之间的经济联系与合作深度。近几年，随着电子商务的发展，快递行业得到了跨越式发展，据国家邮政局公布的数据显示，2018年中国快递企业累计完成交易量507.1亿件，为世界第二，同比增长26.6%；业务收入达6038.4亿元人民币，同比增长21.8%。

表3-5　　2000~2018年中国物流业发展基本情况

年份	货运量（万吨）	货物周转量（亿吨公里）	固定资产总投资（亿元）	运输线路总长度（万公里）	工业增加值（亿元）
2000	1358682	44321	3641.94	339.54	6161.0
2001	1401786	47710	4116.43	347.08	6870.3
2002	1483447	50686	4393.98	362.62	7492.9
2003	1564492	53859	6289.40	378.89	7913.2
2004	1706412	69445	7646.20	415.60	9304.4
2005	1862066	80258	9614.00	558.64	10666.2
2006	2037060	88840	12138.10	581.91	12183.0
2007	2275822	101419	14154.00	618.27	14601.0
2008	2585937	110300	17024.00	645.28	16362.5
2009	2825222	141837	24974.70	648.40	16727.1

续表

年份	货运量（万吨）	货物周转量（亿吨公里）	固定资产总投资（亿元）	运输线路总长度（万公里）	工业增加值（亿元）
2010	3241807	141837	30074.5	706.72	19132.2
2011	3696961	159324	28291.7	789.81	22432.8
2012	4100436	173804	31444.9	783.18	24660.0
2013	4098900	168014	36790.1	878.97	27282.9
2014	4167296	181668	43215.7	944.49	28500.9
2015	4175886	178356	49200.0	1025.12	30487.8
2016	4386763	186629	53890.4	1140.89	33058.8
2017	4804850	197373	61449.9	1262.98	36802.7
2018	5147925	205247	63846.4	1348.44	40550.0

资料来源：历年《中国统计年鉴》《中国交通年鉴》，其中2018年数据来自交通运输部网站公布的《2018年交通运输行业发展统计公报》。

近年来，随着各地对第三产业发展的日益重视，多地纷纷提出将建设现代物流枢纽作为地区发展的重要目标。2018年11月李克强总理主持召开的国务院常务会议上也强调，加快推进物流枢纽布局与建设，提升中国经济运行效率和质量。在国家发展和改革委员会制定的《国家物流枢纽布局和建设规划》中计划选取127个城市、建设212个国家物流枢纽，为建设现代化经济体系提供有力支撑。物流网络组织节点开始形成，加上仓储、配送设施现代化水平的提高，以及物流技术设备更新和信息化建设加快，有效促进了各项物流功能和要素的集成整合，加上国家的支持，很多功能较为健全的综合物流园区开始发挥重要作用。交通运输的基础设施持续改善，为物流业发展提供了良好的设施保障。根据《2018年交通运输行业发展统计公报》数据显示，到2018年底，全国铁路营业里程突破13.1万公里，其中高速铁路营业里程突破2.9万公里，占世界高铁总里程的2/3，位居世界第一。在国家铁路运营里程中，复线里程所占比重持续提高，已经从1990年的24.4%，提高到2018年的48.6%。此外，在总的公路里程不断增加的同时，等级公路里程所占比重也在提高，已经从1990年的72.1%提高到2018年的87.4%。在交通运输基础设施不断改善的同时，技术装备条件也在不断优化升级，信息技术广泛应用，很多物流企业都建立了管理信息系统，依托互联网技术的标准化、智能化和信息化，物流新模式正在发挥越来越重要的作用。

总之，中国物流业的发展已经取得了很大进步，正处于快速上升阶段，但中国经济目前正处于高速增长向中高速转换的关键期，在此背景下，物流业的高质量发展也面临一定困难。首先，大多数中小型物流企业普遍存在“小、低、少、弱、散”的特点，即经营规模小、市场占有率低、服务功能少、网络利用率弱、结构分散等，且达不到实体与网络相互衔接、相互匹配的程度，缺乏规模优势。其次，物流行业的技术水平及管理水平与世界先进水平相比还有很大差距，影响着物流业的发展与改善。同时，服务结构也比较简单，主要以储存、运输和点对点单一配送为主，在货运包装、加工、配送分流等环节涉及较少，不能形成一整套的物流供应体系。最后，由于物流行业发展起步较晚，人才紧缺程度较为严重。这些问题都不同程度地影响着物流业的经济发展，影响着物流业的整体运行效率及成本，不仅制约了物流业的发展，而且由于运输效率的低下造成更多的资源消耗与碳排放，污染了环境。

第二节　环境管制的基础理论

一、环境管制的基本概念

环境管制（environment regulation），又称环境规制，属于社会性规制的一个分支，通常是指政府为了保护环境、防治污染，利用所出台的环境保护法律、法规，对国内企业生产运营过程中危害环境的行为采取的监督、管理和制裁等管制性措施（张红凤和张细松，2012）。

环境资源是一种特殊的公共物品，它是人类生存和发展的物质基础（蔡宁和郭斌，1996）。环境资源的稀缺性、价值性、多用途性使其更加珍贵，同时它所具有的非竞争、非排他等公共商品的属性，也使得个人和企业等经济主体在进行生产、消费等社会经济活动时，为了追求自身利益的最大化而对环境资源肆意浪费，过量的废水、废气、废物、有害物质等被有意或无意地排放到自然界中，造成了严重的环境污染。环境管制的本质就是针对环境资源自身的公共物品特性以及其在市场配置下所产生的严重外部性而采取的约束性手段，环境管制的根本目的就是保护环境。近年来，伴随着世界经济的不断发展，环境污染也愈加严重，环境问题已经扩展到社会、经济、生活的方方面面，甚至直接威胁到人类的健康生存。同时，国际间贸易往来的持续深入，使环境资源配置与自由贸易之间的矛盾日益激化，环境问题已经发展为国际化的重大问题。环境管制作为保护环境的有效手段已经在很多国家得到了应用和认可，与此同时民众的环保意识也在不断提升，民间环保组织和产业协会在环境保护中也逐渐发挥着愈加强大的作用，这也对环境管制的行为主导进行了有益的补充。本书结合新的环境形势，在参考其他学者研究成果的基础上将环境管制定义为：政府、环保组织等主导机构，以保护环境为目的，针对环境资源在市场机制下的配置过程中所产生的外部不经济性，对市场经济活动所采取的约束性措施。

另外，我们也可以看到，在新的环境形势下，环境管制应用范围也向外延伸到国际贸易领域。一些西方发达国家为了维护其在国际贸易中的经济利益，减少和防止环境污染在贸易流通中的外部不经济性，也往往利用环境管制，通过颁布一系列的环保法规、条例，确定严格的环保技术标准，建立烦琐的审批认证流程，设立环境保护税等手段，严格限制非环保商品的进口贸易。而这些环境管制措施表面上虽然达到了保护环境的客观要求，但对进口商品也起到了“绿色壁垒”的实质作用，这对于国际贸易中的出口企业的环境竞争力也是一个隐形挑战。

二、环境管制的政策分类

在环境管制的控制主体中，政府部门发挥着无可替代的作用。在本书中，把政府为保护环境而对经济主体所采取的约束性措施，统称为环境管制政策工具。从经济成本的角度来看，环境管制政策的实施必然增加企业污染治理的投入，生产成本的增加对企业的竞争力也会产生一定的负面影响。从环境保护的角度来看，企业污染控制能力的提升也间接提升了企业的环境竞争优势，而这也引出了本书的研究主题。

就目前来看，世界各国所采用的环境管制政策工具主要包括命令与控制型政策、市场激励型政策、信息披露型政策三类。纵观世界各国环境管制制度的发展历程，这三类政策工具也代表了国际环境管制所经历的三个阶段（王丽萍，2014）：在 20 世纪 80 年代以前，世界各国政府主要采用命令与控制型环境政策作为管制手段，这一时期被称为环境管制的第一阶段；进入 80 年代，基于市场型环境管制政策逐渐受到重视，由此进入了环境管制政策发展的第二阶段；90 年代以来，以信息披露为核心思想的一系列创新型环境管制政策的兴起，标志着环境管制政策进入了第三阶段。

1. 命令与控制型环境管制

命令与控制型环境管制也可以称为行政政策管制，它是以政府部门为环境管制行为主导，通过确定环境管制目标、环境技术标准强制要求企业遵守，并利用行政监督、执行、处罚等手段对企业的排污行为进行严格管制。现行的主要命令与控制环境管制可分为两类：环境技术标准和排污绩效标准。一方面由于命令与控制型环境管制具有法律意义的强制性和广泛的适用性，另一方面企业也存在着对技术标准的客观需求，因此在很多情况下，命令与控制环境政策都能取得较好的管制效果。

但这种环境政策也有着很大的弊端，政府在制定环境技术标准时要充分考虑企业的普遍适用性、成本收益的估算、技术信息的把握、减排目标的设计等，导致技术标准严重缺乏成本有效性，对于企业来说，这种统一的技术标准也很难激励企业进行技术创新。排污绩效标准相比环境技术标准虽然在一定程度上增加了企业减排的灵活性，但同时也大大增加了政府的监督成本。如果缺乏有效的监管，部分企业就可能选择虚假上报、超量排放等违规行为，这也就增加了选择进行技术创新企业的外部不经济，使其并未得到竞争优势的提升。

2. 基于市场机制的环境管制

随着人们对于命令控制型环境管制政策弊端的认识不断深入，基于市场机制的环境管制政策逐渐兴起。基于市场机制的环境管制并不对企业的控制污染水平和环境技术做硬性规定，而是通过市场运行来引导企业的环境行为决策，以经济利益刺激企业进行污染控制，因此也可以把基于市场机制的环境政策称为经济激励型环境管制。经济激励型政策可以分为价格类管制和数量类管制：价格管制主要以传统的“庇古税”理论为基础；数量类管制则建立在产权理论的基础上。现在世界各国中常用的市场激励型环境政策主要有环境税、财政补贴、押金—返还制度、排污权交易等。下面以最具有代表性的环境税费、排污权交易政策对企业环境行为的影响进行分析。

环境税是市场激励型环境管制的重要手段之一，是指政府对企业的污染行为征收一定比率的税费。与传统的命令控制型环境管制相比，环境税有着很大的灵活性，对企业的环境技术创新也有着更强的激励作用。在同样的环境税率下，企业通过对环境税率水平与自身减污边际成本的比较来确定其减污行为，企业将面临维持污染支付超额税费、减少污染生产降低税费、进行环境技术进步提升减污效率三种行为的抉择。从环境保护的角度来看，环境税费对所有的污染企业所征收的税率标准是统一的，污染企业要根据自身的减污水平来估算排污成本，如果超量排污所带来的环境成本超过了企业的经济收益，企业将自动进行降污减排，这也提高了环境资源的配置效率。从企业竞争力角度来看，企业通过进行环境技术创新一方面将使企业直接节省大量的环境税费，另一方面环境技术的创新也带给企业更大的发展空间，同时带来企业发展的联动效应，从而提升企业的竞争优势。

排污权交易制度是近些年在世界各国逐渐兴起的一种环境管制工具，政府通过市场将环境污染容量作为污染排放许可权以合理的初始分配交给企业，减污效率较强的企业也可以将过剩的排污权放入市场进行交易，减排效率较弱的企业则可以通过市场进行排污权交易以满足自身的排污需求，这也使得在满足企业排污需求的同时也实现了对环境污染减排的有效配置。从激励企业进行环境技术创新的角度来看，排污权交易和环境税费能够达到相同的效果，减排能力强的企业可以将剩余的排污权出售从而获得直接的经济收益，这是对企业进行环境技术创新最有效的刺激，同时也使企业获得了创新投资的经济补偿。对于减排能力较弱或是市场的新进企业来说，不断上涨的排污权交易价格将给企业带来更大的管制压力，也只有进行技术创新才能适应发展要求。从这个角度看，越早进行环境技术创新，越有利于企业在更加严格的环境管制下获得更大的竞争优势（王丽萍，2018）。

3. 信息披露型环境管制

信息披露型环境管制是近年来逐渐兴起的一种创新型环境管制政策。由于传统的命令控制型环境管制政策缺乏有效的成本收益，而基于市场的环境管制政策在应用范围和实施力度上也具有一定的区域差异性，在这一背景下，以信息披露为核心的创新型环境管制政策逐渐受到越来越多的国家重视。信息披露型环境管制主要指通过公开市场中企业的生产技术指标、产品信息、污染现状等相关的环境污染信息，利用企业在市场上的相关利益集团来激励或诱导污染企业自发进行环境管制。企业上下游的相关利益集团，通过企业披露的信息，能够对企业的污染状况做出有效的评估以决定是否继续合作；消费者根据企业披露的信息能够做出更多的偏好于环境因素的购买抉择；劳动者可以根据企业披露的信息选择更好的工作环境。信息披露通过市场反应的联动效应最终对企业的竞争力产生间接作用。面对相关利益集团的长期外部压力，污染企业若不及时进行环境管理，就将面临合作伙伴离去、消费者转移、劳动力缺失、竞争力受损等困境。从这个角度看，信息披露能够有效降低环境管制机构的运行负担，有效提高环境管制效率。在目前的环境管制实践中，常用的信息披露型管制政策主要有企业自愿型环境管制、环境管理体系认证和企业污染控制评级制度等。下面重点围绕企业自愿型环境管制和环境管理体系认证对企业的影响进行分析。

企业自愿型环境管制大致可以分为两种：一种是企业自愿进行的环境创新行为；另一种是企业与环境管制部门通过协商谈判共同达成的环境协议。对企业来说，自愿进行的环境管制不仅能达到减少污染的基本目的，还能提升企业的竞争优势。首先，企业通过提升减污效率、进行环境技术创新等措施来主动消减污染，可以直接减轻企业所受到的外部环境管制压力。其次，企业通过对管理和生产技术的改进，能够提升资源利用效率，减少资源污染和浪费。再其次，主动降污减排行为还能提升企业在消费者心中的声誉形象，增加企业的竞争软实力。最后，企业主动进行环境管制适应了未来经济发展趋势，使企业在愈加激烈的竞争环境中占据了先动优势。

环境管理体系认证与传统的命令与控制型政策工具中的技术标准和绩效标准不同，它主要是企业对于内部的环境管理工具。企业在管理中通过进行环境承诺、环境方针规划、明确各部门职责和义务、实施和评价、评审和改进等过程，以不断改进企业的环境行为，达到企业设定的环境目标。目前，国际上常用的环境管理认证主要有国际标准化组织提出的环境管理体系认证（ISO 14001）与欧盟发起的生态管理和审核计划（Environmental Management and Audit Scheme，EMAS）。企业通过进行环境管理体系认证不仅能降低污染排放，减少环境管制的外部压力，而且对企业竞争优势的提升有着极大的帮助作用。从企业内部来看，通过环境管理认证，能节省资金成本完成环境管理改进，同时提升企业员工的环保理念，促进企业员工共同参与环境管理，实现企业的环境保护目标，实现企业良性循环发展。从企业外部来看，通过环境管理体系认证，直接满足了客户和政府部门的环境管制要求，提升了企业在合作伙伴、客户对象以及社会公众心中的企业形象，提升了企业的竞争实力。

这三类环境管制政策中，命令控制型环境管制工具仍然是目前世界各国主要采用的环境管制工具（王兵兵，2014）。随着世界各国对环境管制政策成本有效性的日益重视，市场激励型和信息披露型管制工具逐渐得到了愈加广泛的应用。但我们也要看到，在宏观层面进行政策制定时，市场激励型和信息披露型环境管制工具的适用范围、行动措施等都要受到外部国家政治、经济、社会条件的制约。在微观层面进行政策执行时，还要考虑被管制企业的政策偏好、社会公众的环保意识、环境技术的发展水平等具体情况，这也就导致了这两种环境管制工具在实行时有着很强的区域局限性。

三、环境管制政策的比较分析

上述三种环境管制政策工具各有特点，在管制范围和管制效果上差别很大，由于运作机制的不同，即使是同一种环境政策工具也有着各自的优点和缺点。在这里，本书主要针对环境管制工具对企业竞争力的影响机制，从企业参与形式、企业参与范围、企业环境技术创新激励方式、企业环境技术创新激励程度、企业环境技术创新影响因素五个方面来进行详细比较，比较结果如表 3 -6 所示。

表 3 -6　　环境管制工具对比

分类	企业参与形式	企业参与范围	企业环境技术创新激励方式	企业环境技术创新激励程度	企业环境技术创新影响因素
命令控制型	政府制定 政府监督 企业参与	广泛应用	外部管制压力	缺乏激励	监督强度
经济激励型	政府监督 市场引导 企业参与	部分参与 逐渐增加	市场机制激励	明显激励	监督强度 环境税率 排污权价格
信息披露型	企业主动 社会监督	很小部分参与	企业主动进行	明显激励	信息公开程度

从表 3 -6 中可以清晰地看出这三类环境政策工具的差异，在实际施行过程中，很多时候单一的环境管制政策工具并不能达到预期的管制结果，甚至还会引起被管制企业的抵触情绪。以管制单位的视角来看，为了保障环境管制的效果，政府往往通过法律法规、经济调节、监督保障等多种形式加强同环保组织和管制企业之间的沟通与交流，以实现三类环境管制政策的顺利施行。从被管制企业的视角来看，这三类环境管制政策工具之间相互配合、互相弥补，从外部压力和内部激励两个方面共同促进被管制企业进行环境技术改进，提升企业的环境治理能力。

第三节　企业竞争力理论研究

一、企业竞争力的基本概念

企业竞争力是一个比较复杂的研究对象，企业竞争力的研究与经济学结合尤为紧密。从经济学的角度入手，可以把企业竞争力理解为不同企业之间经济效益、生产效率、产品战略等所存在的差异。就目前来看，在经济学领域对于企业竞争力的研究也主要集中在不同企业间的差异化现象上。虽然国内外学者对于竞争力的研究已经较为丰富，但是由于研究视角的差别，不同研究者对于企业竞争力的理论描述也有所不同，不过从企业竞争力内涵来看，其基本含义还是大致相同的。

美国哈佛大学商学院的迈克尔·波特（Michael Porter）教授是世界著名的战略管理大师，被誉为“竞争战略之父”。波特（2012）认为，一个企业的竞争力就是其与竞争对手相比所具有的竞争优势。波特将企业的竞争力归结于三个方面，即在开放的竞争市场环境下，企业与竞争对手相比所具备的生产经营能力、市场吸引能力，以及获取最大收益的能力。生产经营能力主要是指企业进行设计、生产、销售产品的能力，是企业能够为消费者提供的价值；市场吸引能力是指企业所提供的产品所具有的价格、质量、性能优势，或者说是对消费者的吸引力；获取最大收益的能力重点突出了企业的盈利能力，这也是企业运行的重点所在。

麻省理工学院的管理学教授伯格·沃纳菲尔特（Wernerfelt，1984）提出的“企业资源基础论”也是企业竞争力理论的代表性成果之一。他认为，一个企业的成长过程就是对其所拥有的资源进行积累的过程，企业竞争力是企业所独有的一种特殊资源，企业的竞争优势就是相互竞争的企业之间所存在的资源位势差异，而这种位势差异主要体现在企业的有形资源（资金、设施等）、无形资源（商标、专利等）、知识资源（工艺控制、产品设计等）三个方面，这些资源的差异性最终导致了企业间竞争优势的差异，也最终决定了竞争企业间收益的差别。

普拉哈拉德（Prahalad）和加里·哈默尔（Gary Hamle）是“核心竞争力学说”的创始人，他们（1990）从技术创新的角度提出了“企业核心竞争力”的概念，认为企业的核心竞争力是企业所独有的能够在特定的竞争市场环境下支撑企业持久获取竞争优势的能力，如果从产品和服务的角度来看，企业的核心竞争力就是企业在长期的市场竞争中推动企业持续进步的隐含在企业的产品和服务里的知识与技术的结合体。

国内著名经济学家金碚（2005，2008）指出，企业竞争力是企业生存和发展的长期决定因素，它应该包含五个基本含义：企业是处于开放和竞争条件之下；企业竞争力是一个企业和其他企业动态比较的结果；企业竞争力主要体现在能够提供给消费者和企业自身的价值利益；企业竞争力决定了企业长期存在的状态；企业竞争力是企业所具有的综合素质。

北京大学教授马浩（2010）认为，企业竞争力就是使企业在市场竞争中保持领先的竞争优势，主要分为三个方面：以占有为基础、以获取为基础、以能力为基础的竞争优势，它需要企业考虑内部运作和外部环境两方面因素的影响。对内，企业要积极主动创新，以不断提升企业自身实力；对外，企业要抢占先机，以遏制对手的行动和发展。

综上可见，企业竞争力是一个综合的概念，是一个通过动态比较得到的概念，是在特定的市场环境下形成的概念。在本书中，将企业竞争力定义为：在开放竞争的市场环境下，一个企业相比于其他企业能够长期持续地为消费者提供优势产品和服务，并能够促进自身发展的综合能力。

二、企业竞争力的影响因素分析

企业竞争力是在多种因素共同作用下的一个综合的概念，它是在特定要求的市场环境下，经过相互比较形成的差别性概念，它会随着市场、社会、国际环境的变化而不断发展更新的动态概念。总结起来，企业竞争力的基本特点包括综合性、动态性、比较差异性。

以现代管理经济学的角度来看，构成企业竞争力的因素有很多，而这些因素也处于不断的发展变化之中。从逻辑关系上看，它们之间也并没有绝对的划分界限，这些影响因素密切联系，整体作用决定了企业的竞争力。迈克尔·波特（1997）在《竞争战略》一书中指出，企业的竞争力决定于四项关键因素：生产要素；需求条件；相关产业和支持产业的表现；企业的战略、结构和竞争对手。这四个关键要素彼此之间紧密联系、相互依赖，形成了著名的“钻石体系”。随后波特又在这四个关键因素的基础上，加入了“政府”和“机会”这两个变化因素，最终构成了一个完整的企业竞争力分析框架。波特在其著作中一再强调，钻石体系是一个互动的体系，内部每个因素都会强化或者改变其他因素的表现。

波特的企业竞争理论在全世界范围内产生了巨大影响，“钻石体系”也打开了对于企业竞争力分析研究的新思路。但“钻石体系”本身也有一定的局限性。“钻石体系”主要是在对十几个发达的工业化国家的发展历程进行研究的基础上提出的，虽然也在一些发展中国家的一些项目中得到了应用，但由于发达国家与发展中国家经济阶段的巨大差异，体系中的竞争力要素也有一定的差别。另外，波特的企业竞争力分析框架重点是从市场结构和资源分配的角度进行研究，相对而言，对企业自身内在的能力缺少深度挖掘。当然波特的竞争理论也并不是研究的终点，它也在不断的修改完善之中。后续一些学者对波特的竞争力因素模型做了一定的修改和补充，如赵东成（Cho Dong-Sung，1994）以韩国经济为实例进行研究提出的“九因素模型”；鲁格曼和迪克鲁兹（Rugman and D’Cruz，1993）根据加拿大经济在竞争中对美国经济的依赖关系，将跨国经营作为变量因素，构建了加拿大经济竞争力的“双钻石模型”。随后的研究中，穆恩和鲁格曼等（Moon and Rugman et al.，1998）又把基于加拿大经济竞争力的“双钻石模型”发展为竞争力的“一般双钻石模型”。这些研究是对波特竞争力理论的发展和补充，但从根本上来看，它们都没有摆脱波特钻石体系分析框架的束缚。

也有一部分学者，在普拉哈拉德和哈姆勒（Prahalad and Hamle，1990）所提出的核心竞争力理论基础上，结合竞争力的组成要素，建立了企业竞争力的层次因素模型。例如，赵宏斌（2004）所构建的竞争力三角模型将竞争力分为差别化竞争力、相对竞争力和绝对竞争力，并提出了发展竞争力的三条理论路线。胡美琴和李元旭（2006）构建了一个与企业生命周期和企业家管理周期相匹配的动态企业竞争力模型。张栋华（2014）从企业竞争力、产业竞争力、城市竞争力和区域竞争力甚至国家竞争力五个不同层面，全面梳理了竞争力模型的研究进展，剖析了竞争力的演化路径，进而指出，未来竞争力的分析模型将会深入反映全球化、可持续发展和幸福感等时代主题。

金碚（2003）综合了国内外学者的观点，从广义层面把企业竞争力的组成因素分为四类：关系、资源、能力、知识。他在研究中特别强调，企业竞争力的四类组成要素之间是相互影响、相互交叉的，它们在特定的条件上甚至可以相互转化。从逻辑关系的角度来看，在这四类要素当中，“关系”是形成企业竞争力的重要条件；“资源”是形成竞争优势的基本前提；“能力”决定了企业对市场的适应程度，也可以说是一种最主要的资源；“知识”则决定了企业的创造性和决定性，是能力实现的内在因素。在金碚的理论中，着重强调了“能力”和“知识”对企业竞争力的影响。

这些企业竞争力的组成因素模型都从一定的角度对竞争力的来源和组成做出了解释，上述学者的理论对本书有很大启发（王圣云和沈玉芳，2007；高晓红和俞海宏，2012）。虽然可以从多个角度去探讨企业的竞争力，也可以主观地将企业竞争力的决定因素进行不同分类，但这些研究的最终目标还是要构建一个逻辑简明的理论分析框架，并通过这个理论框架客观地解释决定企业竞争力的各个影响因素之间的内在联系和相互作用，从而将复杂的、抽象的竞争力具体化、概念化。本书综合国内外学者的研究成果（王道平和翟树芹，2005；汪一和曾利彬，2008；金芳芳和黄祖庆，2013；耿勇，2014），从企业竞争力内外部转化机制出发，认为企业竞争力由企业的竞争潜力和竞争实力两部分组成，企业竞争力模型如图3－10所示。

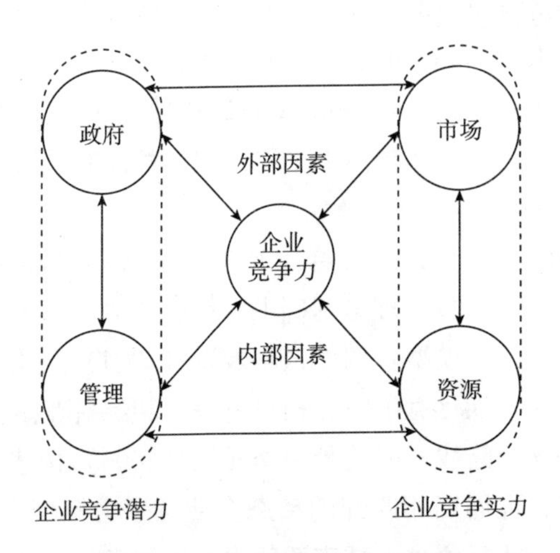

图3－10　企业竞争力分析模型

竞争实力是企业竞争优势的外在表现，竞争潜力是企业竞争优势的内在积累，两者在市场竞争中相互影响、相互转化。结合企业竞争力的基本特点和表现形式，将企业竞争力影响要素分为直接因素和间接因素。直接因素是在市场竞争中能够直接影响企业竞争力的外在表现因素，是企业竞争实力的体现，而间接因素则通过对直接因素的影响来对企业竞争力产生作用，间接因素决定了企业的竞争潜力。企业在市场竞争中的竞争潜力和竞争实力也就共同组成了企业的竞争优势。在本书中影响企业竞争力的直接因素主要指企业的资源要素和市场要素，间接因素主要指政府要素和管理要素。下面将对这四个关键要素进行解析。

资源要素既包括企业在市场竞争中所拥有的各种有形的生产资源（包括人力资源、天然资源、资本资源、基础设施、技术专利等），也包括企业所拥有的各种无形的关系资源（包括企业所处的市场竞争地位、与相关企业的关系等）。有形的资源因素是一个企业硬实力的体现，组成了企业发展的基础力量，是企业竞争力的外在表现形式；无形的资源是企业实力的内在延伸，是企业发展的辅助力量。另外，企业的资源因素也并不是一成不变的，它们随着企业的发展而变化，同时又影响着企业的发展。

市场要素也可以说是市场运营要素，企业和消费者是市场经济的直接参与者，消费者是企业市场竞争的动力源泉，消费者通过自己的选择偏好影响市场竞争，企业通过提供差异化的商品或优质服务吸引消费者，从某种意义上说，企业竞争的目的就是在争夺消费者，抢占市场需求，而企业市场运营能力的强弱也就直接决定了企业的竞争实力。同时，市场因素是一个变化性因素，市场环境、经济政策、国际形势、竞争对手等各种因素的变化都会对企业的市场运营产生影响。从市场原动力的角度看，消费者的主观需求观念变化很快并且容易受到周围群体的影响，不同消费群体的选择差别很大。在市场竞争的环境下，市场占有率就是企业竞争优势的一个直观体现，企业要努力琢磨消费者的消费心理，迎合消费者不同层次的需求，多样化市场营销，提升企业产品和服务的市场占有率。

管理要素指企业内部在组织管理的过程中应对外部竞争环境变化的各种能力，包括企业的运营管理能力、创新能力、组织文化、企业凝聚力等，这些能力是企业竞争的核心灵魂，是企业所独有的，是其他企业所不能模仿的。企业的组织管理能力是企业的内在竞争优势，决定了企业的发展深度和广度。外部的市场竞争环境与企业内部的组织管理是相互作用的关系，在激烈的市场竞争中，企业要不断加强内在竞争优势的提升，不仅能够适应外部竞争环境的变化而进行变化，也能反作用于外部竞争环境，甚至能够改变竞争环境。

政府虽然不是市场经济的直接参与者，但是在市场竞争尤其是国际市场竞争中发挥着不可忽视的作用。在这四个关键要素中，政府的力量最为直接，从某种程度上甚至可以说是决定企业竞争力的最重要的因素。一方面，政府是本国市场的主要客户之一，政府的财政补贴、投资能够为企业的发展创造机遇，提供动力；另一方面，政府制定的经济政策、产业标准、税收政策、环境政策等也可能会成为企业发展的约束和障碍。当然政府对企业竞争力的影响也不是单方向的，政府的政策效果也会受到竞争体系中其他因素的影响。

在上述四个因素之间并没有绝对意义上的分界，仅仅是从逻辑关系上进行划分，如果考虑深层的内在联系，甚至可以说资源因素和管理因素之间是相互联系、相互交叉、相互影响的，并且在一定条件下可以相互转化的有机整体。从影响作用的层面考虑，间接因素虽然没有直接在市场竞争中展现出企业的竞争力，但其不可抗拒的强大力量间接影响了市场经济的导向，同时间接因素不仅是企业竞争中最难控制的因素，也是企业竞争力提升中最为关键的因素。总之，这四个要素之间互相影响、共同作用，最终构成了企业竞争力。

第四节 环境管制对企业竞争力的影响研究

一、环境管制对企业竞争力影响的研究进展

1. 国外研究综述

国外学者对于环境管制与企业竞争力的研究起步较早，研究也比较深入，已经形成了较为系统的观点。从整体来看，目前国外学者的研究可以总结为三个方面：环境管制制约企业竞争力、环境管制与企业竞争力双赢、环境管制与企业竞争力的关系不确定。

（1）环境管制制约企业竞争力的提升。在早期对于环境管制与企业竞争力的研究中，绝大部分传统经济学家认为，环境管制与企业竞争力存在相互冲突的关系，而冲突的结果是环境管制必然会制约企业竞争力的发展。早期持这种观点的代表人物有帕希根（Pashigan，1984）、罗迪斯（Rhoades，1985）、辛普森和布拉德福德（Simpson and Bradford，1996）等，他们认为强制性的环境管制将迫使企业改变过去已经熟悉的生产工艺和生产技术，增加企业对于设备管理和改进的资本投入，加重了企业的生产成本，使企业被迫将环境成本转嫁到产品价格上，在激烈的市场竞争下，导致企业产品需求减少，产品竞争力下降，企业经济效益受损。传统学派的观点在早期的研究中得到了广泛的认可，当波特在1991年提出了著名的环境管制与企业竞争力的双赢观点之后，传统学派的费希尔和约翰（Fischer and Johan，1993）、威利和怀特海（Walley and Whitehead，1994）等分别从不同的角度对波特的观点提出了质疑。费希尔和约翰（1993）以发达国家的市场经济实践为依据，将环境管制政策分为两个阶段。他们在研究中指出，在环境管制政策引入的初级阶段，环境管制直接增加了企业的生产成本，使企业处于被动遵守的状态。很多企业往往通过抵制的方式来逃避环境管制，环境管制在初级阶段的强制性并不能充分地实现环境局面的改善，所以第二阶段的环境保护与企业发展双赢的结果也很难实现。威利和怀特海（1994）指出，在环境管制的外部压力下，企业若要采取环境创新的方式去应对管制政策，需要一定的资金投入和时间投入，这将会影响企业目前正在进行的生产管理，可能会导致企业在市场竞争中逐渐丧失竞争优势。

此外，还有一些学者通过实证研究支持了环境管制制约企业竞争力的

观点。杰斐等（Jaffe et al.，1995）、杰斐和帕尔默（Jaffe and Palmer，1997）、格雷（Gray，1995）、列维和施皮勒（Levy and Spiller，1996）等选取美国的造纸业、炼油厂等重点污染产业进行实证调研。研究结果表明，企业为了应对环境管制不得不投入更多的人力、物力和财力，从而增加了企业的额外生产成本，最终影响了企业的资源利用效率，造成企业的实际经济效益下降。企业不但没有得到竞争力的提升，环境管制反而阻碍了企业的技术创新。

（2）环境管制能够与企业竞争力双赢。随着对环境管制与企业竞争力研究的不断深入，以美国哈佛大学教授波特为代表的修正学派，提出了环境管制能够与企业竞争力实现双赢的观点。波特（1991，1995）认为适当的环境管制将刺激技术革新，从而提升企业的生产效率，提高产品质量，从而补偿由于环境管制所增加的企业生产成本，提升企业在国际市场竞争中的优势，从而实现环境保护与企业发展的双赢。波特假说开辟了环境管制与企业竞争力研究的新视角，虽然遭到了传统环境经济学派的质疑，但随着研究的不断深入，部分学者的研究在一定程度上证实了波特的理论。哈特（Hart，1997）的研究指出，随着环境管制政策的实施，许多工业化国家确实在减少环境污染的同时提高了企业的经济收益。在新的环境形势下，企业应当着眼于长远，把环境战略融入企业发展战略中。海耶斯和安东尼（Heyes and Anthony，1999）通过对波特理论的研究指出，政府制定环境管制政策的时候，应当坚持波特假说的观点，制定适当的环境管制政策，以便更好地激励企业参与到环境保护中去，实现企业发展和环境保护的双赢结果。斯莱特和安杰尔（Slater and Angel，2000）在波特假说的基础上指出，在环境管制的外部压力下，采取环境技术创新的企业相比于传统保守企业在市场竞争中将保有创新优势、先动优势、资源整合优势等众多优势。此外，还有很多学者如贾奇和道格拉斯（Judge and Douglas，1998）等从实证研究的角度对波特假说进行了验证，研究结果都支持了波特的观点。

（3）环境管制与企业竞争力关系不确定。关于环境管制与企业竞争力之间的研究依然在争论之中。近年来，有部分学者如德尔马斯（Delmas，2002）、安穆和巴拉（Ambec and Barla，2002）等则提出了新的观点，他们认为环境管制与企业竞争力之间的关系很复杂，环境管制对企业竞争力的影响是不确定的。这些学者的研究指出，因为在同一时期内企业竞争力的影响因素有很多，如市场需求变化、企业差别、管理差异等，在众多的原因中环境管制只是其中的一个变化因素，环境管制和企业竞争力都存在动态性，因此并不能绝对确定环境管制对企业竞争力之间的影响关系。

2. 国内研究综述

国内学术界对环境管制与企业竞争力问题的研究主要集中在环境管制对企业竞争力的影响关系上。针对环境管制对竞争力是否产生影响，影响是积极的还是消极的等重点问题，很多学者进行了大量理论研究。如张嫚(2005)、陈艳莹和孙辉（2009）、马中东和陈莹（2010）等，从创新补偿、技术进步、企业环境战略等不同角度分析了环境管制对企业竞争力的影响。但是，这些学者在研究过程中并没有权威的环境模型可以参考，他们所假定的理论条件和研究视角也存在很大的差别，所以关于环境管制究竟对企业竞争力产生何种影响最终仍没有得出统一的结论。郑红星等(2019）结合当前应对世界气候变化和中国节能减排的国内外形势，以集装箱班轮企业为例，分析了控制排放对企业战略决策和运营决策的影响机制，进而研究得出了加强环境治理有利于企业竞争力提升的结论。

最近几年，国内外学者对环境问题的研究持续升温，关于环境管制下污染企业避难所、环境管制与企业生产效率、污染产业转移的影响机制等问题的研究也逐渐成为研究热点。例如，傅京燕（2011）研究得出，在中国国内各地区间及中美双边贸易中存在着“污染避难所”效应。吴军等(2010）研究发现，在控制二氧化硫和化学需氧量（chemical oxygen demand,COD）排放时，中国全要素生产率（total factor productivity，TFP）的增长率不到传统 TFP 增长率的 1/3，并且 TFP 增长均源于前沿技术进步。王丽萍和夏文静（2019）详细分析了环境管制背景下中国污染产业在31 个省份的转移路径，得出结论：随着环境管制的加强，东部沿海地区倾向于将污染产业转出，中西部地区正在成为中度和轻度污染产业的承接地。总体来说，与国外学者的研究成果相比，中国学者在环境管制与企业竞争力影响机制领域的研究还处于起步阶段，对于问题的研究还不够深入。究其原因主要有以下几个方面：首先，缺乏完整可靠的环境数据作为研究依据；其次，中国的环境统计工作还未普及，环境统计起步较晚，发展也不够成熟，统计指标和统计企业变化幅度较大，统计数据缺乏连贯性和严谨性；最后，国内企业普遍缺乏对环境保护的内部抽样数据，能够支撑研究的环境统计数据实在有限。

国内还有一些学者对国内外环境管制政策进行了一定程度的研究，总结了国外发达国家不同发展阶段的环境管制政策特点，为中国环境管制政策的制定提供了理论参考。如田侃和高红贵（2007）等梳理了欧美等发达国家对于环境问题的研究变化过程，分析了未来环境管制问题的研究趋势。金碚（2009）从政府实行环境管制的根本目标出发，认为环境管制特别应实现经济效率准则和社会效益准则的合理平衡。王志亮和杨媛（2016）从政治体制、文化背景和社会阶段等方面对比分析了中外国家环境管制政策的差异，指出中国环境管制在法律法规体系、管制手段的灵活性、公众参与度等方面存在明显不足。

综上所述，关于环境管制与企业竞争力的研究争论依然在继续，目前已经取得的实证研究结果也没有得出统一结论。本书在借鉴前人研究成果的基础上分析认为，在研究环境管制与企业竞争力关系的时候，应当从环境管制对企业竞争力的影响因素出发，研究环境管制对企业竞争力的内在影响机制。一方面研究环境管制政策对企业所形成的外部压力；另一方面从企业内部入手，研究企业的环境战略反应，并建立环境管制下企业竞争力的综合评价模型，根据企业竞争力的综合评价结果，对企业竞争力的提升提出对策建议。鉴于此，本书将从上述视角来展开关于环境管制对物流企业竞争力的影响研究。

二、环境管制对企业竞争力的影响机制分析

迈克尔·波特（2003）指出，企业的竞争优势主要体现在成本优势和产品差异化两个方面，企业若要保持这种竞争优势，就必须不断地提升产品质量或服务，提高生产效率，以此不断增强企业的市场竞争力。从这个角度来看，加强环境管制的实质就是要把企业的外部成本内在化，将环境保护成本转移到企业产品或服务中。因此，环境因素对企业竞争力的影响也主要体现在对企业的成本控制和产品服务创新两个方面（见图 3－11）。

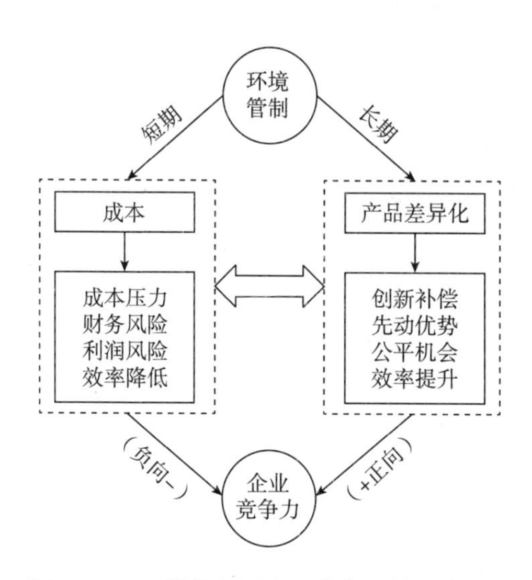

图 3－11　环境管制对企业竞争力的影响机制

从短期来看，政府实施严厉的环境管制将不可避免地加大企业的运转压力，环境税费和环境技术标准的实施将使企业生产成本直接增加。由于企业的运转资金是有限的，用于环境技术创新的资金投入又占据了一定的资本空间，这也间接增大了企业的财务风险。另外，环境管制背景下的技术创新并不能在短时间内对企业产生直接价值，但对企业有限资源的占用却能够降低企业的生产管理效率。从市场反应来看，作为对成本增加的回应，很多企业选择提高产品或服务的价格，产品或服务价格的上升将会直接影响企业的市场需求，使得企业的利润面对严峻的考验，这一连串的反应最终将对企业的竞争力产生负向影响。

从长期来看，企业竞争优势的营造是一个长期的过程，而竞争优势从根本上看源自企业的不断创新。企业若要获得持续的竞争优势就不能停止创新，企业如若停滞不前，必将被竞争对手赶超。而维持竞争优势的方法唯有创新，竞争优势的延续还需要企业对自己已获得的竞争优势进行不断的发展，否则初级阶段的优势将很快被模仿超越，竞争优势也将不复存在。因此，从长期来看，在环境管制的外部压力下，企业若要长期稳定地保持竞争优势就必须树立绿色环保的发展理念，勇于承担广泛的社会责任，努力寻求环境技术创新，实现环境保护与企业发展的双赢。

下面从先动优势、公平竞争和创新补偿三个方面来阐述环境管制政策对企业竞争力的短期影响（成本增加）向长期影响（技术促进）的过渡期路径与调整促进机制，以深刻揭示环境管制政策对企业竞争力影响的动态性和持续性。

首先，环境管制能够促使企业赢得绿色消费市场的先动优势。从消费市场来看，由于经济发展和生活水平的提高，消费者的环保意识日渐增强，消费者对绿色产品的消费需求也大幅度增加，绿色市场有着巨大的发展前景。从市场竞争的角度来看，面对愈加严格的环境标准，企业如果不进行主动环境创新就只能被市场淘汰。因此，企业如果先行一步开展环境技术创新，将有助于企业提供差异化的绿色产品，从而抢先占领市场竞争高地，赢得主动权和竞争优势。

其次，环境管制也给企业发展提供了一个公平的竞争机遇。并非每个企业都会积极响应政府的环境管制政策，开展积极的技术创新和制度变革。实际情况往往是企业要面对一个短期利益和长期利益的决策过程，也可以称之为企业进行环境创新的过渡阶段。同时，在这个过程中，一方面环境管制政策对于那些不愿进行环保投资的企业是一种外部压力，约束企业减少其生产经营中的外部不经济性；另一方面环境管制政策对于那些乐意开展环境治理投资的企业来说，是一种外在鼓励，激励企业不断加强环保投资、淘汰落后技术和设备，从而将外在压力转化为内生动力。总之，环境管制给企业提供的创新机遇是公平的，关键在于企业的战略选择。

最后，环境管制能够激励企业进行环境创新，提高生产效率，以获得创新补偿。环境管制的目的就是要促进企业减少污染排放，而污染本身就是企业生产无效率的一种表现形式，环境管制促进企业积极寻求技术创新、改进管理实践、提升生产效率、减少能源消费，以降低甚至消除污染。在环境管制之下，企业通过技术创新还能够获取创新补偿，一般来说企业的环境技术创新成本补偿来自两个方面：一是在企业污染的处理过程之中，即企业通过提升污染处理的经验和技巧，尽可能地降低污染处理成本，甚至通过回收再处理将污染转化为有价值的东西，通过资源节约和循环利用为企业降低生产成本；二是企业通过技术创新等，从源头上设计和生产出全新的环保产品，通过提供差异化的领先产品和高质量服务为企业创造更多的价值，从而补偿了企业早期的创新投入。

三、基于环境因素的企业竞争力分析模型

在日益严峻的环境形势下，环境要素已经成为企业战略规划中不得不考虑的一个重要因素。结合国内外学者的研究成果，本书主要借鉴波特的竞争力钻石模型，构建一个基于环境因素的企业竞争力分析模型，如图 3－12 所示。

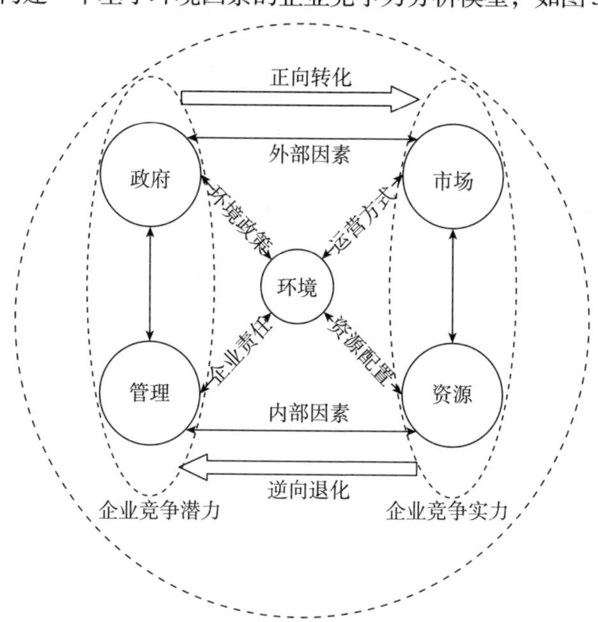

图 3－12　基于环境因素的企业竞争力分析模型

随着消费者环保意识的不断提升以及政府和环保组织的大力宣传，环境管制政策已经在很多国家得到应用，收到的反馈效果也比较明显，企业也普遍感受到来自环境管制的巨大压力，市场竞争的天平已经逐渐向环境管制政策进行倾斜，一些具有社会责任感的企业主动选择进行环境技术创新，环境资源因素对企业的影响是显而易见的。环境因素还有其本身的特殊性，从企业竞争力的外部要素分析，环境资源是企业生产所必需的一种外部资源，并且环境资源还在日益稀缺，企业对环境资源的竞争也将变得愈加激烈。从企业竞争力的内在要素来看，日益恶化的环境形势已经影响到政府的政策设计，而绿色环保的概念也在潜移默化之中影响了消费者的消费观念，追求利益不再是企业唯一的战略目标，环境和利益的和谐共存、走可持续发展的道路已经得到了众多国家的政策支持。在影响企业竞争力的四个主要因素中，政府因素和市场因素是影响物流企业竞争力的外部因素，资源因素和能力因素是物流企业竞争力的内部因素，外部因素和内部因素相互联系、共同作用，最终决定了物流企业的竞争力。

1. 政府因素

在环境管制之下，物流企业一方面面对着政府管制的压力，另一方面也迎来了发展的机遇，对于物流企业来说，要实现环保和发展双赢，就必须把环境管制下的压力和机遇转化为企业的竞争力。政府作为环境管制政策的制定和实施主体，对物流企业的竞争力有着直接的影响。

首先，环境管制法律法规。环境管制法律法规是政府实施环境管制最为有效的手段，政府通过立法的形式将环境管制的各项控制标准明晰化，将企业和个人所应当履行的环境义务和责任具体化，从而使政府的环境管制行为得到了法律上的保障。政府环境管制法律法规具有无可争辩的强制效力，对于企业运营过程中的环境污染行为，监督机构以环境管制法律法规为执法依据，强制要求污染企业终止污染行为并进行环境技术改进，对于达不到环境标准要求的企业将被强制进行停业整顿或者直接被淘汰，在法律法规面前，不容许污染企业讨价还价。对于物流企业来讲，物流企业的环境污染主要集中在运输、配送、仓储等核心物流环节，主要包括空气污染、碳排放、固体废弃物污染、噪声污染等类型，对此中国各级环保、交通部门也都出台了相应的环境管制法律法规，例如《中华人民共和国大气污染防治法》《汽车排气污染监督管理办法》《中华人民共和国环境噪声控制法》《中华人民共和国固体废物污染环境防治法》等。当物流企业面对严厉的环境管制法律法规时，要么选择停止环境污染行为以避免遭受法律制裁，要么选择进行环境技术创新以达到管制的标准要求，前者是对企业自身竞争力缺失的回避，后者才是提升企业竞争力的根本途径。在环境管制不断加强的大背景下，物流企业的污染控制能力、环境技术创新能力都是企业竞争力的一个表现。

经过半个多世纪的改革和发展，中国环境管制法律法规体系也在不断完善之中，加入 WTO 之后，对于环境法律体系建设也在逐步与国际接轨。随着经济全球化的不断发展，物流国际化趋势更加明显，在全球环境形势逐渐恶化的情况下，环境壁垒也逐渐成为国际贸易壁垒中的重要形式。例如 ISO 14000 系列环境认证标准对于物流企业同样适用，这也是对中国物流企业发展状况的一个检验。在未来严峻的环境管制形式下，中国物流企业只有通过环境技术创新，不断提升自身竞争力，才能在日益激烈的国际竞争中占据一席之地。

其次，环境行为监管力度。环境管制法律法规为政府各级环保部门提供了执法依据，但最终保障执法效果的是政府管制部门的监管力度。不同强度下的政府管制部门监管力度对物流企业环境行为和竞争环境的影响差别也较大。企业的环境违规风险与管制监督力度成正比。由于环境资源的外部性和企业自身对经济利益最大化的追求，在较弱的监管力度下，污染严重的物流企业就可能冒险选择进行环境管制违规行为，以此来换取超额的经济利益；而主动进行环境技术创新的物流企业并没有获得环境技术创新所带来的竞争优势，这也会打击企业继续进行环境技术改进的积极性。环境监管的缺失也就间接纵容了物流企业之间的不公平竞争。而当污染严重的物流企业面对较强的管制监督时，为了避免高额罚金就会普遍选择遵守环境管制法律法规，严厉的管制监督为物流企业进行环境技术创新提供了较为公平的竞争环境。因此，我们可以说环境管制下政府的监管力度是影响企业竞争行为的关键因素之一。

再其次，环境管制税收政策。从宏观经济的层面来看，税收收入是国家财政收入的重要来源之一，税收政策是政府调节国民经济进行调控的重要工具；从微观经济的层面来看，政府可以通过税收政策对企业和消费者的社会经济活动进行引导，促进社会资源的合理有效分配。随着中国物流行业的快速发展，物流企业也逐渐成为各地方政府税收的重要源泉之一，作为提供生产性服务的企业，物流企业运营范围包含了运输、仓储、配送、流通加工等多项业务，其所适用的税收政策也很广泛，税收成本也在物流企业的财务成本中占据了很大的比重。随着中国税收政策的改革和完善，税收对于物流企业的发展激励作用也逐渐凸显，物流企业通过对自身资源的统筹优化，在减小所面对的税收压力的同时也提升了企业的市场竞争力。在环境管制下，环境保护税对物流企业竞争力的影响作用也很明显。从表面来看，环境保护税加重了企业的财务负担，但是，一方面，政府可以通过对环境保护税收的合理设定，对低碳环保的物流企业给予一定的税收优惠，对企业环境技术创新行为进行补偿。另一方面，政府也可以通过政策调整加重对污染严重、碳排放巨大的物流企业的税收压力，迫使其进行环境技术改进。从竞争力的角度来看，环境保护税收政策既是物流企业竞争力提升的压力因素，也是动力因素。

最后，环境技术创新激励措施。在环境管制的外部压力下，物流企业进行环境技术创新是一个长期的过程，为此而付出的经济代价并不能在短时间内就直接转化为企业的竞争力，但企业的环境创新行为却会在短时间内直接增加企业的运营风险，环境技术创新需要技术、资金、人力等各方面的共同支持，这对企业的协调控制能力也是一个考验。对此，政府可以通过建立适当的激励政策，以财政补贴、优惠政策等多种形式对绿色环保的物流企业给予一定的奖励和补偿，这不仅在一定程度上缓解了企业的外部压力，也大大增加了物流企业进行环境行为改进的动力。政府的激励政策对物流企业的环境战略选择有着很强的引导作用。

2. 市场因素

市场是企业经济活动的主要场所，企业是市场经济活动的重要主体，市场因素是影响企业竞争力的一个重要因素。在市场环境下，市场的供求状况、消费者的选择偏好、竞争企业的发展策略、企业所处的发展状态、合作企业的关系，这些市场活动的变化都对企业的竞争力有着直接或者间接的影响。市场因素也是影响企业竞争力的一个重要因素，对于物流企业来说，所处的市场是开放的、完全竞争的市场，企业之间的竞争也更加透明、更加激烈。在这里我们结合其他学者的研究观点和物流行业的市场发展现状，将物流企业竞争力的市场因素归纳为以下三个方面。

首先，企业品牌形象。品牌形象是物流企业在多年的经营发展中所树立的一面旗帜，是物流企业在消费者心中的印象缩影，是物流企业在激烈的市场竞争中吸引消费者的有力武器。另外，企业的品牌形象也间接反映了物流企业的竞争优势和发展定位，良好的品牌形象是企业的名片，不仅能够吸引消费者，而且能够吸引高素质的员工，从而使企业保持长久的竞争优势。以快递服务业中的顺丰速运为例，它是中国民营快递行业的“龙头”，多年以来顺丰所努力营造的安全、快速、可靠的企业形象深得民心，这不仅是顺丰速运的一个形象缩影，更是成为顺丰速运最大的竞争优势，这是目前国内其他快递企业还不能达到的水平。品牌形象的塑造是企业多年积累沉淀的结果，在新的环境形势下，物流企业应当积极发展绿色物流、低碳物流，以绿色品牌为市场营销重点，以负责任的企业形象去吸引消费者，这是环境管制下物流企业提升竞争力的一个机遇。

其次，市场绿色服务需求。物流企业隶属于服务行业，其基本目标就是要满足消费者的物流服务需求，消费者的需求是促进物流企业发展的原动力。随着互联网技术的发展、电子商务的迅速崛起、自媒体技术的日益成熟，消费者的物流需求也更加多样化、个性化。快递业务、零担物流是近些年来发展最为迅猛的物流业务，这与消费者的需求刺激有着直接的关系。从环境保护的角度来看，面对日益严峻的环境形势，人们的环保意识正在不断提升，绿色消费观念也在逐渐兴起，物流服务作为连接消费者与市场的纽带，绿色物流拥有着广阔的发展空间，绿色物流、低碳物流是未来物流行业发展的必然趋势。物流企业应当根据消费需求，及早进行企业发展规划，掌握发展主动。

最后，物流企业业务创新能力。在不断变化的市场竞争环境下，物流企业单纯发展基本物流服务很容易被市场竞争所淘汰，综合性的物流企业才能保持市场竞争优势。物流企业在为消费者提供基本物流服务的同时，必须要根据市场发展变化和消费者实际需求，积极进行业务创新，拓展业务种类，开展专业化、精细化基础配送业务，广泛发展仓储、加工、包装等多种物流增值服务。物流企业必须要有敏锐的市场嗅觉，不断促进物流业务创新，将市场信息转化为业务的创新来源，将业务创新转化为企业的市场竞争优势。在环境管制不断加强的背景下，个性化、效率化的定制物流是消费需求的发展方向，物流企业要把握市场需求方向，适应市场竞争变化，创新物流业务形式，提升业务营销能力，积极开展高效率、低污染、重服务的绿色物流服务，以提升物流企业的市场综合竞争力。

3. 资源因素

资源因素一直是物流企业整体竞争实力的最直观体现，也是物流企业未来发展壮大的重要决定因素。现代物流企业的资源主要包括：物流基础设施设备、企业人力资源、客户资源、社会关系资源、企业资金财务资源、物流网络信息化建设等，物流企业所拥有的资源共同构成了物流企业的基础竞争力，这是企业发展的最根本保障。随着外部竞争环境的变化，来自环境管制的外部压力也对物流企业资源因素的发展提出新的要求，这些变化将是物流行业在未来发展中的重要决定因素。在这里我们重点从物流设施设备、物流信息化建设和企业人力资源三个方面对物流企业竞争力的资源因素进行解释。

首先，物流基础设施设备。物流基础设施设备是一个物流企业发展的基础，由于物流行业的自身特点和发展需要，物流企业的基础设施设备主要包括交通工具、储货仓库、装卸搬运工具等，基础设施设备的完善程度和发展规模直接反映了物流企业的竞争实力。随着外部竞争环境的变化，新的竞争压力对物流企业的基础设施设备又提出了新的要求。以交通工具为例，一方面，随着物流行业的快速发展，汽车、火车、飞机多式联运的重要意义愈加突出。另一方面，减少能源消耗、降低单位运输成本、减少货运空载、降低污染排放、提升运输效率、客户多样化需求等对物流企业的运输工具又提出了新的要求，企业运输车辆也在不断向集装箱运输车、冷藏专用车、专业化厢式货车等现代化专用物流车辆进行更新。在储货仓库和货物装卸方面，建设现代化的货物转运中心和存储中心，合理规划仓库选址和货物区位，科学设定仓库库存，使用立体式货架、自动分拣机、多功能装卸叉车等也是今后物流企业基础设施建设所必须要考虑的新的要求。物流行业是一个高速发展的行业、是一个竞争残酷的行业，只有不断与时俱进才能跟上市场的脚步。

其次，物流企业信息化建设。随着科学技术的不断进步，计算机技术的不断更新，物联网技术的不断发展，物流信息化已经发展到新的阶段，目前的物流信息技术主要有条形码技术、射频识别技术、GPS 技术和 GIS 技术。以现代物流信息技术为依托，通过物流企业的信息管理系统构建企业、货物、顾客之间的立体信息化平台，实现网上订单、货物管理、货物跟踪、运输管理、车辆调度、配送管理等多项功能。从企业发展管理的角度看，物流信息化不仅能够提高物流企业的运营效率，大大降低企业资源浪费，同时也提升了顾客的服务满意度；从节能环保的角度来看，物流信息化也是企业进行低碳发展的基本保障，物流信息化大大提高了企业的资源利用效率，直接降低了能源浪费，节约了企业的运营成本，降低了企业碳排放。物流企业的信息化建设对企业的长远发展有着绝对重要的意义。

最后，企业人力资源。人力资源一直是物流企业发展的重中之重，随着物流信息化的不断发展，专业化物流工具的不断普及，现代化的物流对企业员工的综合素质有着更高的要求。对于一些规模较小的物流企业来说，人力资源问题尤为突出。由于发展规模的限制，小型物流企业在工作环境、员工福利薪酬、工作时间等方面都存在很大问题，对于物流人才也缺乏足够的吸引力，这使得企业人才紧缺、人才流失严重，严重阻碍了企业的健康发展。企业人力资源有着很大的灵活性，是企业不断发展的潜力所在，物流企业应当目光长远，建立完善的人才储备和培养机制，落实内部管理制度，建立人才保护机制，以企业人力资源发展为依托，稳步发展，不断提升企业竞争力。

4. 管理因素

组织管理能力是企业竞争“软实力”的重要体现，纵观目前中国的物流企业虽然数量众多，但是规模大大小小、良莠不齐，在残酷的市场竞争环境下，物流企业若要保持竞争优势，一方面必须强化自身硬件实力，另一方面要对内加强企业的组织管理能力，一外一内、双管齐下，才能保障企业的健康稳定发展。在企业的组织管理层面包含很多内容，如企业文化、企业管理制度、企业发展规划等。在环境管制不断强化的背景下，我们从上述三个方面来对物流企业的竞争力展开分析。

首先，企业文化。企业文化是企业发展过程中形成的被企业员工认可的企业管理理念、价值理念的集合，是企业发展的内在灵魂，良好的企业文化能够活跃企业内部的环境氛围，提高企业员工的团队意识，增强企业内部的凝聚力，打造良好的企业品牌形象，扩大企业的外部影响力。企业文化不是一成不变的，它也随着企业的发展在不断的丰富和完善，近年来随着环境形势的日益严峻，国内环境管制强度也在不断加强，发展绿色物流、低碳物流是物流发展的必然趋势，物流企业要提前做好规划，将低碳环保的发展理念融入企业文化之中，培养企业员工的环保意识和社会责任感，以绿色文化助力企业发展，以低碳理念促进企业进步。

其次，企业管理制度建设。科学完善的管理制度是企业组织管理顺利展开的基本保障，企业管理是一个复杂的过程，涉及多方面的环节，尤其对于一个具有一定规模的企业，必须要建立一个完善的管理制度，让企业管理有据可循，实现约束规范。企业管理制度包括日常管理制度、组织机构划分、部门职能、岗位职责、工作流程、员工管理制度等，企业管理制度组成了企业正常运行的基本框架。对于物流企业来说同样如此，完善的企业管理制度也是一个企业发展成熟的标志。放眼国内的知名物流企业，如顺丰速运、德邦物流、EMS 邮政速递等都建立了完善的管理制度，按流程运转，按制度管理，不仅提高了管理效率，也规范了管理过程。当然，企业的管理制度也在不断的发展和完善，与时俱进、不断创新，才能保障管理制度能够适应企业的发展节奏。环境管制下，物流企业也应当顺应外部变化，在管制制度上做出相应的创新。

最后，企业发展规划。企业发展规划是企业制订的各项发展计划和发展战略的总成，它是企业发展的总纲领和总指挥。企业的发展规划可以分为长期规划和短期规划，长期规划引导企业稳步前进，是企业的战略指向；短期规划确立了企业的近期目标，是企业的任务导向。企业发展规划在企业的组织管理中有着特殊的意义，甚至能够直接决定企业的命运，因此企业在制定发展规划的时候，要对行业环境进行深入分析，对企业本身进行充分的了解，对市场环境、经济环境、竞争环境、社会环境进行全面思考，对企业发展目标进行科学论证，并及时洞察市场变化信息，对发展规划及时进行完善和修正。对于物流企业来说同样如此，在环境管制不断加强的大背景下，物流企业要及早将低碳发展纳入企业的发展规划之中，抢占行业发展的先机。

第四章　环境管制背景下物流业的碳排放测算研究

目前关于碳排放或特定行业的碳排放测算研究并没有形成统一的方法。直接能耗法只考虑了生产过程的直接碳排放，相对于完全能耗法数据相对容易采集，操作过程比较简单，具有广泛适用性。国内学者对物流业碳排放测算多采用较简单的 IPCC 碳排放系数法，但其采用相同碳排放因子，计算结果相对粗糙。虽然实测法和完全能耗法测算结果相对准确，但由于其数据获取及处理难度大或操作困难，国内很少有学者采用完全能耗法对物流业间接碳排放进行实证研究，特别是对整体物流系统进行间接碳排放的研究几乎没有。在此背景下，本书通过对中国物流业整体碳排放的纵向测算与深入分析，把握中国物流业整体碳排放状况，为中国物流业减排指标的制定和低碳化政策的设计提供理论借鉴与数据支撑。

第一节　中国物流业能源消耗现状

随着中国国民经济的高速发展和国内消费结构的改善升级，中国物流业需求也得到持续高速发展。中国物流与采购联合会公布的数据显示，2018 年全国社会物流总额为 283.1 万亿元，较上年增长 6.4%，其中工业物流中的高新技术物流与制造业物流增长率为 10.5%，与消费和民生相关的物流需求同比增长 22.8%，反映出中国物流需求在快速增长的同时，其内部需求结构的调整也正在进行。庞大的物流需求，势必会造成大量的能源消耗，进而造成大量的碳排放。为了全面了解中国物流业对能源消耗的现状及发展趋势，本书对物流业历年能源消费总量及能源消费结构变化进行了统计分析，如表 4－1 所示。

表 4-1 1995~2016 年中国物流业能源消费总量及消费结构

年份	煤炭（万吨）	焦炭（万吨）	原油（万吨）	汽油（万吨）	煤油（万吨）	柴油（万吨）	燃料油（万吨）	天然气（亿立方米）	物流总能耗量(万吨标准煤)
1995	1315.0	10.00	156.77	982.3	250.0	1246.6	227.50	1.57	5863
1997	1431.2	6.47	164.70	1183.2	420.1	1379.5	582.20	3.70	7543
1998	1390.6	10.30	168.90	1216.6	390.5	1901.9	565.60	3.68	8245
1999	1294.3	10.10	169.50	1265.5	505.6	2221.7	840.00	4.80	9243
2000	1139.9	11.20	175.10	1527.8	535.9	3293.8	850.00	8.81	11242
2001	1050.9	11.70	169.80	1564.4	560.7	3421.0	855.00	10.96	11613
2002	1054.9	11.40	175.90	1603.5	716.8	3664.8	852.10	16.37	12313
2003	1067.3	10.80	148.30	1915.1	741.7	4135.2	940.30	18.82	14116
2004	832.1	1.80	123.80	2334.5	919.7	4985.2	1150.50	26.16	16642
2005	815.3	1.10	126.90	2430.1	952.4	5890.4	1261.00	38.01	18391
2006	724.8	0.90	163.70	2592.4	1010.5	6547.3	1481.00	47.24	20284
2007	685.4	0.60	163.70	2613.2	1130.0	7184.4	1760.00	46.88	21959
2008	665.4	0.30	165.70	3090.4	1174.6	7649.3	1143.00	71.55	22917
2009	640.9	0.10	153.40	2881.6	1314.3	7892.0	1251.00	91.07	23692
2010	639.2	0.10	158.00	3204.9	1601.1	8518.6	1327.00	106.70	26069
2011	645.8	0.10	105.40	3373.5	1646.4	9485.2	1345.00	138.40	28536
2012	614.3	0.10	119.40	3753.0	1787.1	10727.0	1384.00	154.50	31525
2013	615.4	2.20	148.70	4381.8	1998.2	10921.0	1429.00	175.80	34819
2014	558.0	2.70	44.85	4665.0	2216.0	11043.0	1486.00	214.42	36336
2015	491.6	3.00	35.85	5306.6	2504.9	11162.8	1439.49	237.62	38318
2016	403.9	3.21	22.34	5511.2	2814.9	11068.5	1511.38	254.77	39651

说明：《中国能源统计年鉴》中“分行业能源消费总量”中缺少1996年的数据，下表同。

资料来源：历年《中国统计年鉴》和《中国能源统计年鉴》。

一、能源消耗量大且增长快

由表 4-1 可知，物流业能源消耗总量在考察期间整体处于逐年增长的趋势，已经从1995年的5863万吨标准煤增长到2016年的39651万吨标准煤，2016年比1995年的能源消耗总量增长了576.29%，与中国物流业经济的快速发展趋势是一致的，这是由于物流业的发展需要大量的运输作支撑。1995年的货运量为123.50亿吨，2018年货运量为506.29亿吨，货运量在20多年中增长了380多亿吨①，而运输业需要消耗大量的能源，所以造成物流业能源消耗量整体呈攀升趋势。

虽然能源消耗总量整体呈上升趋势，但是历年增长率并不是不断上升的，由图4-1（由表4-1得到）看出，1998~2000年物流业能源消耗量的增长速度不断上升，是随着中国物流业的发展而上升的。但是2000~2001年增长率突然下降，这是由于2000年美国股市泡沫破灭对世界经济造成的影响，也使中国能源消耗增长量有所下降。但自2001年中国加入世界贸易组织后，随着经济的快速发展，能源消耗量增长率也逐年稳步增长。伴随环境污染日益加重，能源消费逐步受到控制，2004年之后能源消费虽不断增长，但增长幅度逐年下降，一直持续到2009年全球金融危机时跌入谷底。2010年之后增长率又开始上升且居高不下，但2013年后受到国家控制，能耗量在2010~2013年几乎保持了10%的增长。2013年中国政府采取了诸多措施推动节能减排，中央预算内投资151亿元支持各方减排，政府深入推进万家企业节能低碳行动，其中也包括深入推进交通运输领域节能减排，使物流行业节能小有成就。整体上看，近几年能源消耗量的增长趋于平缓，保持在5%以内，由此可见，政府强有力的环境管制执行力度和节能减排政策对化石能源消耗起到了明显的抑制作用。

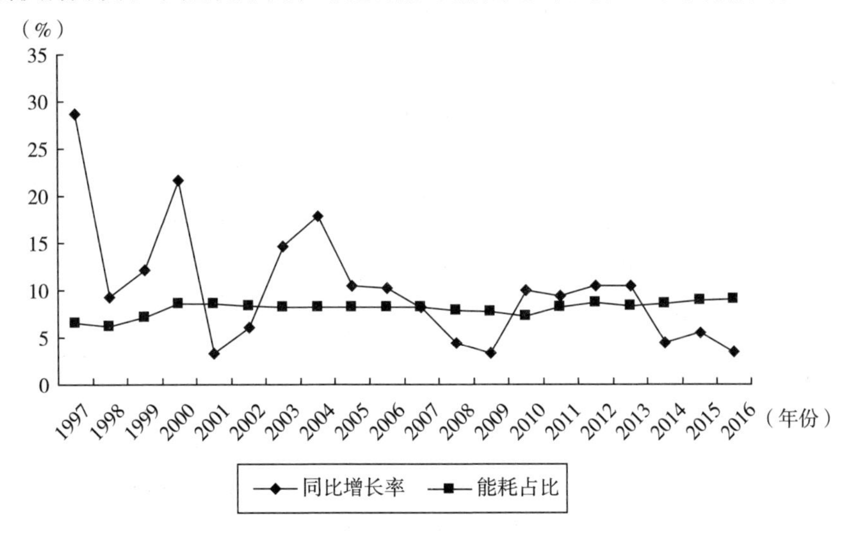

图4-1 1997~2016年中国物流业能源消耗总量同比增长率及在全国能耗总量中的比重

① 中华人民共和国交通运输部：《2018年交通运输行业发展统计公报》，交通运输部官网，2019年4月12日。

此外，本书还计算了物流业的能源消耗占中国能源消耗总量的比重，根据计算结果得出，虽然物流业的能源消耗占中国能源消耗总量的比重在考察期间有所浮动，但伴随着经济的增长，整体上是缓慢上升的，1997年的比重为5.47%，到2016年其比重上升到9.09%，上升3.6个百分点。说明物流业经济的发展速度非常快，在国民经济中的比重越来越大，但同时也造成了其能耗在整个国民经济能耗中的比重越来越大，物流业的减排任务仍很艰巨。

二、能源消费以石油类燃料为主

从能源消费结构上来看，物流业的用能结构也发生了很大的变化，目前主要消费能源为柴油、汽油，这两项能源成为物流业发展的主要消耗能源；与此同时，煤炭消费所占比例不断下降，作为20世纪90年代的第三大主要能源来源，到2016年时煤炭消费比重仅高于焦炭，不仅大大低于柴油、汽油和煤油等传统能源，而且还低于天然气，这与天然气使用比例逐步上升也有一定关系。具体能源消费结构如表4－2所示。

表4－2 1995～2016年折标煤后中国物流业各类能源的消费比重 单位：%

年份	煤炭	焦炭	原油	汽油	煤油	柴油	燃料油	天然气
1995	18.31	0.19	4.37	28.18	7.17	35.41	6.34	0.04
1997	15.80	0.10	3.64	26.91	9.55	31.07	12.86	0.08
1998	13.81	0.14	3.35	24.89	7.99	38.52	11.23	0.07
1999	11.24	0.12	2.94	22.64	9.04	39.35	14.59	0.08
2000	8.03	0.11	2.47	22.18	7.78	47.34	11.98	0.12
2001	7.25	0.11	2.34	22.24	7.97	48.15	11.80	0.14
2002	6.84	0.10	2.28	21.43	9.58	48.51	11.06	0.20
2003	6.20	0.09	1.72	22.93	8.88	49.04	10.93	0.20
2004	4.10	0.01	1.22	23.68	9.33	50.08	11.33	0.24
2005	3.60	0.01	1.12	22.10	8.66	53.06	11.14	0.31
2006	2.91	0.00	1.32	21.46	8.37	53.68	11.90	0.35
2007	2.54	0.00	1.21	19.95	8.63	54.31	13.04	0.32
2008	2.39	0.00	1.19	22.89	8.70	56.12	8.22	0.48
2009	2.26	0.00	1.08	20.93	9.55	56.76	8.82	0.60
2010	2.06	0.00	1.02	21.24	10.61	55.90	8.54	0.64
2011	1.93	0.00	0.63	20.75	10.13	57.77	8.03	0.77
2012	1.65	0.00	0.64	20.78	9.90	58.82	7.44	0.77
2013	1.56	0.01	0.75	22.84	10.42	56.37	7.23	0.83

续表

年份	煤炭	焦炭	原油	汽油	煤油	柴油	燃料油	天然气
2014	1.37	0.01	0.22	23.60	11.21	55.32	7.30	0.98
2015	1.15	0.01	0.17	25.57	12.07	53.26	6.73	1.03
2016	0.92	0.01	0.10	25.99	13.27	51.69	6.92	1.09

资料来源：笔者根据能源消费结构及各类能源的折标煤系数计算所得。

由表4-2可以看出，第一，煤炭的使用量呈逐年下降趋势，煤炭1995年的使用量为1315万吨，占整体能源消费量的18.31%，到2016年其消耗量下降到403万吨，占整体能源消费量的比重也下降到0.92%，可见下降幅度非常大。这是由于煤炭资源储量的不断减少以及其燃烧造成的污染气体排放量较大而受到政府的控制，从而煤炭的使用量不断减少。第二，物流行业柴油的消耗量呈逐年增长趋势，1995年的消耗量占整体能源消费量的35.41%，到2016年上升到51.69%，上升了16个百分点，使用比例大幅度增长。事实上，自2004年以来，柴油一直占物流业能源使用的半壁江山，特别是2012年，占比甚至高达58.82%。随着物流业的发展，长途及重型货车或公路运输使用也越来越多，2016年公路货运量为395.69亿吨，较1995年的94.04亿吨增长了321%，由此必然带动动力更足的柴油需求量增加。第三，在物流业能源消费中，汽油的使用比例也较大，仅次于柴油，虽然其使用比例在考察期间整体上比较平稳，即由1995年的28.18%到2016年的25.99%，但其消费量仍居第二位。前些年，燃料油的消费比例也有所上升，由1995年的6.34%增加到2007年的13.04%，此后又开始下降，到2016年时占比为6.92%，与最高峰相比几乎减少了一半。煤油的消费比例整体上呈上浮趋势，2016年时占比13.27%，消费占比居第三位。此外，焦炭、原油的消费比例较低且没有较大的变化。第四，值得一提的是，就天然气的消费而言，无论是消费总量还是所占比重都发生了较大变化，1995年时物流运输消耗的天然气仅为2亿立方米，到2016年时天然气消费量已经达到338.84亿立方米，在能源消耗总量中的比重也从1995年的0.04%上升至2016年的1.09%。虽然占比较柴油等微乎其微，但发展势头强劲，这与中国大力推进加气站工程建设、“西气东送”工程的投产运营以及天然气财政补贴政策等有关。展望未来，由于天然气相对清洁的能源特性，未来中国还会继续鼓励天然气的使用，以代替其他化石能源的消耗。整体上看，随着中国经济的转型以及新能源的开发利用，煤炭使用比例已得到控制，在不断减少。目前物流业主要使用的能源为柴油和汽油，煤油和燃料油消耗较少，焦炭、原油和天然气消耗极少，但是柴油的颗粒物污染和汽油硫化物、氮氧化物污染都很严重。中国是石油进口大国，运输业能源消耗结构调整势在必行，减少油耗比重，加大开发运输行业新能源的力度，例如以电代油实现消耗结构优化，为物流业碳减排提供能源供给保障。

第二节　碳排放测算方法的选择与数据处理

运输是物流行业中能源消耗所占比例最大的环节，不论公路、铁路、水路、航空还是管道，五种运输方式均需要消耗化石燃料作为运营的前提。物流运输涉及的能源有原油、煤炭、汽油、柴油、煤油、天然气、热力以及电力等。因此，在测算运输过程中能源消耗以及计算碳排放量时，本书以《中国能源统计年鉴》“交通运输业、仓储和邮政业”这一行业统计数据作为物流业指标。结合中国《国民经济行业分类》中的“交通运输、仓储和邮政业”来看，具体包括铁路运输、公路运输、水上运输、航空运输、管道运输、仓储业和邮政业七类，基本能包含主要的物流活动及部门领域。

由于《国民经济行业分类》与《中国能源统计年鉴》中的行业划分不完全一致，为克服统计口径的不一致造成的统计数据不准确，结合《国民经济行业分类》以及《中国能源统计年鉴》中行业大类的划分，本书将“交通运输、仓储和邮政业”作为物流业开展相关研究。另外，在电力排放系数方面，国家发改委能源研究所发布的全国电力排放系数非常权威，电力排放系数在不同区域取值不同，即华北区域电网、东北区域电网、华东区域电网、华中区域电网、西北区域电网和南方区域电网的排放系数都不一样。考虑到本书的物流业其他数据都是全国 31 个省份的一个整体数据，并没有分区域统计，如果采用国家发改委能源研究所发布的电力排放系数，会使统计口径不一和统计数据受限，影响最后计算结果和说服力。因此，本书最终采用《中国能源统计年鉴》中的电力数据。

一、测算方法的选择

根据当前研究现状，选取 IPCC 碳排放系数法以及投入产出模型法分别计算两种方法下的碳排放结果，在了解中国物流业碳排放现状的同时比较当前应用较多的碳排放系数法与投入产出隐含碳法两者测算结果的差别，对比这两种方法的优缺点，揭示投入产出法的测算准确度，为碳排放测算方法的应用提供借鉴。

1. IPCC 碳排放系数法

IPCC 碳排放系数法，是指将生产某种产品消耗的能源量同其碳排放系数相乘即可得其碳排放量，且 IPCC 假定，某种能源碳排放系数是不变的，据此可得，中国物流业直接能耗法的碳排放测算公式如下：

$$CO_2 = EC_k \times \beta_k \times (NCV_k \times CEF_k \times COF_k \times 44/12) \quad (k=1, 2, \cdots, n) \tag{4.1}$$

其中，CO_2表示总的二氧化碳排放量；k 表示第 k 种能源，EC_k表示第 k 种能源的消耗量；β_k表示第 k 种能源的折标准煤系数；NCV_k表示第 k 种能源的平均低位发热量；CEF_k表示第 k 种能源的单位热值含碳量；COF_k表示第 k 种能源的碳氧化率；44/12 为二氧化碳的分子量，$1GJ = 10^6 KJ$，GJ 表示吉焦，KJ 表示千焦耳。

碳排放系数法所需数据具体指标如表 4－3 所示。

表 4－3　　各种能源的标煤折算系数及二氧化碳排放系数

能源类型	折标准煤系数(kgce/kg)	平均低位发热量(KJ/kg)	单位热值含碳量(t/TJ)	氧化率(%)	二氧化碳排放因子(kg－CO_2/kg)
煤炭	0.7143	20908	26.37	0.94	1.9020264
焦炭	0.9714	28435	29.50	0.93	2.8630192
原油	1.4286	41816	20.10	0.98	3.0229481
汽油	1.4714	43070	18.90	0.98	2.9277151
煤油	1.4714	43070	19.60	0.98	3.0361490
柴油	1.4571	42652	20.20	0.98	3.0987241
燃料油	1.4286	41816	21.10	0.98	3.1733435
天然气	1.3300	38931	15.30	0.99	2.1641544

说明：“天然气”的计量单位为立方米（m^3），TJ 表示 10^9 千焦。

资料来源：二氧化碳排放因子确定所需的能源折标煤系数和平均低位发热量来源于《2015 年中国能源统计年鉴》附录 4；单位热值含碳量（CEF_k）及碳氧化率（COF_k）来源于《省级温室气体清单编制指南》；其中，$1TJ = 10^9 KJ$，$1GJ = 10^6 KJ$，$1MJ = 10^3 KJ$，TJ 表示万亿焦尔，GJ 表示吉焦，MJ 表示兆焦，KJ 表示千焦耳。

尽管电力属二次能源，但考虑中国电力生产环节中煤炭的消耗量巨大，因此，在计算物流业电力消耗造成的碳排放时需要将其转换为煤炭消耗量，具体转换公式如下：

$$CON_d = ELE \times p \times \beta_k \times C_k \tag{4.2}$$

其中，CON_d是电力折煤消耗量，ELE 为物流业的耗电量，p 为当年火电比重，β_k表示第 k 种能源的折标准煤系数，C_k是折煤碳系数。其中，电力折标煤系数（0.1229kgce/kwh）来源于《省级温室气体清单编制指南》，电力二氧化碳系数（0.974 tCO_2/MWh）取自中国清洁发展机制网的各地区电网基准线排放因子的平均值。

综上可见，根据 IPCC 碳排放系数测算法，需要的数据有化石燃料终端消费量、化石燃料二氧化碳排放因子、电力消耗产生的碳排放。其中，化石燃料主要包括煤炭、焦炭、原油、汽油、煤油、柴油、燃料油、天然气等，具体消费量数据参见表 4－1 的原始数据。

2. 投入产出模型法

投入产出模型法即隐含碳核算法，其中包括由于能源消耗所产生的直接碳排放与物流业运行过程中对其他中间投入部门消耗所产生的间接碳排放，即物流业消耗系数的核算包括物流业直接能源消耗系数的测算，依据公式（4.3）至公式（4.6）进行计算；物流业完全能源消耗系数的测算，完全碳排放的核算则根据公式（4.7）至公式（4.10）进行计算。

$$a_{ij} = \frac{x_{ij}}{x_j} \tag{4.3}$$

$$f_j = \sum_{i}^{m} \theta_i \times w_{ij} \tag{4.4}$$

$$d_j^1 = f_j \times a_{ij} \tag{4.5}$$

$$C_j^1 = d_j^1 \times x_j \tag{4.6}$$

其中，a_{ij}表示直接消耗系数，即 j 部门对 i 部门的产品消耗量；x_{ij}为 j 部门对第 i 种能源的消耗量；x_j为 j 部门的总产出；i 代表第 i 种能源；f_j表示 j 部门的能源碳排放系数；θ_i为能源 i 的碳排放系数；m 代表能源种类；w_{ij}为 j 部门总能源消费中第 i 种能源消费所占比例；d_j^1表示 j 部门的直接碳排放系数；C_j^1表示 j 部门的直接碳排放量。

完全能耗系数是指对产品生产过程中间接碳排放的测算，该方法以投入产出表为基础，利用直接消耗系数矩阵，得到直接碳排放系数，再利用公式 $B = (I - A)^{-1} - I$（其中，A 为直接消耗矩阵，I 为单位矩阵，B 为完全消耗矩阵）得出完全消耗系数及矩阵，乘以碳排放系数，得到完全碳排放系数，乘以相应的产品消费量，得到间接碳排放量。则 j 部门间接碳排放量的计算步骤如下（i 为 j 部门提供服务或产品的部门）：

第一步：计算 j 部门对 i 部门的完全消耗系数 σ_{ij}组成的完全消耗系数矩阵 B：

$$B = (I - A)^{-1} - I \tag{4.7}$$

其中，$(I-A)^{-1}$ 是里昂惕夫逆矩阵；A 为直接消耗系数 a_{ij} 组成的直接消耗矩阵，即 $A=[a_{ij}]$。直接消耗系数表示 j 部门生产单位产品所直接消耗 i 部门的产品数量，反映了部门之间的直接经济技术联系，其值 a_{ij} 是由 j 部门的总产出 X_j（万元）与 j 部门所需的 i 部门投入 X_{ij}（万元）之比计算得到。完全消耗系数 δ_{ij} 表示 j 部门每提供一单位的最终产品或服务需要直接和间接消耗（即完全消耗）i 部门的产品或服务数量。

第二步：计算 i 部门单位产品能源消耗量 e_i。

$$e_i = \frac{X_{ni}}{X_i} \tag{4.8}$$

其中，X_{ni} 为 i 部门对第 n 种能源的消耗量（万吨标准煤）；X_i 为 i 部门的总产出（万元）；e_i 为 i 部门的单位产品能源消耗量（吨标准煤/元）。

第三步：计算 j 部门的能源碳排放系数 f_j。

$$f_j = \sum_{k}^{n} (\theta_k \times w_{kj}) \tag{4.9}$$

其中，θ_k 为第 k 种能源的碳排放系数（吨二氧化碳/吨标准煤）；n 代表能源种类；w_{kj} 为第 k 种能源消费在 j 部门总能源消费中所占的比重（%）；f_j 为 j 部门的能源碳排放系数（吨二氧化碳/吨标准煤）。

第四步：计算 j 部门的间接碳排放系数 d_j^2。

$$d_{ij} = f_j \times (\sum_{i=1}^{m} e_i \times \delta_{ij}) \tag{4.10}$$

其中，f_j 表示 j 部门的能源碳排放系数；e_i 为 i 部门单位产品能源消耗量；δ_{ij} 为 j 部门对 i 部门的完全消耗系数；m 表示为 j 部门提供产品或服务的部门个数；d_{ij} 为 j 部门的间接碳排放系数（吨二氧化碳/万元）。

第五步：计算 j 部门间接碳排放量 C_j。

$$C_j = \sum_{i=1}^{m} (d_{ij} \times X_{ij}) \tag{4.11}$$

其中，d_{ij} 表示 j 部门的间接碳排放系数；X_{ij} 表示 i 部门为 j 部门提供的产品或服务量（万元）；m 表示为 j 部门提供产品或服务的部门个数；C_j 表示 j 部门的间接碳排放量（吨二氧化碳）。

根据历年的《中国投入产出表》计算得到中国物流业历年间接碳排放量，其他年份的间接碳排放量根据平均插值法得到。

二、数据处理

由于《中国投入产出表》的行业分类与《中国统计年鉴》中能源消费

行业划分不一致，为克服计算结果的不准确性，本书结合《国民经济行业分类》对行业进行重新整理，将部门分类调整为10个部门，即农林牧渔业，采矿业，制造业，电力、热力及水的生产和供应业，石油加工、炼焦及核燃料加工业，化学工业，建筑业，交通运输、仓储和邮政业，批发零售贸易、住宿和餐饮业，其他服务业。具体行业分类及编号如表4－4所示。

表4－4　　行业部门分类及编号

编号	部门	编号	部门
1	农林牧渔业	6	化学工业
2	采矿业	7	建筑业
3	制造业	8	交通运输、仓储和邮政业
4	电力、热力及水的生产和供应业	9	批发零售贸易、住宿和餐饮业
5	石油加工、炼焦及核燃料加工业	10	其他服务业

注：隐含碳测算中物流部门的直接能源消耗系数、直接消耗系数以及完全消耗系数的计算中，物流部门的各种能源消耗量、总产出、中间投入部门的投入量等数据都来自相关年份的《中国投入产出表》；中间投入部门的总产出、中间投入部门的各能源消费量的数据来自相关年份的《中国统计年鉴》，各能源的二氧化碳排放系数通过计算得到。

由于投入产出基本流量表并不是年年编制，而是每隔几年才编制一次。截至2019年6月，国家统计局公布了1992年、1997年、2002年和2007年的《中国投入产出表》，以及1990年、1997年、2000年、2005年、2010年的投入产出延长表。考虑到本书的部分数据缺失，实际使用了1997年、2000年、2002年、2005年、2007年和2010年的相关投入产出数据表。目前，很多学者在采用此表时，都是采用现价投入产出表，但由于价格波动等因素，不同年份间的可比性较差。故本书通过价格指数缩减法来消除价格波动的影响，先将现价投入产出表转换为可比价投入产出表，从而能更精确地反映物流业与其他部门之间发展的关系。

价格指数缩减法，是指通过价格指数来调整按当期价格计算的现价价值，从而得到不变价价值的方法。在对不变价格国民生产总值的诸多核算方法中，价格指数缩减法是常用的转化方法。在本书中，通过各个行业的价格指数将各年度的现价投入产出表转化为可比价投入产出表，即需要将1997年、2000年、2002年、2005年、2007年、2010年的投入产出表都转化为以1997年不变价格为基础的可比价投入产出表。

各行业部门的价格指数并没有相应的直接可得数据，本书的具体做法如下。首先，农业的价格指数是农产品生产者价格指数；采矿业及制造业等工业的价格指数是工业生产者出厂价格指数；建筑业的价格指数是建筑安装工程价格指数；零售业的价格指数是零售商品价格指数。其次，批发零售贸易、住宿和餐饮业的价格指数是取零售业和住宿餐饮业的价格指数的平均值；其他服务业的价格指数是取金融业和其他服务业价格指数的平均值。最后，交通运输、仓储和邮政业的价格指数是基于产值指数，结合现价产值，推算出可比价产值，并用现价产值比上可比价产值，计算得出的价格指数。尤其值得说明的是，考虑到缺失1996年的物流业能源消耗原始数据，虽然1997~2016年的数据为连续年份，但国家投入产出表仅公布到2010年，因此，在随后的物流业碳排放测算研究中主要计算了1997~2012年的碳排放。最后，基于数据连续性、客观性的要求，本书以1997年为基准年（1997年的价格指数为1），计算得出各行业部门的价格指数（见表4-5）。

表4-5　　　　中国各行业历年价格指数

行业编码	1997年	2000年	2002年	2005年	2007年	2010年	2012年
1	1	0.7787	0.7996	0.95740	1.1481	1.41790	1.45620
2	1	0.9622	0.9288	1.05750	1.1230	1.19810	1.17780
3	1	0.9622	0.9288	1.05750	1.1230	1.19810	1.17780
4	1	0.9622	0.9288	1.05750	1.1230	1.19810	1.17780
5	1	0.9622	0.9288	1.05750	1.1230	1.19810	1.17780
6	1	0.9622	0.9288	1.05750	1.1230	1.19810	1.17780
7	1	1.0322	1.0571	1.21330	1.2918	1.47330	1.49680
8	1	1.1476	1.1461	1.19950	1.2395	1.20090	1.27200
9	1	0.9900	1.0100	1.09925	1.1200	1.18945	1.29530
10	1	1.0847	1.1576	1.28755	1.5600	1.87970	2.36735

基于各行业历年价格指数和投入产出表，就可以此计算得出相应年份的可比价投入产出表，然后再计算得出历年10个行业的中间价值基本流量表。本书旨在探讨中国物流业的相关问题，故在历年中间价值基本流量表的基础上，提取历年交通运输、仓储和邮政业的投入部门的中间流量表（见表4-6）。

表4-6　　　　中国物流业中间投入可比价流量　　　　单位：亿元

行业编码	1997年	2000年	2002年	2005年	2007年	2010年	2012年
1	11.18	16.28	164.68	364.21	330.76	808.45	545.95
2	37.18	40.38	83.76	130.37	134.97	199.73	49.21

续表

行业编码	1997 年	2000 年	2002 年	2005 年	2007 年	2010 年	2012 年
3	1021.40	2150.80	1932.73	2791.64	3551.87	5623.16	6733.67
4	118.30	261.91	243.28	3914.43	373.62	559.21	1127.56
5	396.07	1199.60	1929.86	271.89	5282.69	7502.00	7688.55
6	92.39	148.26	147.77	445.44	374.48	708.69	226.78
7	116.95	201.70	185.59	201.04	95.18	176.68	325.77
8	206.67	359.90	1421.01	2533.98	1827.10	3582.14	6920.52
9	145.40	211.90	421.10	553.37	704.98	1253.01	1663.50
10	299.30	574.90	1010.86	1591.15	1909.08	2741.53	3443.55
中间投入合计	2444.90	5165.70	7540.64	12797.50	14584.70	23154.60	28062.40
可比增加值	3225.00	4045.60	5203.82	8138.61	11579.80	17871.20	15988.80
总投入	5669.80	9211.20	12744.50	20936.10	26164.50	41025.80	44051.00

第三节 碳排放测算结果

一、直接碳排放测算结果

根据公式（4.1）及表 4-1、表 4-3 的数据，计算得出中国物流业直接能源消耗造成的碳排放量，测算结果如表 4-7 所示。

表 4-7　1997~2014 年中国物流业直接能源消耗二氧化碳排放量　单位：万吨

年份	煤炭	焦炭	原油	汽油	煤油	柴油	燃料油	天然气	电力	总量
1997	1944.5	18.0	711.3	5096.9	1876.8	6228.8	2639.5	10.7	30.6	18557
1998	1889.3	28.7	729.2	5241.0	1744.4	8587.5	2563.9	10.6	30.6	20825
1999	1758.4	28.2	732.0	5451.7	2258.8	10031.1	3808.1	13.8	30.5	24113
2000	1548.7	31.3	756.0	6581.4	2394.1	14872.1	3853.4	25.4	33.7	30096
2001	1427.7	32.5	733.4	6739.1	2504.8	15446.3	3876.1	31.6	37.0	30829
2002	1433.3	31.8	759.9	6907.6	3202.0	16547.2	3862.9	47.1	36.3	32828
2003	1450.1	30.0	640.5	8250.1	3313.4	18671.1	4262.8	54.2	48.7	36721
2004	1130.5	5.0	534.8	10056.5	4108.7	22509.1	5215.5	75.3	53.8	43689
2005	1107.7	3.0	547.9	10468.3	4254.8	26596.1	5716.8	109.4	51.5	48856

续表

年份	煤炭	焦炭	原油	汽油	煤油	柴油	燃料油	天然气	电力	总量
2006	984.7	2.4	706.8	11167.5	4514.5	29562.1	6712.3	136.0	55.9	53842
2007	931.3	1.5	706.8	11257.2	5048.1	32438.5	7978.6	134.9	63.7	58561
2008	904.0	0.8	715.5	13313.1	5247.4	34537.8	5180.7	205.9	68.5	60174
2009	870.7	0.4	662.6	12413.4	5871.3	35633.4	5669.7	262.1	73.9	61458
2010	868.5	0.3	682.4	13806.3	7152.7	38462.6	6014.3	307.1	87.9	67382
2011	877.5	0.3	455.2	14532.6	7355.0	42827.1	6098.2	398.2	102.0	72646
2012	834.5	0.3	515.7	16167.5	7983.6	48434.2	6274.0	444.7	110.0	80764
2013	836.1	6.2	642.4	18876.1	8926.7	49307.8	6478.2	506.0	120.0	85699
2014	758.1	7.5	193.7	20096.1	9899.7	49860.8	6736.7	617.2	127.0	88297

1. 碳排放总量逐年攀升但增长率呈“N”型波动趋小

从排放总量上看（见表4－7），中国物流业碳排放总量在考察期间整体处于不断上升的趋势，1997年碳排放量为18557万吨，2014年碳排放量为88297万吨，总增长率为376%，同能源消耗总量和物流业产值演进趋于一致。中国经济的快速发展推动了物流业经济的增长，运输是物流业运行中最基础和重要的环节，运输业务会造成大量的能源消耗进而造成了大量的碳排放，即碳排放会随着经济的发展而增长，1997～2014年碳排放总量增长了近4倍。运输环节造成的碳排放除了由运输工具消耗能源造成的碳排放外，还包括运营模式或者运输路线的不合理造成的碳排放等。

从历年碳排放增长率方面来看（见图4－2），整体呈“N”型波动，且增速整体趋向减缓。1997～2000年伴随着城市化和工业化的快速发展，大量资源的消耗对物流行业的碳排放有很大的影响，碳排放量增长率较高，同比增长率从12.22%上升到24.81%。受亚洲金融危机的影响，2001年的碳排放量增长率为2.43%，较1999年到2000年的24.81%大幅下降。受2001年中国加入WTO后国内工业经济快速发展的影响，2002～2004年碳排放同比增长率逐年攀升，年增长率从6.48%上升到11.86%，再到18.98%。进入“十一五”规划以后，党中央明确提出，以科学发展观为指导，加快推进建设资源节约型、环境友好型社会。2005年出台了一系列与环境保护有关的重大政策措施，如国务院发布了《促进产业结构调整暂行规定》，在全国确定了首批“国家循环经济试点单位”，发布了重点行业的清洁生产评价指标体系，编制了十大重点节能工程实施方案，并且积极履行国际环境公约，组织国际环境谈判。在国家一系列环境政策的作用下，在全民参与循环经济建设的共同努力下，“十一五”期间，物流业的碳排放增长速度五年平均值为 6.70%，2006～2010 年的增长率分别为 10.21%、8.76%、2.75%、2.13%、9.64%，其间受全球经济危机的影响，2009 年碳排放增长率下降到了历史最低水平，增幅为 2.13%。2010 年随着国内经济刺激方案的逐步生效，伴随经济复苏发展的需要，2010 年全社会货运量增长率同比提高 5 个百分点，由此带动的物流需求增加也造成了其碳排放增长率又开始回升，2012 年为 11.17%。整体上看，物流业碳排放增长趋势呈波幅逐渐减小的“N”型，2010 年后波动趋势减缓且进一步降低，2014 年降到 3.03%，说明碳排放政策已收到明显效果。

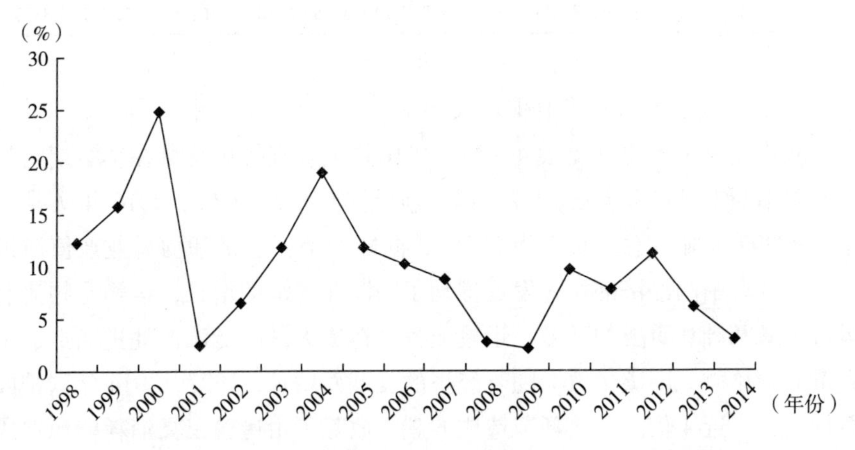

图 4－2　1997～2014 年中国物流业直接能源消耗碳排放增长率

2. 煤炭碳排放的贡献比例直线下降，柴油和汽油的碳排放贡献比例较大

由图 4－3 可知，各能源碳排放贡献比例变化较大。第一，煤炭碳排放贡献比例直线下降，由 1997 年的 15.8% 降到 2016 年的 0.92%，这是国家对煤炭实行严厉控制的结果。第二，柴油和汽油碳排放贡献比例较大，其中柴油的碳排放贡献比率呈逐年攀升趋势，由 1997 年的 31.07% 上升到 2016 年的 51.69%，而汽油碳排放贡献比率虽稍有下降，但仍维持在 1/4 的份额，2016 年占比为 25.99%，仅次于柴油。第三，原油和焦炭的碳排放贡献比率整体呈下降趋势，原油占比率从 1997 年的 3.64% 降到 2016 年的 0.10%，焦炭占比率从 1997 年的 0.10% 降到 2016 年的 0.01%，2006～2012 年占比几乎为 0。第四，燃料油的占比经历了先升后降的过程，“十二五”期间基本稳定在 7% 左右的水平。从 20 年来中国物流运输业的能

源消费结构来看，对油品的依赖度不仅高位运行而且还在继续加大，汽油和柴油能源占比从1995年的63.59%增加到2016年的77.68%。考虑到中国整体属于石油进口依赖型国家，石油依存度持续在60%左右，建议国内应加大能源结构调整，积极推广天然气或者乙醇等替代燃料，同时研发混合动力和纯电动车等新能源汽车，为物流运输提供能源供应和设备保障。

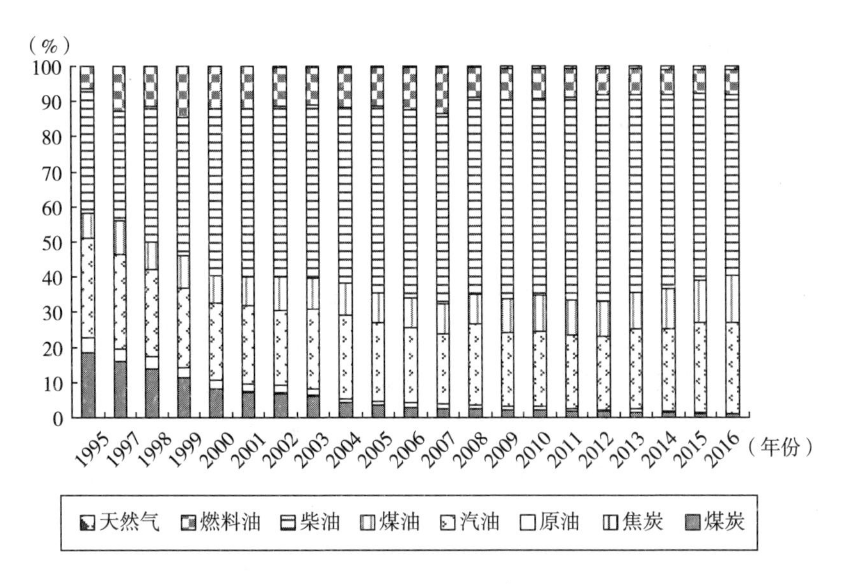

图4-3　1995~2016年中国物流业各类能源碳排放贡献比率

二、完全能耗法碳排放测算结果

根据10个行业历年可比价中间流量表的中间流量除以所在列对应的总产出值，即可计算得出直接消耗系数矩阵（即10×10矩阵），矩阵横向表示历年各行业对中间投入部门的直接消耗系数。

鉴于本书旨在考察物流业对其他部门的中间消耗，故从历年10个行业消耗矩阵中，提取历年物流行业对中间投入部门的直接消耗系数，如表4-8所示。根据表4-8及公式（4.7），计算得到历年10个行业完全消耗系数矩阵，即物流行业历年对中间投入部门的完全消耗系数，如表4-9所示。这里的完全消耗系数则表示物流业每单位产出中包含的对各部门的直接消耗量与多轮间接消耗量的总和。

表 4 -8　　中国物流业历年对中间投入部门的直接消耗系数

行业编码	1997 年	2000 年	2002 年	2005 年	2007 年	2010 年	2012 年
1	0. 00197	0. 00177	0. 01292	0. 01740	0. 01264	0. 01971	0. 01239
2	0. 00656	0. 00438	0. 00657	0. 00623	0. 00516	0. 00487	0. 00112
3	0. 18015	0. 23349	0. 15165	0. 13334	0. 13575	0. 13706	0. 15286
4	0. 02086	0. 02843	0. 01909	0. 02128	0. 01428	0. 01363	0. 02560
5	0. 06986	0. 13024	0. 15143	0. 18697	0. 20190	0. 18286	0. 17454
6	0. 01630	0. 01610	0. 01159	0. 01299	0. 01431	0. 01727	0. 00515
7	0. 02063	0. 02189	0. 01456	0. 00960	0. 00364	0. 00431	0. 00740
8	0. 03645	0. 03908	0. 11150	0. 12103	0. 06983	0. 08731	0. 15710
9	0. 02564	0. 02300	0. 03304	0. 02643	0. 02694	0. 03054	0. 03776
10	0. 05279	0. 06242	0. 07932	0. 07600	0. 07296	0. 06682	0. 07817

根据表 4 -8 和表 4 -9，物流业对制造业（行业编码为 3）和石油加工、炼焦及核燃料加工业（行业编码为 5）、采矿业（行业编码为 2）的直接和完全消耗系数相对较大，即物流业与这三个行业的经济技术联系较为紧密。对这三个行业的依赖程度较高，说明制造业与石油加工、炼焦及核燃料加工业，以及采矿业是物流业发展的关键性行业，同时也证明这三个行业对物流业完全碳排放量贡献较大。这是因为，很多制造业产品需要通过物流运输转移到其他地区供消费者使用，物流业为制造业产品实现从生产者到消费者的转移提供了重要支撑和服务。当然，物流业大量的运输、装卸搬运等都需要很多油品作为能源保障。

表 4 -9　　中国物流业历年对中间投入部门的完全消耗系数

行业编码	1997 年	2000 年	2002 年	2005 年	2007 年	2010 年	2012 年
1	0. 0674	0. 0908	0. 0812	0. 1298	0. 0657	0. 0721	0. 0759
2	0. 0969	0. 1444	0. 1685	0. 1811	0. 2371	0. 2474	0. 3348
3	0. 4898	0. 6479	0. 5316	0. 7076	0. 5686	0. 5714	0. 7475
4	0. 0492	0. 0891	0. 0673	0. 1684	0. 1072	0. 0976	0. 1636
5	0. 0943	0. 1957	0. 2057	0. 2990	0. 2742	0. 2564	0. 3071
6	0. 1015	0. 1407	0. 1127	0. 3799	0. 1364	0. 1458	0. 1995
7	0. 0264	0. 0289	0. 0227	0. 0175	0. 0063	0. 0072	0. 0154
8	0. 0661	0. 0794	0. 1705	0. 2154	0. 1187	0. 1482	0. 2482
9	0. 0788	0. 0854	0. 0981	0. 1034	0. 0727	0. 0788	0. 1142
10	0. 0972	0. 1203	0. 1644	0. 2145	0. 1434	0. 1339	0. 1904

从历年情况来看，物流业对各部门的消耗系数也不是一成不变的，除建筑业（行业编码为7）的完全消耗系数有所降低和农林牧渔业（行业编码为1）的完全消耗系数基本维持不变之外，其他部门的完全消耗系数均有不同程度的增加，说明这些部门与物流业之间的经济技术联系加强，尤其是制造业（行业编码为3）和石油加工、炼焦及核燃料加工业（行业编码为5），以及采矿业（行业编码为2），不仅完全消耗系数绝对数值本身较大且朝向进一步增加方向变动。这反映出物流业对这些部门的经济依赖程度进一步加大，在物流经济发展中的带动作用增强。无论是直接消耗系数还是完全消耗系数，其变化都与技术进步、经济结构等有关。在技术进步中，有的技术会导致消耗系数的降低，称为降耗型技术进步；有的技术变化则会带来部分消耗系数的升高和部分消耗系数的降低，这类技术称为替代型技术进步，消耗系数的升降与部门之间是技术替代者或是被替代者的关系。有学者进一步指出（胡发胜，2002），在资源约束趋紧和节能减排的压力下，降耗型技术进步更有利于实现最优经济增长速度。

直接消耗系数与完全消耗系数均显示，物流业对制造业、采矿业和石油加工、炼焦及核燃料加工业这三个行业的依赖程度较高，说明这三个行业对物流业完全碳排放量贡献较大。由于物流业中除了运输环节会造成碳排放之外，其仓储、装卸搬运和流通加工环节也会造成一定的碳排放，所以除了调整能源消耗结构、降低运输能耗之外，改进其他环节的减排效果也非常重要。首先，鉴于目前中国物流业务正从大规模运输转向多品种、小批量、多批次方向发展，仓储的功能正在加强，各省份和大型物流企业要确实做好区域物流交通枢纽中心的规划，实现批量运输与散货运输、长途运输与短线运输的有效衔接。其次，管理好仓储中心器械设备的使用以及其他物流设施设备等的节能管理，同时提高设施利用率。再其次，保证合理的装卸方式，减少装卸活动的频率，这样既可以节约装卸搬运的时间成本，又可以尽量避免装卸搬运带来的资源浪费，在提升企业经济效益的同时也降低了社会物流的总费用。最后，加强流通加工环节的节能环保管理、科学选择分配中心、减少运输距离、降低运输空载率、注重采用环保的包装材料和加强节能环保的宣传教育等，这些都有利于物流业碳减排。

三、两种碳排放测算结果的对比

根据式（4.7）到式（4.11），计算得到中国物流业历年隐含碳排放量，并结合前面的物流业直接能源碳排放计算结果，进行两种测算法下的物流业碳排放量对比分析，对比结果如表4－10所示。鉴于投入产出表不是每年都有，因此隐含碳排放量中的这些年份，1998 年、1999 年、2001 年、2003 年、2004 年、2006 年、2008 年、2009 年、2011 年的碳排放量是根据平均插值法得到；2013 年、2014 年的直接碳排放量直接来自 IPCC 的碳排放系数法；合计碳排放量是回归预测结果。

表 4 - 10　　两种测算方法下中国物流业的碳排放量对比

年份	碳排放系数法（万吨）	基于投入产出表的隐含碳排放法（万吨）			碳排放系数法排放量占隐含碳法排放量的比重（%）
		直接排放量	间接排放量	合计	
1997	18556.91	18529.31	17236.24	35765.55	51.88
1998	20825.19	22375.19	21709.26	44084.45	47.24
1999	24112.56	26221.08	26182.29	52403.37	46.01
2000	30096.02	30066.96	30655.31	60722.27	49.56
2001	30828.49	31431.57	38478.85	69910.42	44.10
2002	32828.08	32796.17	46302.38	79098.55	41.50
2003	36720.81	38132.41	63096.48	101228.90	36.28
2004	43689.19	43468.65	79890.57	123359.20	35.42
2005	48855.51	48804.89	96684.67	145489.60	33.58
2006	53842.18	53654.73	82881.21	136535.90	39.43
2007	58560.64	58504.57	69077.75	127582.30	45.90
2008	60173.60	61436.05	74955.64	136391.70	44.12
2009	61457.49	64367.54	80833.54	145201.10	42.33
2010	67382.07	67299.02	86711.43	154010.50	43.75
2011	72645.48	73975.74	109350.21	183325.95	40.10
2012	80764.02	80652.45	131988.98	212641.43	38.77
2013	85699.19	85699.19	129610.13	215309.32	39.80
2014	88297.00	88297.00	133766.09	222063.09	39.70

由表 4 - 10 可以看出，1997 年物流部门的直接能源消耗碳排放量，即碳排放系数法的碳排放量为 18556.91 万吨，基于投入产出表的隐含碳排放量为 35765.55 万吨，碳排放系数法碳排放量为投入产出法隐含碳排放量的 51.88%。2014 年碳排放系数法的碳排放量为 88297.00 万吨，而基于投入产出法的隐含碳排放量为 222063.09 万吨，碳排放系数法碳排放量为投入产出法隐含碳排放量的 39.70%。物流部门碳排放系数法的碳排放量在 1997 年到 2014 年的整体增长率为 375.82%，投入产出法隐含碳排放

量增长率为520.89%。综上可见，碳排放系数法同投入产出法的碳排放测算结果还是有很大差距的，说明物流业直接能源消耗法的碳排放量测算结果低估了物流业碳排放水平。

为了进一步凸显这两种方法的测算结果差距，科学评估基于投入产出法的隐含碳排放测算结果的精确性，笔者绘制了两种方法下的物流业碳排放测算结果对比图（见图4-4）。

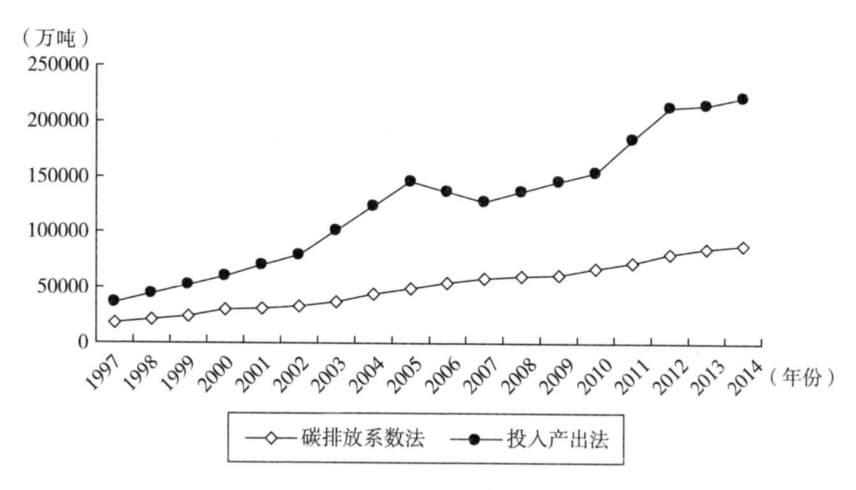

图4-4　两种测算方法下中国物流业碳排放量变化对比

由图4-4可以看出，从碳排放总量变化上看，投入产出法计算的物流业隐含碳排放量同直接能源消耗碳排放的变化趋势相似，在考察期间整体呈不断攀升的态势。整体来看，两种核算方法下，中国物流业碳排放在1997~2014年整体上处于不断上升趋势，但上升幅度随着中国节能减排政策的加强以及经济发展方式的不断转变，最近几年的增长势头都趋于平稳。碳排放系数法的计算结果是根据IPCC碳排放系数与物流业历年的实际能源消耗量计算得出的，整体变化趋势更加平缓，而基于投入产出法的隐含碳排放量变化趋势在个别年份出现抖动。另外，从碳排放总量来看，2006~2008年的隐含碳排放有短暂下降，2009年基本恢复至2005年的碳排放水平。2010年受国家经济复苏方案的刺激，国内经济整体回暖，由此带来的物流业需求增加，以及随之而来的碳排放量又开始快速增长。随着国家对高质量发展的持续推进，高耗能、高污染、高排放的“三高”型企业发展空间受到极大挤压，与交通运输紧密相关的新能源汽车、高铁交通、油气代煤等一系列政策的综合作用下，国内经济发展呈现出比较乐观的一面，碳排放总体增速得到有效控制。表现为 2012 ~ 2014 年的增长速度基本控制在 5% 以内，隐含碳排放量在较低速度上增长。

由图 4 – 4 可知，碳排放系数法测算结果与投入产出法测算结果相比来看，还是有很大差距的，且两者之间的差距虽然短期内有所缩小，但整体上处于逐渐扩大的趋势，碳排放系数法碳排放量占投入产出法隐含碳排放量的最高比例为 1997 年的 51.88% 左右，最低比例为 2005 年的 33.58% 。2000 年以前，直接碳排放几乎占隐含碳排放总量的半壁江山，但此后，间接碳排放逐渐成为碳排放的主力，换言之，碳排放系数法的测算结果将会在很大程度上低估物流业的碳排放量，相比之下，投入产出法能更准确地反映中国物流业碳排放量及其变化。如果根据碳排放系数法的测算结果指导碳减排政策的制定，如碳排放指标的分配、碳减排的奖惩机制设计等都是非常不利的。造成“剪刀差”越来越大的原因大致有以下几点：第一，两种测算方法的统计范围不一致。碳排放系数法核算的范围是物流业运行过程中直接能源消耗所造成的碳排放，而基于投入产出法的隐含碳排放测算既包括了直接能耗造成的碳排放，也包括物流业对各类中间投入部门的能源消耗所造成的碳排放，显然后者的统计范围大于前者。第二，随着产业分工向价值分工的深入推进，部门间的经济联系日益紧密，而且物流业内部的精细化分工也在不断加深，由此导致产业链的不断延伸，部门之间的相互协作越来越多，即隐含碳排放会持续增加。第三，在国家总体能源战略的指导下，直接能源消耗特别是一次性化石能源消耗将受到更多管制，相反太阳能、风能等清洁能源的消费比例会快速上升，结果也会造成碳排放系数法核算的碳排放总量相对偏低。

第四节　碳排放影响因素分解研究

一、碳排放影响因素分析

要实现物流业的低碳化发展，就需要对物流业碳排放的影响因素进行了解把握，以便准确地、有针对性地提出相应的减排政策。根据对相关资料的归纳分析，概括起来，物流业碳排放的影响因素主要有以下几点。

首先，经济规模。生产、流通和消费是构成经济活动的三大要素，缺少或弱化了任何一个环节都会影响整个经济的运行。同时根据产业关联性原理，各产业之间存在着广泛的、复杂的和密切的技术经济联系，尤其是物流业，是连接生产与消费的重要桥梁和纽带，被认为是国民经济发展的动脉和基础产业，即物流产业与所有的产业都存在着密不可分的关系。随着中国国民经济的持续高速发展，以及社会分工的纵深发展，社会各行业对物流部门的需求都在增加，在技术条件和能源结构没有明显改变的情况下，社会物流总规模必将继续扩大，进而导致更多能源的消耗及碳排放产生。

其次，经济结构。从隐含碳排放测算不难发现，国民经济结构也是影响物流业碳排放的重要方面。这里的经济结构可以通过三次产业结构和第三产业内部的产业结构来加以体现，具体是指，服务业在国民经济中所占的经济份额以及物流业在服务业中所占的经济份额。由于三次产业自身存在着一定的差异，所以在国民经济总量一定的前提下，三次产业内部结构的差异也会形成对物流业需求量以及具体服务项目的差别。根据产业自身的特点，第一产业、第二产业与服务业相比，更多的是初级产品或加工产品的运输服务等，需要的物流服务更多是干线运输服务以及仓储服务，如农业和制造业。而第三产业对配送及末端运输服务的需求更大，如服务业中比重较大的零售业。这些对物流服务需求的差异也会影响能源消耗量以及能源消耗结构，进而影响到碳排放总量。另外，物流业在服务业中的经济份额也会影响到碳排放量。物流行业作为一个生产性服务业，在运行模式上不同于其他高新技术的服务行业，会造成大量的碳排放，而类似计算机信息、科研等高新技术行业却能为之提供提高运行效率的技术和方法，所以除物流业之外的服务行业在服务业中的经济份额越高，越能抑制碳排放；与之相反，物流业在服务业中的经济份额越高越不利于抑制碳排放。

再其次，行业效率。物流行业的运行效率也是非常重要的因素之一，高效的物流效率必然会减少对运输、仓储等物流服务的需求，进而达到节能减排的目的。对于物流行业来说，行业效率的高低受到很多方面因素的影响，如运距的缩短可以提高运输效率，同时也可减少对能源的需求而达到减排目的。另外，行业的生产方式也会在很大程度上影响物流效率，如专业的物流公司总是能够更好地发挥各方面的资源优势而减少浪费。整体来看，物流业的社会总费用越低、能源利用效率越高、经济效益越好等都说明物流业的行业运行效率越高，这些都有利于促进物流业的节能减排。

最后，低碳技术。低碳技术的发展程度对于减排来说也是非常重要的，很多学者的研究都认为，短期内低碳技术还不能实现广泛研发与使用，但长期来看低碳技术的进步是实现低碳经济的重点与关键所在。对于物流行业来说，低碳技术不仅包括能源低碳技术（如能源净化技术、新能源汽车等低碳技术），也包括物流作业中的机械化设备、设施低碳技术（如升降机等装卸设备的低碳化），同时还包括改进物流业生产方式的低碳技术（如改进物流业现有包装材料浪费的粗放式生产方式、加强物流网络建设、改进运输方式等低碳化方式），等等。总之，只有从各个方面实现低碳，才能从整体上降低物流业的碳排放量。

二、碳排放影响因素分解模型

国内外学者对碳排放影响因素分解的研究已经取得了较多的研究成果，涉及的研究领域非常广泛。从研究方法看（Ang，2004），目前应用较多的碳排放影响因素分解方法主要是结构分解法（Structure Decomposition Analysis，SDA）和指数分解法（Index Decomposition Analysis，IDA）。

结构分解分析法的核心思想是：将因变量的变动按照经济活动关系分解为几个自变量的变动之和，进而分析各个自变量对因变量的影响程度，而且，这种分解思路一般是建立在完善的投入产出表的基础之上。由于结构分解法需要投入产出数据作为支撑，数据获取难度较大，研究成果相对较少。

指数分解法的思想也是将目标变量分解为几个影响因素，进而分析各影响因素的贡献率大小，只是分解形式为指数函数形式。指数分解法主要有两种，即拉斯拜耳指数法（Lasperyres IDA）和迪维西亚指数法（Divisia IDA）。拉斯拜耳指数法因其分解不完全，较大的残差可能会影响分解结果的分析。博伊德等（Boyd et al.，1988）基于迪维西亚指数的分析框架对美国工业能源消费问题进行了研究，因其采用算术平均加权函数得到各影响因素的平均水平效应，故称为算术平均迪维西亚指数法（Arithmetic Mean Divisia Index，AMDI）。此后，昂等（Ang et al.，2005）采用了一个对数平均公式替换了简单算术平均权重的计算方法，故称为对数平均迪维西亚指标分解法（Log Mean Divisia Index，LMDI）。LMDI 能够消除残差项，实现完全分解，从而增强了模型的说服力。另外，LMDI 分解法适用于多因素分析，分解后各部门效用加总和总效用结果一样，即分解后并不影响整体结果，实际应用最多（郭朝先，2010）。下面，本书将基于 Kaya 恒等式以及 LMDI 加法分解模式构建我国物流业碳排放影响因素分解模型。

根据对相关资料的整理总结，结合隐含碳排放的测算结果，将物流业碳排放影响因素归纳为四个方面。（1）经济规模。伴随着国民经济规模的发展壮大，各行各业的经济也呈现快速增长趋势，随之而来的就是对社会物流需求的大幅增加，进而推进物流业经济发展和碳排放的增加，经济规模指标具体用 GDP 来表示。（2）经济结构。前面的隐含碳排放测算结果表明，制造业、采矿业、石油加工业、化学工业等行业对物流业的碳排放贡献最多，因此这里的经济结构指标具体指服务业在国民经济中所占的经济份额以及物流业在服务业中所占的经济份额。（3）行业效率。行业的整体效率对于一个行业来说是至关重要的，对于物流业也不例外。从减少碳排放的角度来看，高效的物流效率意味着运输线路最优、空载率更低，以及仓储等环节节点的布局更加合理，进而就能减少对运输、仓储等物流服务的需求，最终达到节能减排的目的。本书采用物流业的投入产出比表示物流行业的运行效率指标。（4）低碳技术。低碳技术是实现节能减排的重要保障，对于物流行业来说，低碳技术不仅包括能源低碳技术，也包括物流作业中的机械化设备、设施低碳技术，同时还包括改进物流业生产方式的低碳技术等，具体采用单位投入的碳排放量来表示低碳技术指标。除物流业的投入产出比数据根据《中国投入产出表》计算得出之外，其他数据均来自《中国统计年鉴》，物流业碳排放量是前面计算的完全能耗法碳排放，也称隐含碳排放量。

根据本书研究需要，对 Kaya 恒等式进行扩展，得到中国物流业隐含碳排放的影响因素分解模型：

$$C = G \times \frac{G_S}{M} \times \frac{G_L}{Y} \times \frac{X_L}{G_L} \times \frac{C}{X_L} \tag{4.12}$$

其中，G 为 GDP，G_S为服务业 GDP，G_L为物流业 GDP，X_L为物流业中间投入，C 为物流业碳排放量。

假设基期年份和 t 年的物流业二氧化碳排放分别用 C_0、C_t来表示，用 ΔC 表示 t 年和基期年份相比其碳排放量总的变化量，即：$\Delta C = C_t - C_0$，令$\alpha = G$，$\beta = G_S/G$，$\delta = G_L/G_S$，$\gamma = X_L/G_L$，$\mu = C/X_L$。其中，α、β、δ、γ、μ 分别表示经济规模、服务业经济份额、物流业经济份额、物流业投入产出比、物流业单位投入碳排放量，由此，经济规模、服务业经济份额、物流业经济份额、投入产出比及单位投入碳排放量对碳排放的影响可分别用 $\Delta C\alpha$、$\Delta C\beta$、$\Delta C\delta$、$\Delta C\gamma$、$\Delta C\mu$ 来表示。

在 LMDI 加法分解模式下，第 t 年即目标年和第 0 年即基期年份相比，其碳排放变化差值 ΔC 为：

$$\Delta C = \Delta C_\alpha + \Delta C_\beta + \Delta C_\delta + \Delta C_\gamma + \Delta C_\mu \tag{4.13}$$

各指标对应的计算公式如下：

$$\Delta C_{\alpha} = \frac{C_t - C_0}{\ln C_t - \ln C_0}\ln\left(\frac{\alpha_t}{\alpha_0}\right) \quad (4.14)$$

$$\Delta C_{\beta} = \frac{C_t - C_0}{\ln C_t - \ln C_0}\ln\left(\frac{\beta_t}{\beta_0}\right) \quad (4.15)$$

$$\Delta C_{\delta} = \frac{C_t - C_0}{\ln C_t - \ln C_0}\ln\left(\frac{\delta_t}{\delta_0}\right) \quad (4.16)$$

$$\Delta C_{\gamma} = \frac{C_t - C_0}{\ln C_t - \ln C_0}\ln\left(\frac{\gamma_t}{\gamma_0}\right) \quad (4.17)$$

$$\Delta C_{\mu} = \frac{C_t - C_0}{\ln C_t - \ln C_0}\ln\left(\frac{\mu_t}{\mu_0}\right) \quad (4.18)$$

其中，ΔC 表示中国物流业隐含碳排放总量的变动情况；ΔC_{α} 表示因总经济规模变动而引起的隐含碳排放的变动量，即经济规模效应；ΔC_{β} 表示服务业在国民经济中比重的变动引起的隐含碳变动量，即服务业经济结构效应；ΔC_{δ} 表示物流业在服务业经济中比重的变化引起的隐含碳排放变动量，即物流业经济结构效应；ΔC_{γ} 表示物流业运行效率变动引起的隐含碳排放变动量，即物流业行业效率效应；ΔC_{μ} 表示物流业技术进步带来的单位投入隐含碳排放的变动量，该指标用于反映物流业的低碳技术进步效应。

三、结果分析与讨论

根据物流业碳排放影响因素分解模型，需要国民生产总值、服务业增加值、物流行业增加值、物流行业中间投入以及隐含碳排放量数据，其中国民生产总值、服务业增加值及物流业行业增加值数据均来源于 1998 ~ 2014 年的《中国统计年鉴》；物流业中间投入来源于 1997 ~ 2012 年国家统计局公布的国家年度数据统计表，由于此表根据投入产出表得到，只有 1997 年、2000 年、2002 年、2005 年、2007 年、2010 年以及 2012 的数据，1998 年、1999 年、2001 年、2003 年、2004 年、2006 年、2009 年、2011 年数据根据平均插值法进行计算得到，2013 年、2014 年的碳排放量根据直接碳排放预测得到；隐含碳排放量来源于前面计算结果，具体数据如表 4 - 11 所示。

表 4 - 11　　1997 ~ 2014 年中国物流业影响因素分析基础数据

年份	国民生产总值	服务业增加值	物流业增加值	物流业中间投入	碳排放量
	G(亿元)	G_S(亿元)	G_L(亿元)	X_L(亿元)	C(万吨)
1997	79429.5	27903.8	4149.1	5559.46	35765.55
1998	84883.7	31558.3	4661.5	6552.22	44084.46

续表

年份	国民生产总值	服务业增加值	物流业增加值	物流业中间投入	碳排放量
	G(亿元)	G_S(亿元)	G_L(亿元)	X_L(亿元)	C(万吨)
1999	90187.7	34934.5	5175.9	7544.99	52403.36
2000	99776.3	39897.9	6161.9	8537.75	60722.27
2001	110270.4	45700.0	6871.3	9729.12	69910.41
2002	121002.0	51421.7	7494.3	10920.48	79098.55
2003	136564.6	57754.4	7914.8	16298.32	101228.90
2004	160714.4	66648.9	9306.5	21676.16	123359.25
2005	185895.8	77427.8	10668.8	27054.00	145489.60
2006	217656.6	91759.7	12186.3	28845.67	136391.70
2007	268019.4	115810.7	14605.1	30637.33	127582.30
2008	316751.7	136805.8	16367.6	37913.47	136391.70
2009	345629.2	154747.9	16522.4	45189.60	145201.10
2010	408903.0	182038.0	18783.6	52465.74	154010.50
2011	484123.5	216098.6	21842.0	56203.66	183325.95
2012	534123.0	244821.9	23763.2	59941.57	212641.43
2013	590422.4	277959.3	26042.7	69286.75	215309.32
2014	644791.1	308058.6	28500.9	76583.77	222063.09

资料来源：历年《中国统计年鉴》和《中国投入产出表》。另外，本表碳排放量是指前面计算得出的基于投入产出表的隐含碳排放量。

根据式（4.12）到式（4.18）以及表4－11，对物流业碳排放影响因素进行分解分析，结果如表4－12所示。

表4－12　　中国物流业隐含碳排放驱动因素分解结果　　单位：万吨

年度区间	经济规模效应(ΔC_α)	服务业经济份额效应(ΔC_β)	物流业经济份额效应(ΔC_δ)	投入产出比率效应(ΔC_γ)	经济碳排放强度效应(ΔC_μ)	隐含碳排放总变动(ΔC)
1997～1998	2641.89	2254.00	－263.99	1904.11	1782.89	8318.91
1998～1999	2916.85	1974.40	145.87	1752.19	1529.59	8318.90
1999～2000	5704.66	1796.08	2343.81	－2865.20	1339.56	8318.91
2000～2001	6521.17	2332.49	－1747.97	1412.20	670.25	9188.14
2001～2002	6910.57	1866.98	－2322.62	2140.68	592.53	9188.14

续表

年度区间	经济规模效应（ΔC_α）	服务业经济份额效应（ΔC_β）	物流业经济份额效应（ΔC_δ）	投入产出比率效应（ΔC_γ）	经济碳排放强度效应（ΔC_μ）	隐含碳排放总变动（ΔC）
2002～2003	10853.98	-435.22	-5522.76	31025.56	-13791.21	22130.35
2003～2004	18225.64	-2192.94	2094.89	13789.27	-9786.51	22130.35
2004～2005	19522.20	583.41	-1785.80	11404.16	-7593.63	22130.35
2005～2006	22223.17	1704.09	-5194.06	-9698.51	-18132.58	-9097.90
2006～2007	27461.67	3251.35	-6825.85	-15936.68	-16759.89	-8809.40
2007～2008	22041.40	-59.82	-6953.57	13086.29	-19304.90	8809.40
2008～2009	12280.24	5065.13	-16030.27	23395.12	-15900.82	8809.40
2009～2010	25143.18	-851.51	-5103.23	3140.27	-13519.31	8809.40
2010～2011	28409.82	447.06	-3479.11	-13799.06	17736.73	29315.45
2011－2012	19423.44	5238.97	-8001.45	-3936.43	16590.96	29315.48
2012～2013	21442.64	5719.84	-7486.17	11324.79	-28333.19	2667.91
2013～2014	19262.14	3220.37	-2758.98	2172.11	-15141.86	6753.78
平均贡献量	15940.27	1877.33	-4052.43	4135.93	-6942.43	10958.68
总贡献量	270984.66	31914.68	-68891.26	70310.87	-118021.39	186297.57

根据表4－12计算出各影响因素在考察期间的贡献率，结果如表4－13所示。根据表4－12和表4－13对中国物流业碳排放影响因素进行分析[①]。

表4－13　中国物流业碳排放驱动因素贡献率　单位：%

年度区间	经济规模效应	服务业经济份额	物流业经济结构	投入产出比率效应	碳排放强度效应
1997～1998	29.86	25.48	2.98	21.52	20.15
1998～1999	35.06	23.73	1.75	21.06	18.39
1999～2000	40.60	12.78	16.68	20.39	9.53
2000～2001	51.41	18.39	13.78	11.13	5.28
2001～2002	49.96	13.50	16.79	15.47	4.28
2002～2003	17.61	0.71	8.96	50.34	22.38

① 王丽萍、刘明浩：《基于投入产出法的中国物流业碳排放测算及影响因素研究》，载于《资源科学》2018年第1期。

续表

年度区间	经济规模效应	服务业经济份额	物流业经济结构	投入产出比率效应	碳排放强度效应
2003 ~ 2004	39. 54	4. 76	4. 55	29. 92	21. 23
2004 ~ 2005	47. 74	1. 43	4. 37	27. 89	18. 57
2005 ~ 2006	39. 02	2. 99	9. 12	17. 03	31. 84
2006 ~ 2007	39. 10	4. 63	9. 72	22. 69	23. 86
2007 ~ 2008	35. 87	0. 10	11. 32	21. 30	31. 42
2008 ~ 2009	16. 90	6. 97	22. 06	32. 19	21. 88
2009 ~ 2010	52. 65	1. 78	10. 69	6. 58	28. 31
2010 ~ 2011	44. 48	0. 70	5. 45	21. 60	27. 77
2011 ~ 2012	36. 52	9. 85	15. 04	7. 40	31. 19
2012 ~ 2013	28. 86	7. 70	10. 07	15. 24	38. 13
2013 ~ 2014	45. 26	7. 57	6. 48	5. 10	35. 58
平均贡献量	38. 26	8. 42	9. 99	20. 40	22. 93
总贡献量	36. 16	5. 20	10. 42	21. 72	26. 49

资料来源：王丽萍、刘明浩，《基于投入产出法的中国物流业碳排放测算及影响因素研究》，载于《资源科学》2018 年第 1 期。

首先，经济规模对碳排放具有正向驱动作用。随着经济规模的增长，碳排放也随之扩大，1997 ~ 2014 年物流业的经济规模效应整体呈不断上升的趋势，其中由于 2008 ~ 2009 年、2011 ~ 2012 年、2013 ~ 2014 年国民生产总值增速下滑，导致相应的经济规模效应产生的碳排放有所下降。这是由产业的关联效应导致的，经济规模的增长肯定会增加物流服务的需求量，进而正向驱动碳排放。1997 ~ 2014 年国民经济规模对物流业碳排放总贡献量为 270984. 66 万吨，平均贡献量为 15940. 27 万吨；总贡献率为 36. 16%，平均贡献率为 38. 26%，其总贡献率及平均贡献率在五个影响因素中居首位。可见，国民经济的快速发展拉动了物流业的需求增长，对物流业碳排放量的影响非常大。

其次，经济结构因素中，服务业在国民经济中所占的经济份额对物流业碳排放的驱动效应整体呈正向驱动，个别年份也呈负向驱动，如 2002 ~ 2004 年、2007 ~ 2008 年以及 2009 ~ 2010 年。这些年份第三产业在国民生产总值中所占份额呈同比下降趋势，是导致其对碳排放呈负向驱动的主要原因。其他年份正向驱动呈下降趋势也是随着服务业经济份额的增速下滑导致的。整体上看，服务业经济份额在考察期间呈上升趋势，物流业碳排放中服务业经济份额效益呈正向驱动，这些都充分说明，随着中国对服务业的大力支持，服务业迅速发展，在国民经济中所占比例越来越高，使服务业对物流业的需求量也不断增加（包括物流业自身的需求），进而致使物流业碳排放量的增加。1997～2014 年服务业经济份额对物流业碳排放的总贡献量为 31914.68 万吨，平均贡献量为 1877.33 万吨；总贡献率为 5.2%，平均贡献率为 8.42%，在 1997～2014 年服务业经济份额的贡献率呈快速下降态势，是五个影响因素中贡献率最小的因素。

在经济结构因素中，物流业在服务业中所占的经济份额对物流业碳排放的驱动效应整体上看主要呈负向驱动，仅有 4 个年度区间为正向驱动，其余年份均为负向驱动。究其原因，1998～2000 年、2003～2004 年呈正向驱动主要是物流业经济在服务业经济中所占的比例有所上升而导致的对物流业碳排放有正向驱动效应；其他年份中，随着物流业经济在服务业经济中份额的减少，其整体上呈不断增加的负向驱动效应。这些都说明，随着服务业的发展，物流业也在快速发展，但物流业经济发展速度若低于服务业的发展速度将会有效抑制物流业的碳排放量。1997～2014 年服务业经济份额对物流业碳排放的总贡献量为 -68891.26 万吨，平均贡献量为 -4052.43万吨；总贡献率为 10.42%，平均贡献率为 9.99%，在五个影响因素中其贡献率较小。

再其次，物流行业效率反向驱动碳排放但驱动趋势不稳定。17 个年度区间中，投入产出比率效应在 12 个年度区间为正向驱动效应，5 个区间为负向驱动效应。1997～1999 年、2000～2005 年、2007～2010 年为正向驱动，与此相应的是在这些年份区间，投入产出比率呈上升趋势，即物流效率降低，其碳排放量不断增加，但其余年份随着投入产出比的下降，即随着物流行业效率进步从而反向驱动碳排放，整体来看投入产出比率正向驱动碳排放，即物流行业效率提高抑制了碳排放的增长，同时结果说明物流行业效率进步状况并不稳定。1997～2014 年碳排放总贡献量为 70310.87 万吨，平均贡献量为 4135.93 万吨；总贡献率为 21.72%，平均贡献率为 20.4%，在五个影响因素中其总贡献率排名第三，对物流业碳排放影响也较大。

最后，低碳技术整体上负向驱动碳排放，但近两年驱动效应变为正向驱动。17 个年度区间中，单位投入碳排放效应在 7 个年度区间为正向驱动效应，10 个区间为负向驱动效应，其中 1997～2002 年以及 2010～2012 年为正向驱动。其余年份为负向驱动。与此同时，单位投入的碳排放量在 1997～2002 年以及 2010～2012 年处于不断上升趋势，而其余年份其单位投入碳排放处于不断下降趋势，说明单位投入碳排放效应，即低碳技术效应负向驱动碳排放，说明近两年低碳技术进步缓慢，有待改进。1997～2014年碳排放总贡献量为－118021.39万吨，平均贡献量为－6942.43万吨；低碳技术进步效应总贡献率为26.49%，平均贡献率为22.93%，总贡献率在五个影响因素中排名第二，对物流业碳排放量的影响仅次于经济规模效应。

根据以上分析可知，在现有技术条件下，经济发展带来的对物流业的旺盛需求是造成物流业碳排放持续增加的主要原因，且经济规模对物流业碳排放的正向影响还非常大；服务业经济份额对碳排放的影响为正向驱动是近些年我国服务业的快速发展引致的，服务业在国民经济中所占比重越高越会增加物流业碳排放量，但其影响较小；物流业经济份额对碳排放呈负向驱动，是指物流业在服务业中所占比例越小，越有利于抑制碳排放；物流行业效率负向驱动碳排放，是指随着行业技术进步和行业效率的不断改进，使得物流业碳排放量有减少趋势，但遗憾的是，中国物流业的投入产出效率并不稳定，对物流业碳排放的减量化效应有待增强；低碳技术负向驱动碳排放启示我们，随着新能源对化石能源的进一步替换或者化石能源利用技术的提升，这些低碳技术的发展都能较好地促进物流业碳排放的下降，但中国低碳技术进步形势并不乐观。

第五节　物流业碳排放强度研究

为了进一步考察中国物流业的能源利用效率以及经济增长质量，下面对中国物流业碳排放强度进行分析，以了解中国物流业低碳化发展现状。下面主要从物流业增加值的碳排放演进特征、单位物流业货物周转量的碳排放演进特征以及单位能源消耗碳排放演进特征三个方面考察物流业整体低碳化发展现状、物流业运作效率以及能源效率的发展变化。如果相应的碳排放强度呈下降趋势，说明物流业已经开始低碳化道路。下面采用碳排放系数法及投入产出法测算的碳排放量为计算碳排放强度的基础数据。

一、物流业增加值碳排放强度分析

物流业增加值碳排放强度，是指单位物流业增加值带来的碳排放量，具体算法是碳排放量除以物流业增加值，主要用于考察物流业经济增长与碳排放之间的关系。根据两种测算法下的物流业历年碳排放量以及其行业增加值对单位物流业增加值碳排放量进行计算，其碳排放强度演进趋势如图4－5所示。

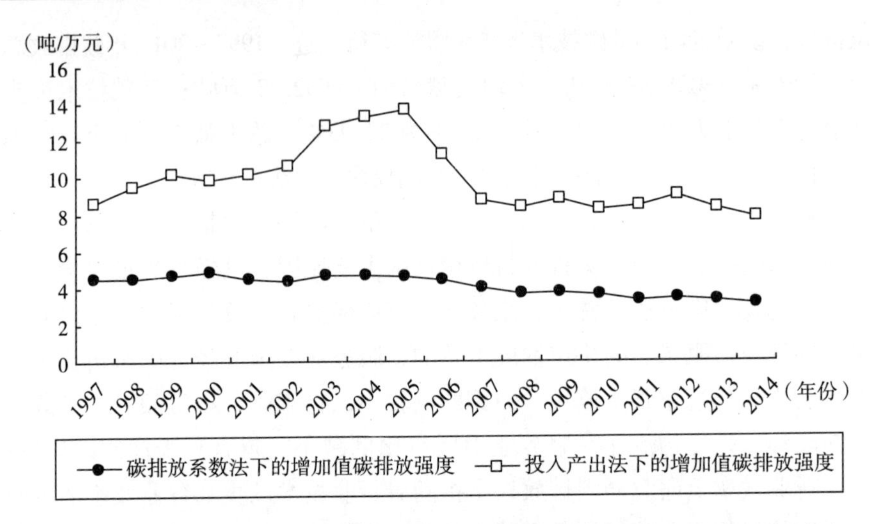

图 4-5 1997~2014 年两种测算法下中国物流业增加值碳排放强度变化趋势

由图 4-5 可知，在中国物流业碳排放量整体处于上升趋势的同时，两种测算方法下的物流业增加值碳排放强度整体都呈波动下降趋势；但碳排放系数法下的排放强度的波动幅度小于投入产出法下的波动强度。这是由于碳排放系数法的碳排放量是基于物流直接能源消耗量测算的，结果与物流经济本身关系较为紧密，而投入产出法还牵扯到其他行业的能源消耗，受其他行业经济影响较大。由于投入产出法测算的碳排放相对更为准确，下面主要对投入产出法下的物流业增加值碳排放强度进行分析。

从投入产出法下的物流业增加值碳排放强度来看，由于 1997 年后城市化和工业化的快速发展，大量资源被消耗，以及物流业初期发展阶段时还没有特别关注环境问题，致使能源消耗量较大，导致增加值碳排放强度由 1997 年的 8.6 吨/万元上升到 1999 年的 10.1 吨/万元。2000 年和 2001 年基本保持稳定，2002 年开始快速上升，到 2005 年碳排放强度达到最大值，每单位增加达到 13.64 吨。这是由于 2000 年以来，受到中国重工业化倾向的影响，物流业的隐含碳排放大幅度增加，致使较高的碳排放增长率与相对较低的经济增长率相互作用而形成高碳排放强度。但高能耗的发展模式受到党中央的高度重视，2004 年中国颁布了《节能中长期专项规划》，并在 2006 年制定的国家“十一五”规划中提出了能源强度降低 20% 和主要污染物排放总量减少 10% 的节能减排约束性指标，在一系列节能减排政策的作用下，各行业的能源利用有了很大改善，物流业也不例外。但 2007 年以来，碳排放强度处于小幅度的上下波动趋势，说明能源净化技术不断提高或者新能源替代品的研发跟不上不断增长的物流业经济的步伐，目前对物流业碳排放的控制进入“瓶颈”期，有待找出新的能够有效降低物流业碳排放的方法与途径。根据前面的分析结果，间接碳排放目前为物流业碳排放的主要贡献者，所以在对物流行业直接能源使用管制的同时，也应加强对其中间投入部门能源使用的管制。2005～2008 年，单位增加值的碳排放强度骤然下降，从 13.64 吨/万元下降到 8.3 吨/万元，且从图 4－5 中可以看出，2012～2014 年碳排放强度呈下降趋势。说明物流经济的增长对环境造成的负面影响有所下降，国家环境管制政策起到了明显成效，即物流行业已开始从高碳化发展模式向低碳化方向转变。

二、单位货物周转量碳排放强度分析

单位货物周转量碳排放是指物流业的货物周转量与其碳排放量的比值，根据物流业货物周转量及碳排放量对单位货物周转量碳排放量的计算结果如图 4－6 所示。

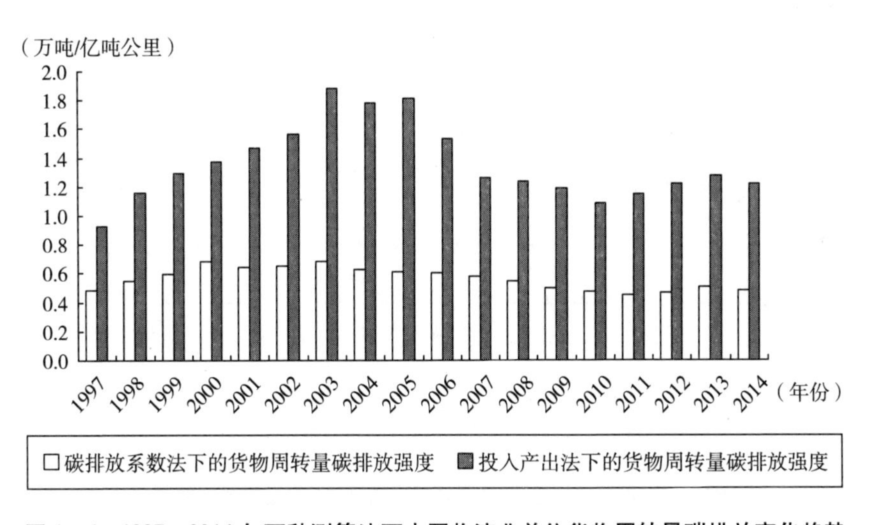

图 4－6　1997～2014 年两种测算法下中国物流业单位货物周转量碳排放变化趋势

由图 4－6 可以看出，两种测算方法下中国物流业单位货物周转量的碳排放整体呈波浪形趋势，同物流业增加值碳排放强度一样，碳排放系数法下碳排放强度波动幅度小于投入产出法下的波动幅度。同理，下面重点对投入产出法的单位货物周转量的碳排放进行分析。单位货物周转量碳排放从 1997 年到 2003 年呈不断上升的趋势，即从 0.93 万吨/亿吨公里上升到了 1.88 万吨/亿吨公里，这是由于中国物流业发展初期行业运作系统不够完善导致行业运作效率低下，同时 2004 年以前国家还没有将行业减排工作作为重点，致使行业运营效率和能源使用效率都比较低，从而导致单位货物周转量的碳排放强度不断上升。2004 年以后，随着一系列节能减排政策的推出，国家对污染排放的限制，以及中国物流业系统各方面的完善，从而使其运作效率有了大幅度提高。这两方面原因使其单位碳排放量开始下降，从 2005 年的 1.81 万吨/亿吨公里下降到 2010 年的 1.09 万吨/亿吨公里。近几年环境管制强度的持续加强，使 2013 ~2014 年其单位碳排放进一步下降，说明环境管制的效果还是很明显的。因此，建议相关部门除了加强能源结构调整及新能源的开发利用外，同时应尽可能减少物流资源的浪费和提高物流业运营效率。

三、能源消耗碳排放强度分析

能源碳排放强度是指单位能源消耗量导致的碳排放量，根据两种方法下物流业的碳排放结果以及物流业能源消耗总量对能源碳排放强度的计算结果如图 4 -7 所示。

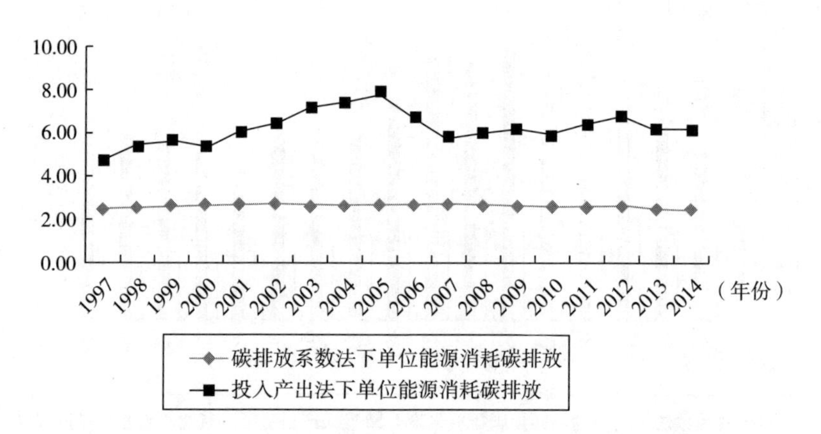

图 4 -7　1997 ~2014 年两种测算法下中国物流业能源消耗碳排放强度变化趋势

由图 4 -7 可以看出，碳排放系数法下的能源排放强度整体上几乎为一条直线，波动幅度很小，其中 1997 年的能源碳排放强度为 2.46，2013 年为 2.43 左右。由于碳排放系数法碳排放量的测算是基于物流行业直接能源消耗量测算的，说明近些年来，虽然中国经济不断增长，但是能源结构调整及能源效率提高技术并没有特别大的发展。投入产出法下的能源碳排放强度处于上下波动趋势，1997 ~1999 年从 4.74 上升到了 5.66，2000 年稍有下降，2001 ~2005 年受国家扩大内需和增加投资的影响，高投入、高能耗的重工业影响其碳排放强度又有所上升，到 2005 年上升到 7.91。

此后，随着一系列环境管制政策措施的实施，2006～2007 年由 6.72 下降到 5.81，2008 年以后在全球经济危机和国家污染治理政策的双重影响下，碳排放强度处于小幅度波动状态，2013～2014 年其碳排放强度也有所下降，但下降幅度小，说明当前除了物流行业的能源效率较低之外，整个社会的能源利用效率都有待提高。

第六节 中国物流业碳排放与能源消耗、经济增长的关系

前面的研究发现，基于碳排放系数的碳排放测算结果与物流业能源消耗有着非常紧密的关系，且物流业碳排放的驱动因素中，经济增长的贡献率最大，那么，物流业的碳排放与能源消耗和经济增长之间究竟存在怎样的关系呢？目前，学术界对于经济增长与碳排放关系的研究并没有统一的结论，究其原因，可能是不同地区经济发展水平不一，研究结果可能会受地区发展、数据采集等因素影响。在研究方法上，较多研究并没有对时间序列数据进行平稳性检验，而是直接回归，这易造成伪回归现象。就研究领域来看，主要是针对一国（或区域）整体经济发展与碳排放的关系研究（许广月和宋德勇，2010；王士轩等，2015），虽然也有针对制造业（刘景卿和俞海山，2015）、第三产业（卢愿清和史军，2012）、酒店业（黄崎和康建成，2014）等特定领域的研究，但这方面的成果明显偏少。在此背景下，本书以中国物流业的碳排放与能源消耗、经济增长的关系开展相关研究，具有重要的理论和现实意义（王丽萍，2017）。

一、指标设置与数据说明

1. 指标设置

根据前面对碳排放系数法和投入产出法两种测算方法及结果的对比分析，本书选取计算结果更为准确的投入产出法碳排放测算结果作为中国物流业碳排放指标（CO_2），考察时间段为 1997～2014 年。中国物流业能源消耗指标来自《中国能源统计年鉴》中“交通运输、仓储和邮政业”的能源消耗量（energy consumption，CE）；中国物流业经济增长指标选取《中国统计年鉴》中“交通运输、仓储和邮政业”的行业增加值指标，并以 1997 年为基期剔除价格因素，记为 *LGDP*；人口数据同样来自历年《中国统计年鉴》。

2. 数据说明

中国物流业能源消耗量（*EC*）、碳排放量（CO_2）和经济增长（*LGDP*）三者的增长趋势关系见图4－8。由图4－8可以看出，物流业碳排放、能源消耗及增加值在考察期间整体都处于不断上升的趋势，即三者之间演进趋势基本相同，据此推出，物流业碳排放与能源消耗、经济增长之间存在协同增长关系。为消除时间序列数据中可能存在的异方差问题，且考虑到对时间序列数据取对数并不影响时序的性质和关系，本书对碳排放量（CO_2）、能源消耗量（*EC*）、物流业经济增长量（*LGDP*）、人均碳排放（PCO_2）和人均经济增长率（*PLGDP*）四组时间序列取自然对数，分别记为 $\ln CO_2$、$\ln EC$、$\ln LGDP$、$\ln PCO_2$、$\ln PLGDP$。

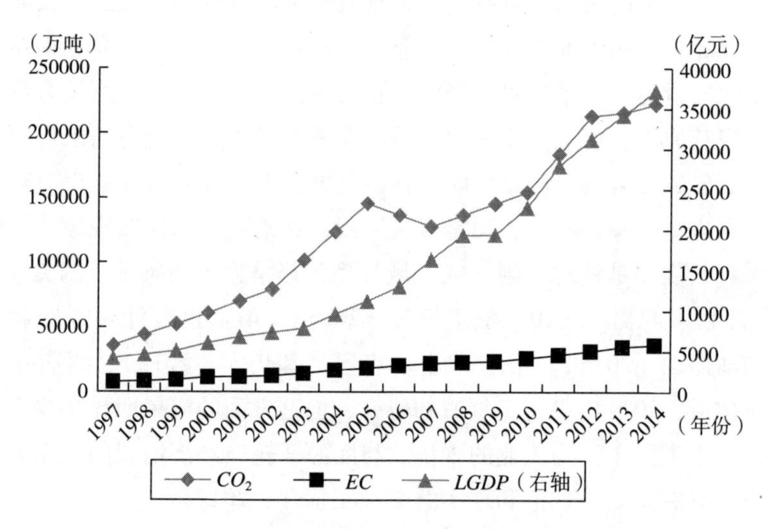

图4－8 1997～2014年中国物流业碳排放、能源消耗及其经济增长趋势

二、模型检验

1. 单位根检验

为了避免出现伪回归现象，首先对序列 $\ln CO_2$、$\ln EC$、$\ln LGDP$ 做平稳性检验，本文基于 EViews10.0，采取 ADF 检验法对三组时间序列的平稳性进行检验，检验结果如表4－14所示。

表 4-14　　ADF 单位根检验结果

检验序列	检验 t 统计量	显著水平	临界值	检验结果
$\ln CO_2$	-1.550685	10%	-2.673459	不平稳
$\Delta\ln CO_2$	-1.751783	10%	-1.605603	平稳
$\ln EC$	-1.534523	10%	-2.666593	不平稳
$\Delta\ln EC$	-3.199537	5%	-3.065585	平稳
$\ln LGDP$	-0.167243	10%	-2.666593	不平稳
$\Delta\ln LGDP$	-4.279004	1%	-3.959148	平稳

注：Δ 代表各变量的一阶差分。

由表 4-14 可知，原序列 $\ln CO_2$、$\ln EC$、$\ln LGDP$ 为非平稳序列，但其一阶差分序列为平稳序列，由此，三组序列为一阶单整。

2. 协整检验

在三组序列通过平稳性检验的前提下，由于三组序列具有相同的单整阶数，符合协整检验的要求，以此，下面对 $\ln CO_2$、$\ln EC$、$\ln LGDP$ 三组变量的协整关系进行检验，由此来考察中国物流业碳排放与能源消耗、经济增长之间的长期均衡关系。协整检验从检验对象看可以分为两种：一种是基于回归系数的协整检验，即 Johansen 检验；另一种是基于回归残差的协整检验，有 CRDW 检验、DF 检验、ADF 检验。目前运用较多的是 Johansen 检验和 EG 两步法。同 EG 两步法相比，Johansen 协整检验不必划分内生和外生变量、可以给出全部协整关系、功效更稳定，比较适合多变量协整关系的检验。在单位根检验基础之上，本书采用 Johansen 检验法检验 $\ln CO_2$ 与 $\ln EC$、$\ln LGDP$ 之间的协整关系，检验结果如表 4-15 所示。

表 4-15　　Johansen 检验结果

特征根迹检验结果				
假设协整量的个数	特征值	迹统计量	显著水平 5% 临界值	概率 P 值
没有*	0.867125	41.30965	29.79707	0.0016
至多 1 个	0.389371	11.03446	15.49471	0.2094
至多 2 个	0.215230	3.635468	3.841466	0.0566
最大特征值检验结果				
原假设	特征值	最大特征值统计量	显著水平 5% 临界值	概率 P 值
没有*	0.867125	30.27519	21.13162	0.0020
至多 1 个	0.389371	7.398989	14.26460	0.4431
至多 2 个	0.215230	3.635468	3.841466	0.0566

注：* 表示在 5% 的显著性水平下拒绝原假设。

由表4－15的特征根迹检验结果可以看出，以检验水平0.05判断，在95%的置信水平上拒绝了“不存在协整关系”的原假设，结论显示在5%的显著水平上至少存在一个协整关系。由最大特征值检验结果可以看出，在95%的置信水平上也拒绝了“不存在协整关系”的原假设，在5%的显著水平上也至少存在一个协整关系。迹统计量和最大特征值统计量的双重检验结果表明：三组时间序列之间存在长期稳定的比例关系，即物流业碳排放与能源消耗、经济增长之间存在长期均衡关系。

3. 格兰杰因果检验

上述研究表明，三者存在长期稳定的协整关系，为了进一步揭示三者之间的内在因果关系，下面采用格兰杰因果检验法进行分析研究。对于时间序列数据，格兰杰因果检验的含义是，如果一个事件X是另一个事件Y的原因，则事件X可以领先于事件Y，那么用包含X滞后项在内的方程进行预测分析的结果将好于不用X滞后项的方程进行预测的结果。换言之，格兰杰因果关系检验实质上是检验一个变量是否受其他变量滞后项的影响，如果是，那么它们具有格兰杰因果关系；反之，则说明它们之间不存在格兰杰因果关系。中国物流业碳排放与能源消耗、经济增长的格兰杰因果检验结果如表4－16所示。

表4－16　格兰杰检验结果

原假设	F 统计量	P 值	结论
$\ln CO_2$ 不是 $\ln LGDP$ 的格兰杰原因	1.20628	0.3680	接受
$\ln LGDP$ 不是 $\ln CO_2$ 的格兰杰原因	4.75427	0.0346	拒绝
$\ln EC$ 不是 $\ln LGDP$ 的格兰杰原因	1.07091	0.4143	接受
$\ln LGDP$ 不是 $\ln EC$ 的格兰杰原因	0.41942	0.7441	接受
$\ln EC$ 不是 $\ln CO_2$ 的格兰杰原因	1.37051	0.3197	接受
$\ln CO_2$ 不是 $\ln EC$ 的格兰杰原因	3.56993	0.0666	拒绝

由表4－16可知，碳排放与经济增长之间，在5%的显著水平下，拒绝“$\ln LGDP$ 不是 $\ln CO_2$ 的格兰杰原因”，即中国物流业经济增长是碳排放的格兰杰原因，反之则不成立。这说明经济增长是碳排放变化的重要原因，但碳排放对经济增长没有明显作用，由此，生态学家把经济的变化视为环境质量变化的原因得到了证实。尽管这里显示碳排放不是经济增长的格兰杰原因，即在考察期内碳排放对经济增长没有影响，但这并不意味着可以肆意进行碳排放。实际上，当碳排放积累到一定量的时候，即环境退

化程度超过一定的极限值以后，环境质量就会对经济产生明显的制约作用。大自然对人类的反作用在全球气候变化、生物多样和极端天气等方面已经表现得淋漓尽致，这一点必须引起人类的高度重视。

根据表4－16可知，“lnEC不是ln$LGDP$的格兰杰原因”被接受，即能源消耗的增加不是物流经济发展的格兰杰原因。这说明，碳排放量及能源消耗量的增加不一定能促进物流经济的发展，因此，想依靠大量能源消耗和环境污染来获取经济发展的思路不正确，牺牲环境不仅不能赢得长期的经济发展，反而还会因环境恶化进一步反作用于经济发展。

根据表4－16可知，在10%的显著水平上拒绝“lnCO_2不是lnEC的格兰杰原因”的原假设，即碳排放的增加会引起能源消耗的增加，但能源消耗的增加对碳排放没有明显的作用。说明对物流业来说间接碳排放成为物流业碳排放的重要部分，在对物流业自身能源进行控制的同时，应加强对相关产业碳基能源使用的控制。这一点进一步印证了本书提出的，间接碳排放测算对物流业碳排放研究的重要性。因此，从产业关联角度来看，随着产业间和产业内分工的细化深入，在碳配额和制定减排政策时，仅仅依靠本行业的直接能耗和直接碳排放数据已经不能适应时代发展的需要了，科学测算碳排放必须提到议事议程上来。

三、三者动态关系研究

1. 脉冲响应分析

前面的协整检验得知，中国物流业碳排放与能源消耗、经济增长之间存在长期稳定的比例关系，即长期均衡关系。下面通过脉冲响应函数对中国物流业碳排放与能源消耗、经济增长之间的相互动态影响趋势进行分析。

协整检验是在外部环境保持稳定的状况下进行的分析，而脉冲响应函数描述的是在外部环境干预下，向量自回归模型（vector auto regression，VAR）中，当一个误差项发生变化，或者说当模型受到某种冲击时对系统的动态影响，即随机扰动项的一个标准差大小的冲击对内生变量当期值和未来值的影响。为得到脉冲响应函数，首先建立一个VAR模型，VAR模型常用于分析随机扰动对变量系统的动态冲击，来解释各经济冲击对经济变量造成的影响。

关于VAR模型滞后期的选择，根据似然比检验（likelihood ratio，LR）、预测误差（final prediction error，FPE）、AIC信息准则、SC准则、HQ准则等综合考虑（见表4－17），对lnCO_2和lnEC的VAR模型最大滞后阶数取4，应建立 VAR（4），$\ln CO_2$和 $\ln LGDP$ 的 VAR 模型最大滞后阶数取3，五个评价指标都认为应建立 VAR（3）。

表4-17　　VAR 模型滞后期选择标准

内生变量	滞后期数	LogL	LR	FPE	AIC	SC	HQ
$\ln CO_2$、$\ln EC$	0	9.215670	—	0.001223	-1.030810	-0.939516	-1.039261
	1	50.36947	64.67025	6.14e-06	-6.338495	-6.064613	-6.363848
	2	53.80311	4.414692	7.01e-06	-6.257588	-5.801118	-6.299842
	3	63.73269	9.929575*	3.43e-06	-7.104670	-6.465613	-7.163826
	4	69.73667	4.288557	3.42e-06*	-7.390953*	-6.569308*	-7.467011*
$\ln LGDP$、$\ln CO_2$	0	-2.254164	—	0.006298	0.607738	0.699032	0.599287
	1	37.01388	61.70693	4.14e-05	-4.430555	-4.156673	-4.455908
	2	41.36945	5.600015	4.14e-05	-4.481350	-4.024881	-4.523605
	3	53.10923	11.73978*	1.56e-05*	-5.587033*	-4.947976*	-5.646189*

运用 EViews10.0 对 $\ln CO_2$和 $\ln EC$、$\ln CO_2$和 $\ln LGDP$ 的 VAR 模型参数估计的代数表达式分别为：

$$\ln CO_2 = 1.17\times\ln CO_2(-1) - 0.41\times\ln CO_2(-2) + 0.24\times\ln CO_2(-3) - 0.29\times\ln CO_2(-4) - 0.37\times\ln EC(-1) - 0.59\times\ln EC(-2) + 0.37\times\ln EC(-3) + 0.79\times\ln EC(-4) + 1.94 \tag{4.19}$$

$$\ln EC = 0.33\times\ln CO_2(-1) - 0.001\times\ln CO_2(-2) + 0.05\times\ln CO_2(-3) - 0.15\times\ln CO_2(-4) + 0.327\times\ln EC(-1) - 0.24\times\ln EC(-2) + 0.37\times\ln EC(-3) + 0.29\times\ln EC(-4) + 0.05 \tag{4.20}$$

$$\ln CO_2 = 1.42\times\ln CO_2(-1) - 1.01\times\ln CO_2(-2) + 0.44\times\ln CO_2(-3) - 0.03\times\ln LGDP(-1) - 0.79\times\ln LGDP(-2) + 0.9\times\ln LGDP(-3) + 1.36 \tag{4.21}$$

$$\ln LGDP = -0.07\times\ln CO_2(-1) + 0.24\times\ln CO_2(-2) + 0.01\times\ln CO_2(-3) + 0.75\times\ln LGDP(-1) - 0.43\ln LGDP(-2) + 0.54\times\ln LGDP(-3) - 0.54 \tag{4.22}$$

为确定 VAR 模型是否有意义即是否为平稳系统，对其特征方程根进行检验，检验结果如图4-9所示。$\ln CO_2$和 $\ln EC$ 的 VAR 模型、$\ln LGDP$ 和 $\ln CO_2$的 VAR 模型的特征根全部落在单位圆内，表明 VAR 模型为平稳系统。

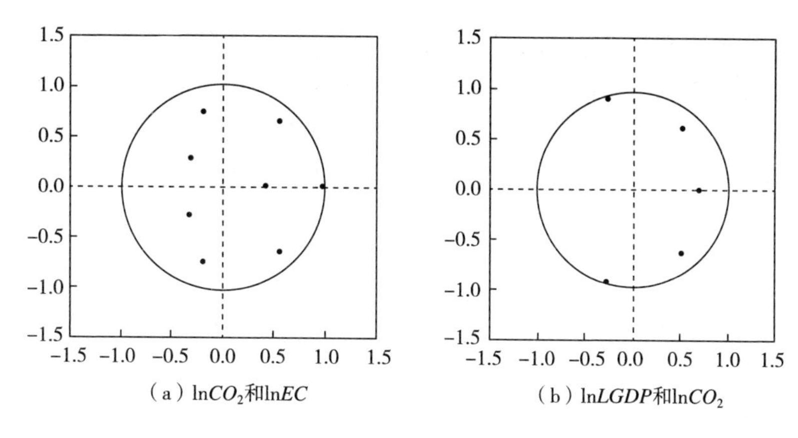

图 4－9　VAR 模型特征根检验

以 EViews10.0 软件为基础，基于 VAR 模型分别考察一个标准差的中国物流业碳排放冲击对能源消耗当前及未来值的动态影响，一个标准差的中国物流业经济增长量对碳排放当前及未来值的动态影响。脉冲响应函数合成如图 4－10 所示、图 4－11 所示。

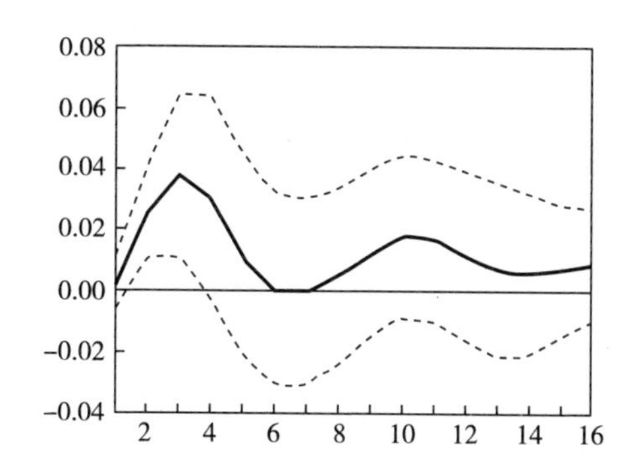

图 4－10　$\ln EC$ 对一个标准差信息 $\ln CO_2$ 的响应

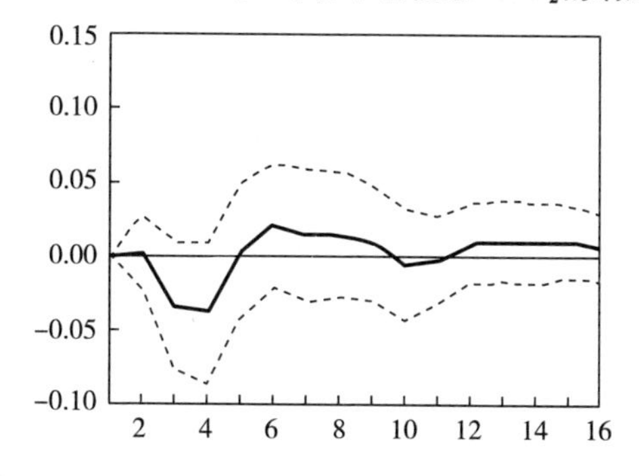

图 4－11　$\ln CO_2$ 对一个标准差信息 $\ln LGDP$ 的响应

注：横轴表示冲击作用的滞后期，纵轴表示 $\ln CO_2$ 的响应，实线表示 $\ln CO_2$ 脉冲响应函数，虚线表示正负两倍标准差偏离带。

当在本期给 lnCO_2一个正冲击之后，在滞后一期对于能源消耗影响较小，值为0.001，但滞后二期产生正的冲击并且快速上升，到滞后四期达到最大值0.037，滞后六期正向冲击又下降到0.0004，且在滞后七期产生负的冲击作用，滞后八期之后又变为正向冲击，且呈先上升后下降再上升趋势，整体上碳排放对能源消耗的影响呈正向冲击且有较长持续效应，同时影响程度逐渐减小且趋于平稳。这是由于碳排放的正向冲击经市场传递必然造成能耗的增加，但随着环境污染的加剧，碳排放被管制，从而对能耗的需要降低。加上经济发展，物流行业的壮大，关联的产业造成的中间碳排放也逐步增大，从而影响对直接能耗的影响程度，说明在控制直接能耗时，也要加强对间接能耗的控制。

图4-11表示lnCO_2对一个标准差信息ln*LGDP*的响应。从图4-11可以看出，lnCO_2对来自ln*LGDP*的影响整体上呈波动趋势。当本期给ln*LGDP*一个正向冲击，在滞后一期无影响，在滞后二期产生负向冲击，并在滞后四期达到最大的负冲击值（-0.04），在滞后五期到十期为正向冲击，但正向冲击呈先上升后下降的趋势，滞后六期的正向影响较大，滞后十一期又呈负向影响趋势，滞后十二期到滞后十六期为先上升后下降的正向冲击趋势。整体上看ln*LGDP*对lnCO_2的影响有较长的持续效应，但其影响值以及波动幅度逐步减小。这是由于，考察期的期初阶段，即20世纪末21世纪初，中国处于城市化进程的快速发展期，城市化的快速发展使城市化的空间布局、发展战略、节能措施、生活方式、公共交通等将会进行相应调整，节约了能耗，从而使滞后二、三、四期的冲击为负向冲击。进入考察的后期，随着经济发展，经传递之后造成大量能源消耗进而增加了碳排放，但随着环境污染加剧，各种减排技术和政策的出台使其影响又有所下降，但是伴随着行业规模的新一轮扩大又会进一步增加碳排放，各种因素的交织使其影响整体上呈上下波动的趋势且持续效应较长。但整体上看，波动趋势逐步转变为正向影响且波动幅度不断减小，说明只要采用合理的经济发展方式，经济的增长不会对碳排放有很大的正向冲击。

2. 方差分解分析

为了进一步揭示每一个冲击对内生变量变化的贡献度，进一步评价不同冲击的重要性，下面利用方差分析研究碳排放变动对能源消耗变动的贡献程度、物流经济变动对碳排放变动的贡献程度。基于VAR模型的方差分解结果如图4-12、图4-13所示，横轴表示滞后期数，纵轴表示贡献率。

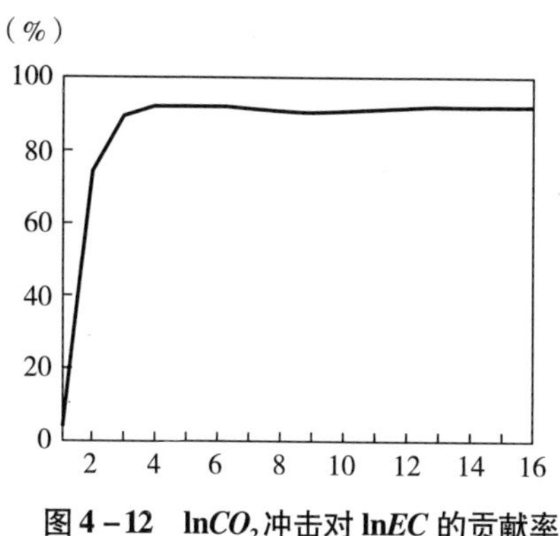

图4-12　lnCO_2冲击对lnEC的贡献率

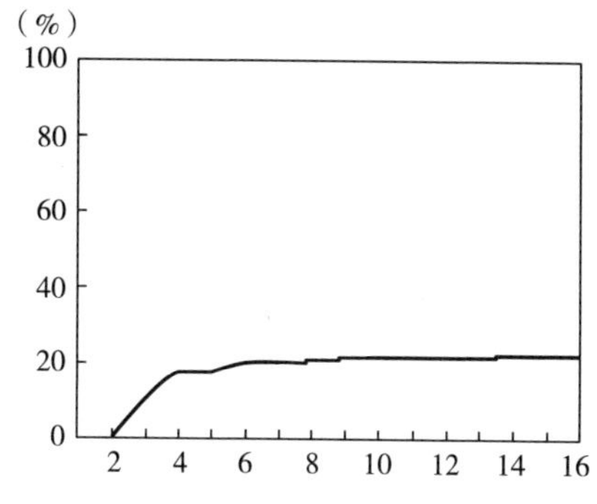

图4-13　ln$LGDP$冲击对lnCO_2的贡献率

由图4-12可知，不考虑碳排放自身的贡献率，整体上看，碳排放需求的增加对能源消耗需求的贡献率非常大，最大达到92.27%，且整体上贡献率呈先快速上升后平滑下降，下降幅度非常小，到滞后十六期仍维持在91%左右，说明能源使用效率还很低。虽然碳排放对能源消耗贡献率有所下降，但下降幅度不明显，能源消耗的使用效率低，且能源技术进步速度比较慢，能源技术的提高任务仍非常艰巨。

由图4-13可知，不考虑碳排放自身的贡献率，整体上看，物流业经济增长对碳排放的贡献率相对较高，在滞后一期到四期其贡献率快速增长，从0上升到17.6%，但滞后四期之后，贡献率一直维持在20%左右，物流业经济的增长对碳排放贡献率较高。这是由于，前期物流业的快速发展以粗放的经济增长方式为主，导致经济增长对碳排放贡献率快速增长，但随着经济的发展，结构的调整，增长方式的集约化发展，经济增长对环境的破坏性降低，致使其对碳排放的贡献增长速度下降。随着经济规模的持续扩大，对碳排放的贡献率又不会下降，只是增长速度有所下降，说明中国物流业对碳排放的控制起到了效果。但鉴于经济增长贡献率为20%左右，相对较高，今后仍需继续降低其贡献率。经济增长的碳排放贡献率越高，说明资源浪费越严重，资源利用效率越低下，因此，中国物流业需不断改进经济增长方式，向低碳化、节约型、集约型的发展方式转变。

第七节　基于EKC理论的中国物流业碳排放趋势预测

一、EKC 理论

1. EKC 理论简介

库兹涅茨曲线（Kuznets curve）作为一种用来分析收入水平与分配公平程度之间关系的典型学说，产生于20世纪50年代，由著名的诺贝尔奖获得者、经济学家库兹涅茨提出。库兹涅茨研究发现，随着经济增长发展，收入水平不均衡现象呈现先升后降趋势，表现为倒“U”型曲线关系。1991年美国经济学家格罗斯曼（Grossman）和克鲁格（Krueger）首次将库兹涅茨曲线引入对环境问题进行研究，他们实证研究了本土自由贸易与生态环境的关系。研究发现，生态污染与人均收入水平之间呈现出倒“U”型曲线关系，即随着人均GDP的增加，污染在低收入水平大幅上升；随着人均GDP的进一步增加，污染在高收入水平反而降低。1992年，世界银行组织在《世界发展报告》中提出“发展与环境”的主题，扩大并深入研究了环境质量与收入水平之间的均衡关系。1993年，潘那约托（Panayotou）依据库兹涅茨提出的人均收入与收入不均衡关系的倒“U”型曲线，研究了环境质量与人均收入的相互关系，首次提出环境库兹涅茨曲线（environmental Kuznets curve，EKC），如图4－14所示。

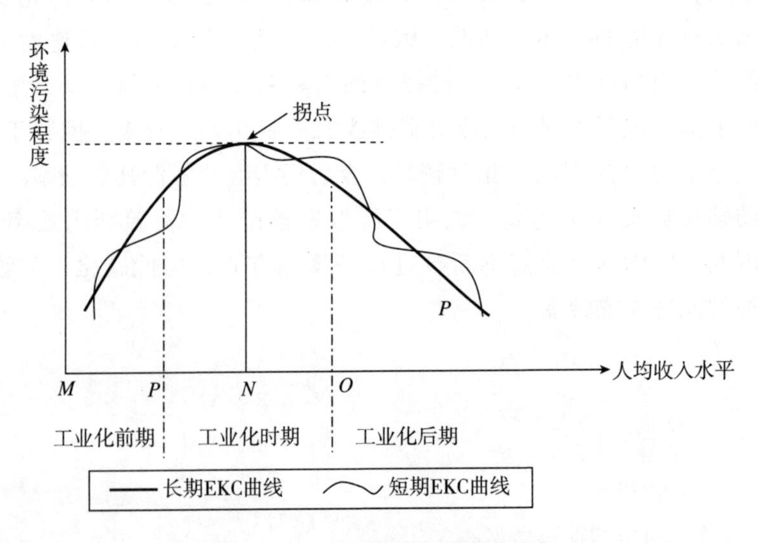

图4－14　环境库兹涅兹曲线示意

从 EKC 理论可以看出，长期内，随着工业化的不断发展、人均收入的不断增加，环境质量开始出现退化；当工业化程度、人均收入水平提高到一定阶段后，环境质量开始有所改善，长期来看，环境质量与人均收入间关系呈倒“U”型。即工业化前期，环境污染小，生态平衡持续稳定；工业化时期，经济快速发展，环境污染趋向于增加，但当进入工业化后期，环境污染又趋向于降低，污染程度得到了控制，环境质量改善明显。如图 4 – 14 所示，*M* 点到 *N* 点为环境恶化阶段，越过拐点 *N* 之后，步入环境改善阶段，即经济发展与环境改善的双赢阶段，环境污染程度开始逐步得到改善。但是，短期内，由于各区域内环境政策、经济发达程度、自然灾害等因素的不同，环境污染与经济的关系也会呈不同的曲线形式，本书将其称为短期 EKC 曲线。虽然是短期 EKC 曲线，但长期 EKC 曲线趋势是由短期 EKC 曲线组成的，如果降低短期 EKC 曲线的极大值点或者将极大值点提前，都能够降低或提前长期 EKC 曲线的极大值点，从而实现减排。

环境库兹涅茨曲线理论提出以后，国内外很多学者对此进行了研究。综合国内外研究成果可以发现，现有 EKC 曲线的研究结论并不完全一致，实证研究中许多学者得到环境污染与经济增长之间除了倒“U”型之外，也呈直线型、“U”型、“N”型、倒“N”型等曲线关系。概括起来，将目前主要观点归纳为三种。第一，很多学者支持环境库兹涅茨曲线理论，认为经济增长和环境污染之间的 EKC 曲线呈倒“U”型。如鲍和蔡（Pao and Tsai，2010）对金砖四国的碳排放与经济增长的关系研究得出，两者之间呈倒“U”型关系；王和罗（Wang and Luo，2012）通过对杭州市经济和环境数据的函数模型拟合的研究，发现其设定的六种环境指标与经济的 EKC 曲线呈倒“U”型；乌萨马·穆拉利和伊尔汉·奥兹特克（Usama Al-Mulali and Ilhan Ozturk，2016）基于 27 个发达经济体 1990 ~ 2012 年的面板数据，对 EKC 曲线理论进行验证，证实了 GDP 同二氧化碳排放之间存在倒“U”型关系。第二，还有学者认为，倒“U”型只是理想状态，可能会出现“N”型或波动型，如马丁内斯 – 扎尔佐索（Martinez-Zarzoso，2004）基于政府间国际组织的 22 个国家 1975 ~ 1998 年的面板数据研究发现，碳排放（即二氧化碳排放）与经济增长之间呈“N”型关系；龙志和等（2011）在对中国区域二氧化碳排放因素实证研究中发现，全国与东部地区 EKC 曲线呈倒“N”型；赵爱文和李东（2012）基于 EKC 理论，采用中国人均碳排放和人均 GDP 的面板数据，对两者的关系进行了研究，发现两者之间呈“N”型关系，但 EKC 曲线微弱且不存在拐点；王士轩等

（2015）对中国碳排放与经济增长关系的研究都得出二者关系曲线呈“N”型的结论；杜雯翠和张平淡（2015）利用11个新兴经济体国家的面板数据，检验了新常态对经济增长与环境污染关系的影响，研究发现，新兴经济体国家的经济增长与环境污染之间呈倒“N”型关系。第三，也有学者认为二者关系不明确，如约卡等（Yorka et al.，2003）研究发现，人口与二氧化碳排放、能源消耗具有比例效应，即具有线性关系，富裕程度单调递增促进二氧化碳排放、能源消耗；兰茨（Lantz et al.，2006）基于加拿大1970～2000年的面板数据研究发现，人均GDP与二氧化碳排放无关；李国志和李宗植（2011）基于中国省域面板数据，对中国东、中、西三大区域的碳排放与经济增长之间的关系进行了研究，发现东、中部地区EKC曲线型即呈倒“U”型关系，而西部地区两者之间呈线性关系。这些结论说明，短期内，环境质量与经济增长之间的关系可能由于地区经济发达程度的差异、评价因子、数据积累年限和判定标准的不同而呈现不同的关系形式。为具体了解当前中国物流行业碳排放与经济增长的关系，同时由于本书采集的数据有限，本书将仅对短期内EKC曲线进行分析。

2. EKC曲线原理

美国经济学家格罗斯曼和克鲁格从规模效应、技术效应与结构效应三个方面分析了经济增长对环境质量的影响。

（1）规模效应。经济增长对环境质量的不利因素：经济的增长离不开生产资源的大量投入，从而引起了资源过度使用；另外，生产资源废弃物的非治理性大量排放造成了环境的承受负担。

（2）技术效应。在经济增长快速发展过程中，收入水平得到了提升，同时与所带来的环保技术、高科技产业息息相关。在资金扶持条件下，科研研发得到了重视，推动了技术创新，有利因素主要包括：首先，在其他外部因素不变的条件下，技术创新能够带动产业工作效益，改善及提高生产资源的利用效率，削弱了单位产出的投入成本，大大降低了经济发展对自然生态平衡的破坏；其次，净化清洁技术的创新性技术不断的开发并取代过去落后的生产技术，能够实现高效可持续性的循环利用生产资源，减小了单位产出的污染排放。

（3）结构效应。收入水平的动态变化直接决定着产出结构与投入结构的相互转换关系。经济发展阶段早期，经济结构进行了较大调整，从环境污染排放小的农业过渡，转向污染排放大的能源密集型重工业，到经济发展中后期，经济结构慢慢地向第三产业（服务业）及知识密集型产业倾斜，投入结构发生改变，污染排放水平得到控制，生态环境质量得到明显的提高。

规模效应对生态环境产生负效应，与此同时，技术效应和结构效应对生态环境产生正效应。在经济发展起步时期，规模效应占据主导地位，生产资源利用速度远远超出资源的再生速度，有害污染物大肆排放，环境生态平衡遭到破坏；随着经济发展的稳定，进入可持续发展时期，技术效应和结构效应占据主导地位，同时社会注重并加强了对生活质量的要求，加大了净化技术的研究力度，环境恶化得到有效控制和削弱。

二、EKC 曲线的一般方程式

在 1991 年美国经济学家格罗斯曼和克鲁格得出环境质量与人均收入之间呈倒“U”型关系的结论以后，很多学者开始对环境库兹涅茨曲线进行大量的研究，假设出很多 EKC 曲线方程。在众多方程中，二次方程模型最为简便，目前应用较多，因为此模型可以通过其二次项系数判断曲线特征。同时也有学者通过三次函数的形式对环境质量和经济发展的关系进行研究。研究中，很多学者都认为地理、人口密度、政策等都会对方程的形式造成影响：科尔·雷纳和贝茨（Cole Rayner and Bates，1997）在研究中，建立了包含贸易水平因素的方程模型；文森特（Vincent，1997）将人口密度因素纳入方程模型；迈德苏丹和迈克尔（Madhusudan and Michael，2001）将制度、政策引入方程。参数的不同致使方程有多种形式，其中研究较多的是对收入和碳排放水平关系的直接研究模型，其方程式见表 4－18。

表 4－18　　EKC 曲线一般计量模型

参数	方程形式	参考来源
收入(x)	$y_{it} = \beta_0 + \beta_1 x_{it} + \varepsilon_{it}$ $y_{it} = \beta_0 + \beta_1 x_{it} + \beta_2 x_{it}^2 + \varepsilon_{it}$	赫蒂、卢卡斯和惠勒 (Hettige, Lucas and Wheeler, 1992)
	$y_{it} = \beta_0 + \beta_1 x_{it} + \beta_2 x_{it}^2 + \beta_3 x_{it}^3 + \varepsilon_{it}$	罗斯曼(Rothman, 1998)
	$y_{it} = \beta_0 + \beta_1 \ln(x_{it}) + \varepsilon_{it}$	卡恩(Kahn, 1998)
	$y_{it} = \beta_0 + \beta_1 \ln(x_{it}) + \beta_2 \ln(x_{it})^2 + \varepsilon_{it}$	迈德苏丹(2001)

注：y 为排放量，β 为系数参数，ε 为随机误差项。

三、EKC 分析模型及其检验

1. EKC 分析模型

从环境库兹涅茨曲线可以看出，在经济发展初期，由于科技水平有限，污染排放较多，导致环境污染会随着人均收入水平的提高而变得更加严重。但随着科技水平的不断进步，达到一定拐点之后，环境质量会随着经济发展、人均收入水平的提高而逐步得到改善。由于 EKC 曲线的表达形式有很多种，应用较多的是二次多项式和三次多项式。二次多项式从形式上来看，相对倾向于倒“U”型理论，而三次多项式相对灵活，其结果既可以是倒“U”型，也可是线性或者“N”型等。由此，本书并未直接将中国物流业经济发展与环境污染之间的关系假定为倒“U”型，而是选取三次多项式来检验中国物流业环境库兹涅茨曲线。考虑到对数形式可以消除数据中的异方差，本书首先对变量进行自然对数变换，具体方程形式如下：

$$\ln PCO_{2t} = \beta_0 + \beta_1 \ln PLGDP_t + \beta_2 (\ln PLGDP_t)^2 + \beta_3 (\ln PLGDP)^3 + \varepsilon_t \tag{4.23}$$

其中，PCO_{2t}表示第 t 年的人均碳排放；$PLGDP_t$表示第 t 年的人均物流业增加值；ε_t为随机误差项；β_0表示截距，为常数；β_1、β_2、β_3表示 $LGDP_t$的一次、二次、三次项系数，该系数取值范围不同，对应模型反映的 EKC 曲线关系也不同，具体包括七种关系（见表 4－19）。

表 4－19　　　　EKC 曲线判定标准

序号	系数判定	CO_2与 $LGDP$ 曲线关系
1	$\beta_1=\beta_2=\beta_3$	无相关关系
2	$\beta_1>0, \beta_2=\beta_3=0$	单调递增
3	$\beta_1<0, \beta_2=\beta_3=0$	单调递减
4	$\beta_1>0, \beta_2<0, \beta_3=0$	倒“U”型曲线
5	$\beta_1<0, \beta_2>0, \beta_3=0$	“U”型曲线
6	$\beta_1>0, \beta_2<0, \beta_3>0$	“N”型曲线
7	$\beta_1<0, \beta_2>0, \beta_3<0$	倒“N”型曲线

2. 单位根及协整检验

为了避免出现伪回归现象，首先对序列 $\ln PCO_2$、$\ln PLGDP$、$(\ln PLGDP)^2$、$(\ln PLGDP)^3$的平稳性进行检验。只有通过平稳性检验的变量，才能进一步开展计量分析。下面采取 ADF 检验法对四组时间序列进行平稳性检验，检验结果见表 4－20。由表 4－20 得知，原序列 $\ln PCO_2$、$\ln PLGDP$、$(\ln PLGDP)^2$、$(\ln PLGDP)^3$为非平稳序列，其一阶差分序列为平稳序列，四组序列为一阶单整。

表 4-20　　ADF 单位根检验结果

检验序列	检验 t 统计量	显著水平	临界值	检验结果
$\ln PCO_2$	-1.071728	10%	-2.673459	不平稳
$\Delta\ln PCO_2$	-2.520430	5%	-1.964418	平稳
$\ln PLGDP$	-0.103688	10%	-2.666593	不平稳
$\Delta\ln PLGDP$	-4.260107	1%	-3.959148	平稳
$(\ln PLGDP)^2$	0.503472	10%	-2.666593	不平稳
$\Delta(\ln PLGDP)^2$	-4.084735	1%	-3.959148	平稳
$(\ln PLGDP)^3$	1.060324	10%	-2.666593	不平稳
$\Delta(\ln PLGDP)^3$	-3.674211	10%	-3.081002	平稳

注：Δ 代表变量的一阶差分。

在四组序列通过平稳性检验的前提下，由于四组序列具有相同的单整阶数，符合协整检验的要求。下面再对 $\ln PCO_2$、$\ln PLGDP$、$(\ln PLGDP)^2$、$(\ln PLGDP)^3$之间的协整关系进行检验，以避免在对物流业碳排放与经济增长进行回归时出现伪回归。在单位根检验基础之上，本书采用 Johansen 检验法对四组序列 $\ln PCO_2$、$\ln PLGDP$、$(\ln PLGDP)^2$、$(\ln PLGDP)^3$的协整关系进行检验，检验结果见表 4-21。

表 4-21　　Johansen 检验结果

特征根迹检验结果				
假设的协整量的个数	特征值	迹统计量	5%临界值	概率 P 值
没有*	0.842377	53.73490	47.85613	0.0127
至多 1 个	0.540888	24.17408	29.79707	0.1932
至多 2 个	0.487216	11.71870	15.49471	0.1709
至多 3 个	0.062480	1.032279	3.841466	0.3096
最大特征值检验结果				
假设的协整量的个数	特征值	最大特征值统计量	5%临界值	概率 P 值
没有*	0.842377	29.56082	27.58434	0.0275
至多 1 个	0.540888	12.45538	21.13162	0.5034
至多 2 个	0.487216	10.68642	14.26460	0.1706
至多 3 个	0.062480	1.032279	3.841466	0.3096

注：* 表示在 5% 的显著性水平下拒绝原假设。

由表4－21特征根迹检验结果得知，以检验水平0.05判断，在95%的置信水平上拒绝了“不存在协整关系”的原假设，由最大特征值检验结果在95%的置信水平上也拒绝了原假设。由此可以看出，迹统计量和最大特征值统计量的双重检验结果均表明，$\ln PCO_2$、$\ln PLGDP$、$(\ln PLGDP)^2$、$(\ln PLGDP)^3$之间存在协整关系，不会存在伪回归，可以进行回归分析。

3. 回归分析

如前所述，很多文献认为EKC曲线呈倒“U”型，但也有学者研究发现其呈“U”型、“N”型或者存在线性关系，两者关系并没有很明确的结论。EKC曲线的形状由于研究周期的长短、地区、行业、经济发展水平的不同而不同，环境质量及经济增长的关系可能会受地区或者行业数据的影响。为了确定1997～2014年中国物流业环境污染与经济增长之间的EKC曲线，下面通过EViews10.0软件对中国物流业碳排放与经济增长的函数模型（公式4.23）进行回归分析，对其EKC曲线进行验证。

本书对模型的回归分析中，分别根据一次型、二次型及三次型的系数显著性来决定使用几次型回归。不同函数形式下，中国物流业碳排放与物流业经济增长的估计结果见表4－22。

表4－22　　$\ln PCO_2$与$\ln LGDP$的模型估计结果

模型	c	$\ln(PLGDP)$	$\ln(PLGDP)^2$	$\ln(PLGDP)^3$	R^2	P值	DW值
模型一	6.36	−0.24			0.46	0.001	0.35
模型二	−8.98	4.27	−0.33		0.72	0.00	0.58
模型三	−142.95	63.45	−8.99	0.42	0.86	0.00	0.91

在5%显著水平下，样本$n=18$的DW分布的临界值为$d_L=1.13$，$d_U=1.38$，由于模型一、模型二、模型三的DW值都小于临界值下限1.13，所以模型一、模型二、模型三的残差序列都存在一阶自相关。因此，显著水平及拟合优度、F统计量都将不再可信。在模型一加入AR（1），根据DW值判断出加入AR（1）之后模型的序列相关得到修正；模型二加入AR（1）、AR（2）之后，模型的序列相关得到修正；模型三通过加入AR（1）之后，模型的序列相关得到修正。同时，可决系数、t统计量和F统计量也达到理想水平，修正后得到的回归结果见表4－23。

表 4-23　　$\ln CO_2$ 与 $\ln LGDP$ 的模型修正估计结果

模型	c	$\ln(PLGDP)$	$\ln(PLGDP)^2$	$\ln(PLGDP)^3$	$AR(n)$	R^2	P 值	DW
模型四	13.5	-1.08			$AR(1)$:0.91	0.91	0.00	1.24
模型五	23.88	-4.4	0.25		$AR(1)$:1.26 $AR(2)$: -0.36	0.93	0.00	1.63
模型六	-212.64	93.3	-13.24	0.62	$AR(3)$: -0.58	0.96	0.00	1.88

由表 4-23 得知，模型四、模型五、模型六的 DW 值都大于其 5% 显著水平临界值的上限值 $du=1.38$，且 $du<DW<4-DW$，说明已不存在自相关。表中 R^2 为可决系数，代表回归模型对样本观测值拟合优度的度量指标，R^2 值越大，说明拟合效果越好。根据可决系数 R^2 的值，模型六的 R^2 值 0.96 大于模型四和模型五的 0.91、0.93，同时，三个模型的显著水平都为 0.00，说明模型具有统计意义。因此，综合判断，三次回归模型拟合效果更好，同时，回归检验统计量中各参数在 0.05 的显著性水平下都通过了显著性检验。

由图 4-15 可知，各实际值与其估计值之间拟合差异较小，估计值的代表性较强，故模型拟合效果比较理想。

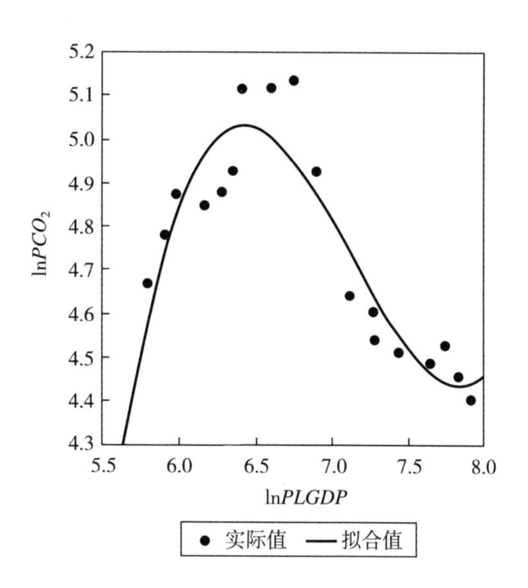

图 4-15　$\ln PCO_2$ 与 $\ln PLGDP$ 的拟合曲线

故建立如下的回归方程：

$$\ln PCO_{2t} = -212.64 + 93.3 \times \ln PLGDP_t - 13.24 \times (\ln PLGDP_t)^2 + 0.62 \times (\ln PLGDP)^3 - 0.58 \times AR(3) + \varepsilon_t \quad (4.24)$$

从上述回归方程的系数判断得到，$\beta_1>0$，$\beta_2<0$，$\beta_3>0$，因此，中国物流业碳排放与经济增长之间的关系曲线呈“N”型，见图4－15。从人均物流业增加值和人均碳排放拟合曲线来看，也证明其两者关系呈“N”型。同时，为验证其曲线是否存在拐点，对式（4.24）求导，得到：

$$(\ln CO_{2t})' = 93.31 - 26.48 \times \ln PLGDP_t + 1.86 \times (\ln PLGDP)^2 \quad (4.25)$$

$$\Delta = (-26.48)^2 - 4 \times 1.86 \times 93.31 = 33.3644 > 0 \quad (4.26)$$

由此可得，回归方程存在极大值点，即短期内“N”型曲线存在拐点。进一步对其进行数学求解，求得拐点处人均物流业增加值为5831.4415元。根据2010～2014年物流业平均增长速度进行预测，大约7年之后即2021年达到下一个拐点处。

在考察初期，随着物流经济的发展，碳排放不断增加；在考察后期，随着技术水平的提高、产业结构的调整、国家环境管制政策等因素的影响，2005年前后碳排放增速又有所下降。但由于中国整体上还处于快速发展的工业化时期，加上近些年能源产能过剩严重，导致能源价格大幅下跌，廉价的能源供给反过来也诱使能源消费量增加了，进而导致碳排放增速继续上升。在各种因素的综合影响下，短期内EKC曲线出现波动，以至于在短期内会出现多个拐点。目前，中国物流业碳排放呈上升趋势，说明当前还没有进入成熟的工业化阶段，没有达到长期EKC曲线的最大拐点处，中国物流业的人均碳排放还会持续上升。短期内下一个拐点在2021年前后到来，我们应通过产业结构的优化、技术水平的提高、能源消费结构的优化、环境管制政策等措施争取降低下一个极值点的值或者促使下一个拐点的提前到来，进而使长期EKC曲线的最大拐点提前到来，早日步入环境改善阶段。

第五章　环境管制背景下物流企业的环境技术创新研究

本书对 1995 ~ 2014 年中国物流业的碳排放进行了测算，无论是基于 IPCC 的直接能耗法还是基于投入产出表的完全能耗法，测算结果均表明，中国物流业碳排放量持续增加。物流业碳排放与经济增长以及物流业碳排放趋势的预测结果进一步显示，经济增长是造成碳排放增加的重要原因，且物流业碳排放尚未达到最高峰。这些事实表明，物流业经济发展方式仍然是粗放式的，随着物流业需求的增加，物流业碳排放还会持续增长，因此必须高度重视中国物流业的碳减排问题，要确实采取措施推动物流业向低碳化方向发展。

结合现有成果来看，国内外关于物流业低碳化发展路径多集中在加强法律法规、改变交通运输工具和优化运输线路、调整能源结构和提高能源利用效率等方面，相关研究成果为政府在宏观层面加强体制改革和政策创新提供了很好的建议。但是，对作为微观层面的企业如何进行低碳化发展却始终没有具有针对性的建议，这也是现有研究的薄弱之处。本书认为，一项政策成功与否，不仅表现在政策的设计要完美，更重要的是，该政策的执行成本相对较低，因此，路径研究必须兼顾各方利益才能实现这一目标。

第一节　物流企业环境技术创新的国内外研究现状

物流行业作为国民经济的重要组成部分，在为国民经济发展和人民生活水平提高做出贡献的同时，也造成了大量的环境污染。尤其是在当前物流业飞速发展的阶段，发展低碳物流、绿色物流已经成为政界、商界和学术界共同商讨的话题之一。在这一背景下，围绕物流企业的低碳化、加快推进物流企业的环境技术创新等方面的研究成果不断涌现，而且低碳物流与物流企业的环境技术创新一脉相承，相互渗透和融合（胡彩霞，2014）。

一、环境技术创新的概念和内涵分析

“创新”一词大家并不陌生，哲学、社会学和经济学等不同学科对创新一词的理解并不完全相同。例如，社会学认为，创新是人们用已掌握的信息打破陈旧的思维定式而创造出来的具有价值的、独特的新物品或新思想的行为；经济学上的创新是指，通过人类的发明与创造，产生新产品、新工艺、新要素、新模式，甚至发现新的市场，引入新的组织、新的制度等都可以称为创新。由此可见，创新一词范围非常广泛，本书所指的创新，是指经济学意义上的创新含义。

在经济学上的“创新”一词，最早是由美籍经济学家约瑟夫·熊彼特在1912年出版的《经济发展概论》中提出的。熊彼特指出，创新是将一种新的生产要素和新的生产条件相结合的“新体系”引入到生产体系中。20世纪60年代，新技术爆发的革命来势迅猛，经济学家华尔特·罗斯托将“创新”这一概念演变成了“技术创新”，从而提高到了“创新”的主导地位。

环境技术（environment technology，ET）既是一种方法，又是一门科学，既指能节约或保护能源和自然资源、减少人类活动产生的环境负荷的方法，也指研究人类所赖以生存的环境质量及其保护与改善的一门科学。环境技术和其他技术一样，包括硬、软两方面的技术：硬件技术是指治理环境的相关设备和技术，如污染治理设备、环境监控设备，以及清洁生产技术等；软件技术是指保护环境的相关管理工作和活动等。从广义上来说，环境技术就是指有利于维持清洁环境这一公共物品、从污染末端控制到能源替代的一系列技术。

环境技术创新的概念是在技术创新概念的基础上演化发展而来的。随着经济的持续快速发展，城市进程和工业化程度的不断深入，环境污染日益严重，环境负效应越来越显著，环境技术创新的概念也应运而生。环境技术创新具有一定的经济意义：环境技术创新是指，将环境外部不经济性内在化的有效技术手段之一，通过环境技术创新来降低边际生产成本和边际社会成本，从而提高经济效益和社会效益。

环境技术创新的发展历程最早可以追溯到20世纪60年代，当时提出的是“末端技术”，主要特征是关注污染的去除与资源化，是对传统创新的一种突破。1989年，英国著名学者皮尔斯等在《蓝皮书：绿色经济》（*Blueprint for a Green Economy*）中，首创“绿色经济”这一概念，这种经济形式以能够实现可持续发展为其定义，与工业化和城镇化时采用的“黑色经济”概念针锋相对，其意图是协调并促进资源、环境、经济、社会四个方面的发展。克劳奈维根和韦格拉格特（Groenewegen and Vergragt，1991）、赫伯特－科普利（Herbert-Copley，1992）等是国外最早提出“环境技术创新”这一概念的学者，布朗和沃尔德（Brawn and Wield，1994）是首次提出“绿色技术”这一概念的学者，他们都不再局限于传统技术创新，而是聚焦生态环境相关技术的系统整合，强调了技术创新对经济和社会可持续发展的重要意义。此后，环境技术创新、绿色技术创新的概念在主流的管理学期刊中开始使用，例如，詹姆斯（James，2006）认为，环境创新是这样一种新的生产过程及产出，它既能够大幅减小对环境的负面影响，同时兼顾为消费者和经营个体提供价值。经济合作与发展组织（Organization for Economic Co-operation and Development，OECD，2008）则指出了环境技术创新包括的范围，即一切朝着环境改善的方向、可以对环境具有正向作用的创新都包含在内。日本产业科技政策委员会把绿色创新定义为，技术社会创新的新领域，更关注环保和人类发展，而非生产能力（张天悦，2014）。林和曾（Lin and Tseng，2012）也阐述了类似的观点，他们把绿色创新分为绿色产品、工艺、管理和技术四种创新。希德里格（Schiederig，2012）等对1990～2012年内的8500多篇文献进行了检索和定性定量分析，对环境技术创新、绿色创新等相关概念进行解读研究。结果表明，2000年以前鲜有相关研究，从2005年开始，这些概念被频繁使用和研究。兰皮科斯基（Lampikoski，2014）等认为，绿色创新是一种通过对产品和市场、技术和生产流程、组织办法、管理实践，以及社会制度结构等进行革新，从而达到保护环境、促进企业竞争力提升的创新。

在国内，许健和吕永龙（1999）从环境技术的“硬技术”方面，即企业生产设备、生产方法与规模、产品设计等能够节约或保护资源的角度，对环境技术创新含义进行了解释。刘慧和陈光（2004）分析了绿色技术创新的含义和特点，认为企业进行绿色技术创新是贯彻科学发展观和可持续发展政策的具体表现，是企业长远发展的必由之路。他们认为，企业既是促进市场经济发展的微观个体，也是实现可持续发展的微观个体，进行绿色技术创新是建立绿色企业不可或缺的一部分。沈斌和冯勤（2004）也从“硬技术”方面解释环境技术创新，他们把环境技术创新定义为一个保护自然资源、减少污染物排放、降低能耗的新产品或新工艺的从设想到生产再到市场应用的完整过程。王镜宇（2005）认为，环境技术创新是解决环境污染的根本手段，环境技术创新在各个阶段中的创新应把生态学原理和生态经济规律融合在一起，协调经济发展与生态环境两个大方向，因此，传统的技术创新正在被环境技术创新取代，环境技术创新正在成为可持续发展战略目标下企业创新研究的新方向。黄健（2008）从提高企业经济绩效和保护环境两个角度出发对环境技术创新做出了系统的定义，认为企业环境技术创新是企业在生产物品及其工艺设计、原料选择、废弃物处理和产品销售等所有环节中，从降低污染排放和提高企业经济绩效两方面着手实施的一切创新。戴鸿轶和柳卸林（2009）理清了国内外有关环境创新的概念，认为“绿色”显得意义含糊，因此突出强调了“环境创新”的概念。

综上所述，环境技术创新在国内外有着很多相近的概念，譬如环境技术、绿色技术创新、生态技术创新等，由于这些概念都是指与环境保护相关的技术创新，因此，本书将这些概念的相关研究成果一并进行了梳理。概括起来，环境技术创新具有以下特点：一是环境技术创新的动机应是降低对生态环境造成的影响；二是环境技术创新的阶段应是全生命周期的；三是环境技术创新的层次一般是针对企业层面规定创新或者绿色标准；四是环境技术创新的对象主要是产品、服务、过程和方法等；五是环境技术的效应是最大限度降低对环境的负面影响，甚至完全消除；六是在市场定位中环境技术创新能满足消费者或市场竞争的需求。

二、企业环境技术创新的研究现状

1. 环境技术创新对企业经济活动的影响

环境技术创新对企业经济活动的影响研究是多方面的，影响也是非常复杂的。下面主要从环境技术创新对企业经济绩效、企业竞争力和可持续发展两个方面进行归纳总结。

首先，环境技术创新对企业经济绩效的影响。国内外学者对此开展了大量的研究工作。吉塞蒂和露宁斯（Ghisetti and Rennings，2014）基于对德国企业的调查研究，定量评估了企业环境技术创新的经济绩效，他们在研究中使用了减少二氧化碳排放，减少空气、土壤、噪声、水污染，以及降低单位产出所需的能源和材料成本等 9 项指标，并将其分为“外部性减少型创新”与“能源和资源有效型创新”两类环境技术创新。但是，学者们关于环境技术创新和企业经济绩效的关系仍然存在观点分歧。威利和惠塞德（Walley and Whiethead，1994）从古典经济学出发，得出环境技术创新与企业竞争力相冲突的结论，并对生产率产生负面影响。其原因是，企业追求环境绩效将会产生额外的成本从而使得企业的生产经营成本增加、利润降低。而修正学派的波特和林德（Porter and Linde，1995）等认为，环境技术创新可以改善环境绩效，提高企业的生产运行效率，并节约成本，最终提升企业的竞争优势。因此，主动进行环境技术创新的公司反而会更早地取得环保许可，进入市场，占据先发优势。拉索和福茨（Russo and Fouts，1997）基于对芬兰的调查研究，认为环境绩效和经济绩效是正相关的，行业增长率对这种相关关系具有一定的调节作用，高增长行业的环境绩效的回报率更高。莎玛和弗里登堡（Sharma and Vredenburg，2015）采用两阶段模型分析了积极的企业环境战略和具有竞争力的组织能力之间的关系。第一阶段模型研究得出，企业内部资源会对企业环境战略反应产生影响；第二阶段模型研究发现，主动采取环境战略应对污染问题的企业往往具有独特的组织能力，这种组织能力正是企业的竞争力。

其次，环境技术创新对企业竞争力和可持续发展的影响。哈特（Hart，1995）的研究表明，企业严格遵守当地的排放标准进行“三废”排放时，如果通过实施绿色创新战略，可以从成本上降低规制遵守的代价，形成竞争成本优势。波特（1995）同时发现，如果想要降低成本，提供和其他企业不同的产品，形成竞争的成本优势或者产品差异化优势，就需要提高资源生产率、进行流程优化并创新产品本身。他还指出，通过实施环境技术创新战略，企业能够把污染废物转化为可销售产品，创造额外收益，形成竞争优势。埃亚达和凯莉（Eiadat and Kelly，2008）指出，企业通过环境技术创新战略收获的环保上的口碑和声誉，可以转化为与同行竞争时的一种优势。贝赫特和拉蒂夫（Bekhet and Latif，2018）基于马来西亚1985~2015年的大量数据研究表明，从长远来看，技术创新与治理机构质量的互动，显著促进了马来西亚的经济可持续发展，因此环境技术创新对于企业可持续发展和竞争优势的形成有显著的积极影响。

在环境技术创新战略如何影响企业的竞争优势方面，国内外学者也进行了大量案例分析，这些研究工作得到的基本结论是：欲使得企业在经济和环境上双获利，则可以执行环境技术创新战略。什里瓦斯塔瓦（Shrivastava，1995）对该机理进行了研究，他探讨了环境技术创新战略的实施究竟如何从根本上对企业的环境绩效以及经济收益产生影响。他发现，在全方位的企业环境质量管理提升经济收益的过程中，存在一个中继——额外获得的环境绩效，它可以间接地去扩大企业的经济收益，而不仅是由被采取的环境技术创新战略直接去提升企业的经济绩效。埃亚达等（Eiadat et al.，2008）把环境绩效和经济绩效独立区分后研究表明，若能够在运营中执行环境技术创新战略，各类企业就可以在提高经济绩效的同时，也获得良好的环境绩效。乔等（Joo et al.，2018）指出，多数私营企业认为环境保护应该是政府而不是企业的职责，但基于韩国制造业的实证研究显示，企业主动开展环境技术创新战略后，企业环境绩效和出口绩效都得到了很大提升，这为现代生态理论和制度理论提供了有力支撑。

2. 企业环境技术创新的影响因素

在国外，关于企业环境技术创新的影响因素研究最初主要集中在企业的科学研究与试验发展（research and development，R&D）上。韦恩和鲁姆（Winn and Roome，2010）总结归纳了1972～1993年环境技术管理与开发方面的文献，发现其中有不到十篇的文章涉及有关环境的问题，而且这些问题主要是围绕能源利用和废物管理方面的研究。因此，涉足环境研究与开发领域的学者尚少，并且也多集中在环境工具的研究上，具有战略性的研究则不多见。例如，唐宁和金博尔（Downing and Kimball，1983）认为，企业管理者对企业环境形象的关心对企业环境行为有正面影响。而帕加尔和惠勒（Pargal and Wheeler，1996）却有着另外的见解，他们认为企业的规模是企业改善其行为的一个主要的决定性因素，企业规模与企业采用环境技术的可能性成正比。还有学者如斯坦威克（Stanwick，1998）等人研究了企业经营状况是否会对企业节能减排造成不同的影响。他们通过对120多家不同行业的企业进行调查研究后发现，企业经营的良好和企业积极地进行污染治理之间没有必然的联系，也就是说，企业财务状况好并不一定就会采取积极主动的环保行为。坎普（Kemp et al.，2002）看来，对绿色创新这一行为绩效的评价，重在其能否在可持续竞争方面让企业占据上风。沃尔德曼和西格尔（Waldman and Siegel，2008）研究了企业的领导人和决策者对环境技术创新的影响，他们认为，在企业主动做出社会责任的决策并且进行活动的过程中，企业的领导人和决策者的角色是一个非常重要的公关角色。

在国内，马小明和张立勋（2002）认为，企业开发和利用资源导致了环境污染，之后再对环境污染进行补偿，所以说企业在环境技术创新中的重要地位是显而易见的；并且在环保投资时，企业决策者不同的偏好主要受到两方面的影响，即决策者自身环保意识和决策者所在企业的经济状况。杜晶和朱方伟（2010）指出，决策的有限理性是现有理论对企业环境创新解释不足的重要原因。在分析总结了环境技术创新采纳的特点和比较了传统决策和行为决策理论的发展之后，他们以文献研究和调查研究相结合的方法，提取了影响企业环境技术创新的主要理性变量和行为变量，在环境技术创新行为决策领域开辟了新的视角。而孟庆峰等（2010）提出将计算实验和综合集成方法引入企业环境行为影响因素的研究中，综合运用多种综合集成方法更有助于解释企业的环境技术创新行为。

企业外部的利益相关者和竞争对手等也会影响企业的环境技术创新。克拉弗等（Claver et al.，2007）研究发现，预防阶段的环境技术创新能够带来比末端治理更强的环境绩效，同时利益相关者的施压，会迫使企业在经营过程中考虑更多的环境因素。聂晓文（2010）将生态补偿过程中的相关利益主体作为对象，进行博弈行为分析，并以此为抓手研究建立生态补偿长效运行机制中应注意的问题和解决途径。此外，刘燕娜等（2011）利用多元线性回归法和单因素方差分析法，对企业环境管理行为决策的影响因素进行了实证研究。研究结果表明，企业环境管理行为决策的影响因素主要有企业的所有制形式、行业污染的程度、企业经营的规模等；企业所处的自然环境、实施的绩效管理，以及资产周转率等因素对企业环境管理行为的实施没有明显的影响。环境创新和中国资源的可持续发展有着不可分割的关系，范群林、邵云飞、唐小我（2011）探讨了企业环境创新的动力，认为环境不仅影响产业的市场需求，还会对企业的竞争力带来一定的影响，企业的竞争力来自企业的创新行为，现代企业以发展的眼光在日益激烈的竞争中谋求长足的发展，离不开生态、经济和社会三者的可持续作用与三者所在系统的协调发展，因此，融合环境与技术的环境创新将会带来经济和环境作为有机整体的“双赢”。

3. 政府在环境技术创新方面的作用

在国外，波特和林德（1995）等学者的研究使环境管制逐渐被提上日程。他们认为在其他条件不变的情况下，如果使企业进行有成本的污染，这将会导致企业对创新活动增加投入。他们通过实证研究证实，大型企业回应政府的环境管制不是改变投入品或者降低总产量，而是更倾向于使用技术创新，因此，影响企业环境技术创新的一大不容置疑的因素非环境管制莫属。到了21世纪，蒙塔尔沃（Montalvo，2002）对环境政策工具进行了分析比较，目的是看哪种政策工具对企业环境研发的激励效果比较好。他们通过对比一系列环境政策工具发现，相比于许可型的政策，标准型的政策对企业的激励效果更好一些。罗森·达尔（Rosen Dahl，2004）从学习效应和技术外溢这两个方面进行研究，结论是基于自主创新的污染治理相比于学习效应的污染治理应征收比较低的税费。因此，他认为环境管制具有弹性对企业环境技术创新的激励效果更好。

在国内，吕永龙、许健和胥树凡（2000）在对社会大规模调查结果统计分析的基础上提出了促进中国环境技术创新的政策建议，他们具体分析了企业环境技术创新的驱动因素和限制因素，并且归纳总结了发达国家在这方面的优惠政策，其文章在企业环境技术创新领域中有着较大的影响。吕永龙和梁丹（2003）认为，利用政策上的收费（如排污收费、排污权交易）等经济政策手段对企业将有所影响，同时对企业技术创新具有持续的激励作用；但是命令控制式的政策法规只具有一次性的刺激效果。因此，他们主张将命令控制与环境经济政策相结合的环境政策法规使用到企业中。另外，王玉婧（2008）认为，在国际环境壁垒日益盛行的今天，实施环境技术创新是突破“瓶颈”和实现可持续发展的关键所在，针对中国出口企业所面临的越来越严峻的环境标准，应该站在可持续发展的高度，进行理性的分析。因此，她提出实施环境技术创新的关键是从政府制度的制定和企业内部的生产模式这两个大方面入手。孙亚梅、吕永龙等（2008）认为企业规模对环境技术创新有一定的影响，提出在构建环境技术创新体系时，尤其需要加强对大中型企业环境技术创新的支持力度，发挥其规模效应。近几年来，不论是在学术上还是在实践上，人们对环境管制、企业环境战略与环境技术创新等问题都给予了很大的关注，但是环境管制局限于宏观制度层面，企业环境战略与环境技术创新关联着企业自身、政策法规和公众，因此，两者是可以结合为一个有机整体的。据此，李云雁（2009）研究了企业内部应对环境管制与技术创新战略的决策行为，尝试在经济与环保两手抓的情况下实现环境管制—企业环境战略—环境技术创新行为的友好互动；同时，他还认为环境技术创新实现机制不仅取决于企业内部的微观机制，环境的外部性和社会性也不能置之不理。在政策建议方面，孙宁和蒋国华等（2010）从技术的规范、评价制度和推广等方面提出了建议。

政府干预企业环境技术创新的出发点还来源于环境技术创新的双重外部性特征。雷宁斯（Rennings，2000）指出，环境技术创新的“双重外部性”特征在生产（production）环节和扩散（diffusion）环节都存在，即生产和扩散两个方面都产生溢出效应（spillover effect，SE），而在扩散环节的溢出效应可减小外部环境（external environment）的成本。因此，与其他创新不同，环境技术创新可以由内化组织对周遭环境产生正向的溢出效应，进而在经济收益和环境绩效上“双获利”。不过，由于大多数的环境问题都意味着负外部性，此类“外部性”很可能会妨碍企业等经济实体进行环境技术创新的意愿。因为，对于创新者来说，只有创新活动能够创造收益时才有意义，环境技术创新的溢出效应决定了创新者并不能获得所有或者大部分进行环境技术创新带来的社会收益。因此，环境技术创新的先天市场供给不足为政府干预环境技术创新提供了必要的理由。

从全球范围看，在环境技术创新的溢出效应也发生在发达国家和发展中国家之间。维格列（Veugelers，2016）研究了发达国家的环境技术创新对发展中国家的扩散性。他指出，在发达国家单方面的政府干预可以打开发达国家世界的环境技术创新，这将反过来允许发展中国家采用更清洁的技术，发达国家对发展中国家的创新溢出效应越大，发展中国家实施清洁技术而非污染性技术的积极性就越高。因此，即使在发展中国家不采取行动的情况下，发达国家也可以根据清洁技术的扩散性进行政策干预。他还研究了不同政策工具对于环境技术创新的影响，认为对环境技术创新而言，政府干预越早越好，推迟干预的代价将会更高；干预时的政策工具具有互补性，建议政府应该混合使用，混合政策工具的干预效果好于单一政策工具的效果。

综合上述文献可以发现，国内外学者对企业环境技术创新实现机制的研究主要有两大类。一是对企业自身方面的，即对企业决策者的决策分析，它包括两方面的决策分析，工具性分析和行为性分析：工具性分析侧重于从国内的环境管制政策和国际间的国际贸易壁垒等两方面，客观分析企业实施环境技术创新的决策机理；而基于行为性的分析研究则处于新兴阶段，涉足的学者比较有限。二是对国家政策方面的，即对环境技术创新政策体系的构建和完善，以及政策工具的完善和使用等的研究。国内外学者一致认为，政府所采取的措施对企业成功实施环境技术创新是很重要的动力因素，单凭企业自身的力量是不够的。虽然也有学者谈及企业的利益相关者或竞争对手对企业环境技术创新的影响，但相关研究未能揭示深层次的原因和作用路径，因而对指导企业如何开展环境技术创新缺乏可操作的具体建议。

三、物流企业环境技术创新的研究现状

当今世界，气候变暖正威胁着人类的生存和发展，而造成全球变暖的罪魁祸首就是碳排放量过量，“低碳经济”就是在此情况下提出的。国外学者科特勒和阿姆斯特朗等（Kotler and Armstrong et al.，2000）强调了碳排放对环境影响的严重性，并且将20世纪90年代确定为“地球十年”。学者法比安（Fabian，2000）认为，物流链上的企业自身，以及其合作伙伴、合作供应商、配送通道等都是具有环境责任的，消费品最后的处理方式是否得当，也会对环境产生很大的影响。墨菲等（Murphy et al.，2013）基于大量的调查研究，实证分析了面对资源枯竭、废物处理等环境问题时

的物流管理者的管理风格变化，以及物流供应链上的生产商和销售商如何根据环境政策变化做出物流管理反应，得出结论：通过政府出台的制度和法规对物流造成的环境污染进行控制，低碳物流会更加有活力地开展起来。

国内学者也主张，中国走低碳经济道路的主要途径就是进行政策体制创新和环境技术创新。针对物流业高污染、高排放的特点，中国学者提出了很多有针对性的建议。叶蕾等（2009）分析了国外发达国家的物流业实行节能减排的具体措施，并与国内的相关政策进行对比，然后基于中国的具体国情提出了有关政策建议，主要是进行体制创新和技术更新，提高物流行业的整体竞争力。于杨（2018）分析了日本低碳物流业的崛起，发现日本解决环境压力的有效途径主要是以政策的扶持和制约为保障，最终使自身成功实现了依靠技术支撑的产业转型，日本的这一做法对中国有一定的启示和借鉴价值。段向云（2014）从物流与低碳经济着手分析认为，发展现代物流业是中国走低碳经济道路的重要支撑，在低碳经济趋势下针对中国物流业现状提出了相应的激励政策、节能减排的技术创新和推广建议。陶经辉和郭小伟（2018）从区域产业协同发展的角度提出，加强物流园区和产业园区的协同选址考虑，有利于实现总成本最低、废弃排放最少和区域产业竞争力最优的效果。

总之，以美国和欧盟为代表的发达国家和地区，普遍比较重视低碳物流的发展，很多企业也愿意开展低碳创新，并为此承担一些相关费用，最终形成了企业新的竞争优势，进而在国际舞台上制定新的商业规则。在国内，物流行业对于低碳发展的重视程度显然还不够，原因在于低碳化发展对企业的成本控制、管理制度等都提出了比较高的要求，国内的中小企业普遍力不从心。此外，不管是国内还是国外，学者们围绕低碳物流发展提出的建议大部分集中在法律和政策方面，并且没有在环境技术创新方面提出具体的建议，针对环境技术创新的路径研究还比较欠缺，急需深入开展。

四、中国物流企业开展环境技术创新的必要性

首先从企业类型、行业属性、市场结构、环境影响、发展趋势五个方面对中国物流企业的发展特征进行分析。

从企业类型来看，基于企业规模和业务范围的差别，现代物流企业可以分为功能型物流企业、综合型物流企业、信息型物流企业。功能型物流企业主要是指发展规模较小，只能提供仓储或运输等有限服务的物流企

业；综合型物流企业是指已经具有一定的规模，能够提供完善的物流服务的企业；信息型物流企业也是近些年来逐渐兴起的物流企业类型，主要为客户提供物流系统规划、信息咨询、供应链管理等活动，企业本身并不提供运输、仓储、配送等具体的物流服务。从物流形态的角度来划分，功能型物流企业和综合型物流企业都属于第三方物流，而信息型物流企业则属于第四方物流。从市场份额来看，中国第三方物流企业正处于高速发展的阶段，市场份额快速增加，已经逐渐成为物流行业的主力军，而第四方物流则刚刚起步。所以本书的主要研究对象也就是专业化的综合型第三方物流企业。

从行业属性来看，物流业属于服务型行业，物流企业主要通过对物流活动的组织与经营来获取经济收益，相较于其他行业，物流企业的产品就是服务。无论是只能提供某些特定物流业务的小型功能型物流企业，还是具有一定规模、功能相对完善的综合型物流企业，或是提供物流信息服务的信息型物流企业，其实质都是通过提供物流服务来满足客户的物流需求。因此，提供高质量、高效率和个性化的物流服务就是物流企业市场竞争的关键，也是提升物流企业服务满意度和顾客忠诚度的根本所在。

从市场结构来看，中国国内物流企业所属的竞争市场基本属于完全竞争的市场。从市场供给侧来看，物流行业市场信息相对透明，市场完全开放，企业之间的竞争十分激烈，在服务水平相差不大的情况下，为争夺有限的市场，物流企业间的价格大战时有发生。从市场需求侧来看，消费者有着完全的自主选择权，企业的形象口碑对客户的消费选择有很大的影响，这种影响特别是在专业化的第三方零担物流企业和快递企业之间表现得更为突出。从市场竞争方式来看，价格竞争是最主要的竞争方式，因此，以低价吸引消费者也是中小物流企业常用的竞争策略之一。虽然低价策略在短期内可以提升物流企业的业绩水平，但是长远来看低价策略并不能长久地提升企业的竞争力，低价策略下企业的利润空间受到进一步压缩，并不能为企业的发展壮大提供足够的资金支持。相比之下，中小物流企业很难形成自己的非价格竞争优势，如质量竞争、差异化竞争和集中优势竞争。随着市场竞争的加剧，企业竞争战略正在逐渐转向非价格竞争，毕竟提升企业的综合竞争力才是企业实现可持续发展的根本途径。

从环境影响角度来看，物流企业是化石能源消耗大户，物流企业的运营过程带来了巨大的碳排放。据中国环境部门统计资料显示，中国物流企业在运作过程中产生的碳排放量仅次于钢铁、化工、建材等重型工业生产企业，在物流行业快速发展的背景下，物流企业的碳排放增长速度也远远高于其他行业。目前，世界范围内对物流企业的环境管制也主要集中在物流碳减排这个方面，包括英国、挪威、美国、加拿大、新西兰在内的18个国家和地区已经出台了较为清晰的碳税征收政策。其中，欧盟各国已经走在了碳排放管制的最前端，欧盟通过建立碳排放交易制度，运用市场机制激励物流企业参与碳减排。这些发达国家的做法对中国的环境管制政策设计有很大的启发，中国相应的环境管制政策也在紧锣密鼓的制定之中。

从发展趋势来看，自进入21世纪以来，中国物流行业发展突飞猛进，取得了举世瞩目的成绩，但从整体来看，物流行业发展不均衡的现象也很明显。中国物流企业虽然总体数量巨大，但中小型民营物流企业却占据了很大比例，且大多数中小民营物流企业发展较为粗犷，运作效率偏低，资源浪费严重，企业竞争力偏弱。环境管制政策的实施将间接促进物流企业之间的整顿合并，一方面，低碳时代缺乏竞争、发展落后、污染严重的物流企业必然遭到淘汰，环境成本控制力强的物流企业则迎来了一个良好的发展机遇，物流行业中的优胜劣汰正在进行；另一方面，环境管制政策的实施也在一定程度上加快了物流行业规模化发展与转型升级的步伐，促进了中国物流企业国际竞争力的提升。总而言之，低碳时代的物流企业，机遇与挑战共存。

可持续发展是中国的战略目标，在中国的五年规划中都有充分的体现。“十二五”规划中纳入了减排方针，并明确提出，到2020年中国将二氧化碳排放量在2005年的基础上下降40%～45%。从宏观上说，这标志着中国将调整经济结构走低碳经济道路；从微观上说，还标志着中国从企业到个人、从政府到公众都是这一场革命的主人翁。物流业是生产型服务业，是中国国民经济的重要组成部分，也是国家新兴产业中唯一一个非制造业行业，物流行业的未来发展，也必须走低碳化道路，对外要提供绿色物流服务，对内要进行企业环境技术创新。

低碳物流既是物流行业实现可持续发展的必然选择，也是物流企业参与市场竞争的内在要求，本书将发展低碳物流的重要性和必然性概括为以下几点。首先，低碳物流代表着资源利用率更加高效、物流经济活动对环境的扰动更加微弱、人与自然的关系更加和谐，这正是人类社会共同追求的可持续发展目标，因此，发展低碳物流与人类命运共同体建设一脉相承。其次，低碳物流旨在实现从生产到消费、从原材料到废弃物的全过程、全周期的环境管理，这与当前企业社会责任认证所提倡的全生命周期的资源环境管理是完全一致的，因此，发展低碳物流是物流企业积极承担社会责任的必然选择。最后，发展低碳物流意味着在物流链上的信息流、资金流、物质流以及人流可以实现最优化的组织与管理，这些都离不开信息技术、智能技术和网络技术等科技进步的共同支撑，因此，发展低碳物流符合科技进步的发展趋势，是信息时代和智能时代在物流业领域的具体应用，是物流行业适者生存的必然规律。

第二节 物流企业环境技术创新的理论基础

站在经济学的角度上看，生态环境的破坏和污染主要是因为缺乏环境资源的产权制度，以及人们利用环境资源时，社会、个体二者之间的贴现率不同步。经济学上非常著名的“公共地悲剧”，指的就是在利用河流、林地和草地等公用资源的过程中，产权制度不完善导致的河流干涸和土地荒漠化的环境污染与破坏现象。而社会、个体二者间的贴现率不同步，会导致企业决策者在没有考虑可持续发展的情况下，只用短浅的眼光关注直接的经济效果。

自古以来，水、空气等被大家看作取之不尽、用之不竭的“大自然的馈赠”，而且我们学习的自然知识告诉我们大自然有其“自净”功能，在一定程度上企业对环境造成污染之后也不用付出任何代价。但是今日不同往昔，那种经济发展方式在人口不多、生产规模不大的年代，对自然和社会的影响是有限的。如今，人口膨胀、工业化生产，企业数量和生产规模都呈几何级数扩大，所以，从自然界获取的资源量和频次就打破了往日的平衡，严重超过了自然界自身的再生速率，排放的污染物和废弃物严重超出了环境的自净能力，从而导致环境污染与生态破坏的问题层出不穷。

一、环境经济学理论

当人类活动产生的生活垃圾和工业垃圾排放量超过环境容量时，为了保证环境质量，投入的劳动就越来越多。另外，保障环境资源的可持续利用的一个最有效法则就是使经济的外部性内在化，实行环境资源的有偿使用，如已在中国多省市开展的排污权交易制度。因此，要协调经济发展和环境保护二者间的关系，就要将保护和改善环境摆在社会经济发展的重要地位，从经济体制、行政管理以及教育宣传等方面共同着手，共同对环境进行管理。其中，经济手段主要是通过税收、排污收费、财政补贴等经济杠杆来调节或维护经济发展与环境保护之间的关系，建立健全国家环境保护、建设生态文明的政策体系。如最近兴起的排污权交易制度和碳排放权交易制度，就是将企业的污染治理与经济效益相结合的一种基于市场的环境经济政策，在国内外取得了不错的效果。李创（2013）提出实施排污权交易的目的主要是削减排污量，建议尽快建立和完善符合中国国情的、以政府和企业为主体的排污权交易制度，建立起配套的财税激励政策，以促进排污权交易制度在中国的推广和应用。因此，环境经济学的不断发展不但为低碳经济打下了坚实的理论基础，而且为节能减排相关政策的制定提供了分析手段和理论指导。对于环境经济学理论，下面主要从外部性理论、环境公共物品理论、循环经济理论和环境价值理论四个方面展开论述。

1. 外部性理论

外部性是一个经济学名词，又称为溢出效应或外差效应，是指市场双方交易产生的福利超出原先市场的范围，给市场外的其他人带来的影响。也就是说，一个个体或组织的行动和决策对另一个个体或组织造成的积极或消极影响。由此可见，外部性又可分为正外部性和负外部性两种情况。正外部性是行动者使市场外的人无须花费任何代价就可以增加福利的外部性；负外部性是行动者不用承担任何成本就给市场外的人带来损失的外部性。与之相对应，环境外部性也包括两类：外部经济性和外部不经济性。外部经济性是指一个组织的经济活动给环境带来了良好的影响，像植树造林、治理大气污染等。相反，外部不经济性是指一个组织的经济活动给环境带来了不好的影响，如对森林的滥伐、污水的不适当排放、草原的过度放牧等。当外部经济性出现时，企业就会考虑其成本问题，因此，理性的经纪人会减少该生产活动的资源投入，进而有可能导致其产出严重不足。当外部不经济性出现时，企业考虑到其经营的营利性本质，该生产活动的产出就会过剩。所以，不管是环境的外部经济性还是外部不经济性，从整个经济学的角度看，都会改变资源的最佳配置状况，都会导致市场失灵。

外部性的解决途径大致有以下几种：一是对外部不经济性的生产活动进行收费或者征税；二是采取企业合并的办法，将外部性问题内部化；三是界定清晰的产权，将环境公共物品问题转化为私有产品问题，进而通过市场机制来解决。

2. 环境公共物品理论

公共物品理论属于环境经济学的范畴。公共物品的定义包括狭义的和广义的两个方面：狭义的公共物品是指单纯的公共物品；广义的公共物品不仅包括纯公共物品，还包括准公共物品。在现实生活中，更多的公共物品的边际界定是在单纯公共物品和纯私人公共物品之间来回游走的，不能定性地归类于纯公共物品或者纯私人物品，这样的物品在经济学上有一个专业名词——准公共物品。而上述的纯公共物品和准公共物品就造就了公共物品的广义概念。

公共物品的概念也是经过一系列波折演变而来，以萨缪尔森为首的传统经济学家定义的公共物品指的是纯公共物品，也就是说任何人对这种物品的消费不会引起其他人对此物品消费的减少。而在环境经济学的领域内还应关注那些介于纯公共物品与私人物品之间的混合资源，即准公共物品，因此，它也具有二者的混合特征。此后，随着詹姆斯·M. 布坎南（James M. Buchanan）、埃莉诺·奥斯特罗姆（Elinor Ostrom）等的深入研究，这种混合资源即准公共物品又被划分为两类：一类是俱乐部物品，指那些具有排他性但缺乏竞争性的物品；另一类是公共池塘资源，具有非排他性和竞争性的物品。

图 5 – 1 通过对比物品的排他性和竞争性总结了物品的分类。由图 5 – 1 可知，在现实生活中，准公共物品的环境物品比纯公共物品中的环境物品要多出很多。低碳经济行为虽然属于环保的范畴，但同时又有私人物品的特征，即具有准公共物品的性质，因此，解决起来比较复杂和困难。桑德勒等（Sandler et al.，1997）具体给出了这两类物品的不同解决办法：纯公共物品的解决途径是实行选择性激励机制；公共池塘资源物品的解决途径是实行选择性惩罚机制。这为后来环境技术创新研究提供了重要理论依据。

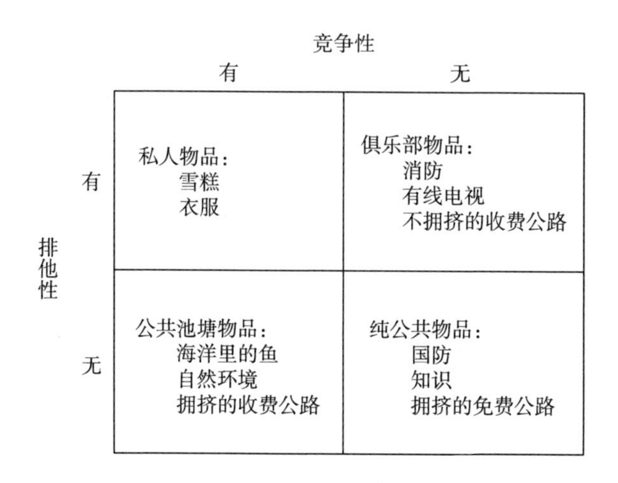

图 5 – 1　基于竞争性和排他性的物品分类

3. 循环经济理论

循环经济理论是在20世纪60年代美国经济学家肯尼斯·E. 鲍尔丁（Kenneth E. Boulding）提出的，当时各国的环境问题已经浮出水面，旧的经济体制与环境保护冲突不断，因此，社会的转型势在必行，废弃型的社会必将被可持续性、循环性的社会所替代。循环经济理论的提出吸引了世界各国的关注，像德国、美国、日本等发达国家都将之作为一项可持续发展的国策。中国在20世纪90年代将循环经济理论引入国内，并开始了大量的理论实践探索。

传统的经济形态是物资的单行流动，即“资源—产品—污染排放”构成的单项物质移动。这样的传统经济具有经济的近视性，必然会引起环境问题，导致生态失衡与资源的枯竭，最终造成环境灾难性事件的发生。而循环经济是指让物质顺着自然生态系统的发展模式，达到反复循环流动使用的经济状态，即“资源—产品—再生资源”的循环状态。循环经济理论的宗旨就是实现资源利用程度的最大化、废弃物的资源化处理和污染排放量的最小化。循环经济的自然资源利用如图5-2所示。

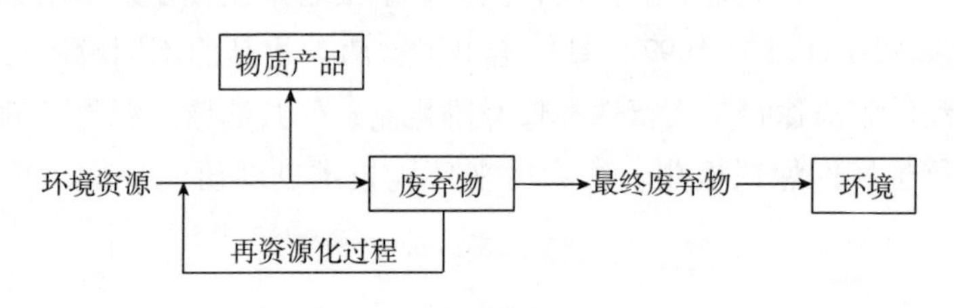

图5-2 环境资源循环工程

循环经济是将清洁生产和废弃物的综合利用融为一体的经济，因此已经成为中国实现可持续发展战略目标的重要途径和方式。

4. 生态环境价值理论

生态环境价值理论是自然环境资源有偿使用的理论依据。在环境经济学理论范围内，环境问题的产生是由稀缺的环境资源及其低效的资源配置造成的。人类虽然通过技术进步、资源的勘探与开发、替代物寻找，以及产权的界定等来缓解这种资源的稀缺性，但是依然无法改变资源枯竭、环境恶化的残酷现实。此外，随着生态功能研究的不断深入，人们越来越多地认识到生态环境的价值，对生态环境价值的认识也愈加深刻，生态环境价值包括使用价值也包括非使用价值，如图5-3所示。

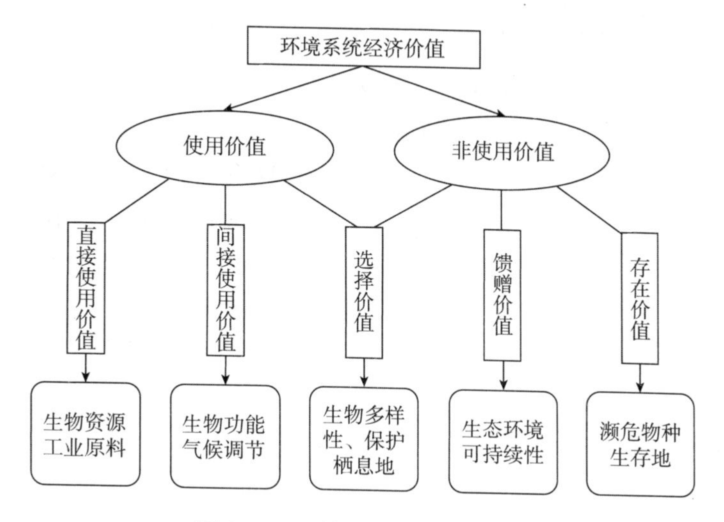

图5－3　环境系统经济价值结构

环境系统经济价值从实用角度可分为使用价值和非使用价值，使用价值又可进一步分为直接使用价值、间接使用价值及选择价值。非使用价值是相对于使用价值而言的，即人们对于某种资源的存在赋予的存在价值，生态环境系统的非使用价值又可进一步分为选择价值、存在价值和馈赠价值。总之，生态环境系统功能是指人类从整个生态系统中获得的效益，简单来说，就是为人类提供可直接利用的资源、能够调节整个生态结构的稳定性以及精神文化的功能。

生态系统价值是生态结构稳定的市场价值，也是建立生态系统补偿机制的重要依据。衡量自然环境的价值，然后对其进行产权的界定，这从本质上来说就是要调整享受生态服务的权利和承担生态破坏责任的平等性，尽量避免那些高消耗、高污染生产活动的权利和义务不对等的现象，对生态资源的消耗和破坏进行弥补，同时也要对生态资源消费中权益受损的一方进行补偿。

在物流活动中，伴随着物质资源的流动，还有能源资源的消耗与利用、商品价值的转移和实现，以及商品所有权和使用权的变更等，因此，物流活动连接着经济效益和生态效益。传统的物流业发展把追求经济效益作为行业发展的最大目标，对环境效益重视不够，最终影响到物流行业整体的社会效益。而低碳物流则强调将经济效益和环境效益有机集合，实现经济发展与环境保护的双赢。

二、可持续发展理论

可持续发展最早是在国际自然保护同盟（International Union for Conservation of Nature，IUCN）1980年制定的《世界自然保护大纲》（*World Conservation Strategy*）中被提出。此后，1987年世界环境与发展委员会（World Commission on Environment and Development，WCED）在《我们共同的未来》（*Our Common Future*）中给出了正式的定义，即可持续发展就是既能满足当代人的需要，又不对后代人满足其需要的能力构成危害的发展。经过多年的发展，可持续发展的概念也从最初的生态学领域，扩展到经济学、社会学等领域。可持续发展也从最初仅仅指代一种特定的资源管理的战略，被不断加入和扩展新的内涵，最终成为一个涉及经济、社会、资源、文化、技术和生态环境等综合的、动态的概念。在可持续发展理论形成和发展的过程中，根据研究问题的不同和研究侧重点的差异，其概念及理论发展也出现了不同的流派，从全世界范围内来看，可以概括为以下四个。

第一种概念，侧重点在于可持续发展的“自然属性”。可持续发展的概念起初被应用到生态领域，由生态学家率先提出了“生态可持续性”，其意在说明寻求对自然资源和不可再生能源的合理适度的开发与利用。在可持续发展的定义出现四年之后，国际生态学协会（The International Association for Ecology，INTECOL）与国际生物科学联合会（International Union of Biological Sciences，IUBS）于1991年就可持续发展的议题举行了专题研讨，从生态和自然的角度进一步发展和深化可持续发展的概念。经过科学的探讨，最终该研讨会将可持续发展从自然属性的侧重视角定义为，“保护和强化环境系统的生产和更新能力”。此外，另一种侧重自然属性的代表性定义是从生物圈和生态系统的全局出发来界定可持续发展的概念，即把可持续发展视作对最优的生态系统的追求。这种最优生态系统不但可以保持地球生态的完整并实现人类的愿望，也可以使人类生存的环境不被破坏，得到持续。

第二种概念，侧重点在于可持续发展的“社会属性”。同样在1991年，由国际自然保护同盟、世界自然基金会（World Wide Fund for Nature or World Wildlife Fund，WWF）和联合国环境规划署（UN Environment Programme，UNEP）共同出版了1980年《世界自然保护大纲》的续篇——《保护地球——可持续生存战略》（*Care for the Earth—A Strategy for Sustainable Living*）。在书中明确地把可持续发展的定义扩展到社会属性，即“提高人类生活质量，而不超越维持生态系统包容的能力之前提”。同时，该书提出了关乎人类可持续生存的九项基本原则。在这九项原则中，既重点指出了全人类的生产生活方式不能够超出地球的承载能力，应该与其相平衡；又着重指出了人类保护地球的生命力和维持物种多样性的重要意义；还特别提出了人类可持续发展价值观的概念以及相应的一百多个动议；最后说明了可持续发展的最终目的还是人类社会本身，还是为了改善全人类的生存和生活的环境及品质。另外，该书还指出，由于不同国家的发展程度不同，因此各国可以根据具体国情制定不同的可持续发展目标，只要“发展”的内容从人类社会的角度涵盖了改进各国人民生活品质、提高人民健康水平以及保障人民获得必要资源的权益和能力，致力于建设平等自由、尊重人权的社会环境即可。

第三种概念，侧重点在于可持续发展的“经济属性”。侧重于经济属性的表达方式在学术界千差万别，但有一点是共同的，就是这些表述都认为，经济发展是可持续发展的中心和重心。爱德华·巴比尔（Edward B. Barbier，1985）在其著作《经济、自然资源缺陷与发展》（*Economics, Natural Resource Scarcity and Development*）中就提出了可持续发展的重点在于经济发展的观点。他指出，在保证自然资源和其供给质量不变的情况下，可持续发展应最大化经济增长的净收益。另外，还有一些经济学家尝试用与新古典经济学相关的视角来阐述可持续发展提出的问题，其中代表性的有考克尔（Coworkers，1989）提出的可持续发展的必要条件就是自然资本存量恒定这一观点，换言之，就是要求自然环境资本量的不衰减，即维持不变或者做出正向的变化。同样在新古典经济学的框架下，佩泽（Pezzey，1989）对可持续发展作出了“不减少其对个人平均之效用”的定义。以上定义可以看出，新古典经济学家正在不断地扩充新古典经济学的理论和内涵，在其整体框架下，依据新构想和新理念的指导，来应对各种新的环境议题，最终解决可持续发展的问题。

第四种概念，侧重点在于可持续发展的“科技属性”。科学技术的进步对于可持续发展的实施来说起着巨大的推动作用，是必不可少的动力。一部分学者将可持续发展的定义从科学技术选择的角度进行了发展，并从这个角度提出可持续发展的内涵实质，就是依赖科学进步，提高现有技术的清洁程度和效率，尽可能实现工艺过程的“零排放”，同时降低对自然资源和不可再生能源的消费量。还有学者更进一步指出，环境污染并非工业活动的必然结果，也并非人类活动中不能回避的环节，而是技术没有发展到一定程度、对资源能源的利用效率低下的表现。因此，他们主张世界各国都应共同开发对可再生能源安全、清洁、高效、经济的利用技术，同时提高不可再生能源的利用效率，以减少二氧化碳等温室气体的排放；此外，发达国家应该对发展中国家提供技术援助和支持，强化双方的技术合作，以共同应对全球气候和环境变化的问题。

随着可持续发展概念和理论的不断演化，可持续发展理论在全球的政治、经济、社会等各个领域开始普及，并开始深入人们的思想观念之中。尽管各种可持续发展定义的侧重点各不相同，但其基本观点被阐释为三个，即需要、限制和公平。需要是指发展的目标最终还是为了满足人类社会的需要；限制是指人类活动要接受自然环境和生态的约束；公平则是指在全球不同国家、不同地区、不同种族，以及人类与自身不同代际、人类与其他不同物种之间的公平。

1987 年，时任世界环境与发展委员会主席的格罗·哈莱姆·布伦特兰（Gro Harlem Brundtland）提出的可持续发展的定义，正是强调了代际公平，也是目前可持续发展定义之中影响最大、最具权威和被广泛接受的定义。本书研究的是如何促进物流企业的环境技术创新，实现物流业低碳化发展，也属于可持续发展问题中的一种。布伦特兰给出的可持续发展的定义尽管简短，然而内涵却十分丰富，归纳而言，主要有以下五个方面。

第一，共同发展。如果将全世界对可持续发展的命题看作一个由各个国家和地区作为子系统集合而成的庞大系统的话，每个子系统既不可分割又相互关联、相互影响。如果某一个国家或者地区作为子系统出现了问题，就可能会牵连到其他子系统，进而破坏全球巨系统的整体性，甚至导致全球系统整体的突然变化。因此，在全球可持续发展的过程中，不能落下任何一个国家或者地区，换言之，必须追求共同发展。中国一直倡导共同发展，人类命运共同体的构建和社会主义生态文明的建设，正是契合可持续发展理念的这一内涵。

第二，公平发展。这一公平包括时间和空间两个层面，前者是说当代人发展不能以牺牲后代人发展的可能性为代价，后者则是指一些国家和地区的发展不能以牺牲其他国家和地区的发展环境为代价。而且，值得注意的是，在前述的各国和地区共同发展的过程中，还是难免因为水平差异而出现不同的层次，若此过程中出现了可持续发展公平性的缺失，那么层次化的程度就会被放大并引起局部到全球整体的变化，最终影响世界各国共同的可持续发展。

第三，多维发展。前面两个方面指出了可持续发展是在全球整体系统下的概念，但是不同国家和地区之间对可持续发展存在其地域上的不同接受程度。换言之，由于不同地域实体的政治与文化差异，所处的地缘环境与国际环境也不同，其经济与社会的发展水平也不尽相同，因此，在同一个全球可持续发展目标的框架下，不同国家和地区形成的各地域实体，可以根据各自情况，制定符合自身的特色化的可持续发展路线，这就是可持续发展的多维度化内涵。

第四，高效发展。把可持续发展不断向前推进的两个车轮，一个是“公平”，另一个是“效率”。与传统的经济学中狭义的“效率”所不同的是，可持续发展的“效率”内涵更加广泛，不但囊括了经济学中的内容，还从生态学上涵盖了自然资源与环境中的损失和增益的内容，同时还包括社会学、人类学中的内容。总的来说，可持续发展的高效发展，是指在自然和生态环境、能源和资源、物种和人口、社会和经济等各个方面均能高效率的发展。

第五，协调发展。有的学者把协调发展视为不同空间维度下的协调，即全球、特定国家及地区这三个层级，同时，在一个空间层级的内部，又存在人口、自然、经济与社会互相之间的协调，同一个空间层级内部的这几个方面是互相关联而不可分割的。还有的学者更进一步，将可持续发展的协调性，视作其对“经济—社会—自然”三维结构复合系统的综合调控，且经济、生态、社会这三个子系统对可持续发展的意义各不相同而又不可分割。首先，经济子系统的可持续发展是前提。经济可持续发展不仅包括经济量的增长和增多，还包括经济质的改善、结构的优化等。其中，经济质的改善包含经济效益的提升、产品质量的改进、“三废”排放的降低、经济增长方式的优化、清洁生产的实施等；经济结构则是由政策架构的经济体制结构、决定资源分配的市场结构以及产业结构、地域之间的平衡发展布局等。其次，生态子系统的可持续发展是基础。可持续发展应该以保护生态环境为根基，不超越自然和资源的承受能力，与其承载范围相协调。其内涵包括控制环境污染、改善环境质量、保持生态系统完整性、合理开发资源、可持续利用能源等。最后，社会子系统的可持续发展是目的。可持续发展的最终目的，应该落脚在改善并不断优化和提高全人类的生活品质，同时要与社会的进步相协调。社会的可持续发展涵盖了人口数量的合理增长、人口素质的稳步提升、消费观念和消费模式的科学改善、贫困的消除与社会公平的促进等。

通过以上分析可以看出，没有经济持续、生态持续和社会持续，可持续发展就失去了保障和动力；损害了生态持续、经济持续和社会持续的根基，可持续发展也就荡然无存；缺失了社会持续、生态持续和经济持续，可持续发展则毫无意义。而若过分追求经济持续，则可能导致生态危机的出现，同时很难保障社会的公平；片面追求生态持续，则可能使经济持续和社会持续陷入停滞；只是追求社会持续，也无法回避生态持续和经济持续的问题。因而，可持续发展的这三个子系统是相互紧密关联、难以分割、共同发展的。本书中的低碳性，体现了对生态子系统的关注；物流业发展则对应着经济子系统；物流业高质量发展则同时聚焦于生态子系统和社会子系统。因此本书正是对三个子系统协调发展的研究。

第三节　物流企业环境技术创新的具体路径分析

物流企业环境技术创新是指在物流过程中物流资源得到最充分的利用，减少对环境造成的危害，最终达到净化物流环境的目的。下面从物流各环节与环境的关系角度来谈谈物流企业开展环境技术创新的四个重要途径。

一、运输环节的环境技术创新

物流运输是物流系统最基本和最重要的一项活动。基于运输业在国民经济中的重要地位和作用，加强运输管理显得十分重要。对一个物流企业来说，运输管理是它最重要也是最基本的工作内容，合理规划运输线路、正确调度运输车辆、恰当安排运输人员都可以提高整个物流系统的运行效率和绩效。

联邦快递集团针对公司存在的大量燃油汽车实行技术改造，以提高汽车的燃油效率，并通过大量试验和经验积累研究得出，影响能源消耗的三大因素是：运输工具、运输距离和驾驶方法。为此，作为物流企业，首先，应及时检查和发现运输车辆的能耗信息，定期更换绿色交通运输工具；其次，根据运量需求合理安排运输车辆，降低空载率，缩短运输距离，优化运输路径，尽量减少运输过程中的尾气排放和能源消耗；再其次，开展运输人员的驾驶技术培训，熟悉车辆技术参数，规范驾驶操作流程，养成良好的驾驶习惯；最后，物流企业可以建立一体化的信息调度、高度集成的信息系统，精细化的管理模式、高效的协调和组织能力，使得企业能够随时掌握货物的流向和动态，进而做出更优的决策。总之，运输合理化就是按照货物流通的规律，用最少的劳动消耗获取最大的经济效益，以此来组织货物调运。也就是说，在有利于生产，有利于市场供应，有利于节约流通费用和节约运力、劳动力的前提下，使货物走最短的里程、经最少的环节、用最快的时间、以最小的损耗、花最少的费用，从生产地运往消费地。

二、储存环节的环境技术创新

储存在物流系统中起着重要作用，它与运输形成物流过程的两大支柱，是物流的中心环节。实行物品的合理存储，提高仓储管理质量，对加快物品流通速度，降低物品仓储费用，发挥物流系统整体功能起着重要作用。降低仓储活动对环境的不利影响可以着重考虑以下四个方面的优化路径：

第一，仓库选址要合理。坚持以城市建设规划、交通运输规划和商业布局为指导，以最大化企业利益为宗旨，综合考虑消费市场、原材料市场和物流运输距离等，科学选定仓库布局位置，以便缩短运输距离，节约运输成本。

第二，仓储空间要合理。现代仓储的功能已经从储存向经营方向转变，即仓库的储存是为了更好地经营而不是为了保存，因此，加强仓库内部空间的优化布局显得非常必要。物品摆放应综合考虑商品用途、库存空间的区域划分、装卸搬运的便捷性等，这不仅有利于仓储空间得到充分利用，而且也能大大降低企业的仓储成本，提高仓库的经济效益。

第三，仓储时间要合理。在实践工作中绝大多数物品不可能做到零仓储，但也不能任其堆放。仓储时间的长短与企业其他经营活动紧密相关，一方面要保证物料供给充足；另一方面也要降低仓储成本，节约库存空间。因此，物流企业要尽可能在最科学的仓储时间内完成仓储任务，降低仓储能耗和仓储成本。

第四，仓储技术要合理。用最经济合理的办法实现储存的功能，保障商品仓储条件和仓储环境最优。总之，合理储存的实质是，在保证储存功能实现的前提下尽量减少投入。

三、包装环节的环境技术创新

包装环节可以从三个方面实现环境技术创新：

第一，合理化包装。运输包装的合理化是产品包装管理追求的最终目标，合理化包装体现在包装材料的选用合理、包装技术合理、包装功能合理。因此，包装的合理化，就是要做到在保护产品安全的基础上，尽量减少包装物的使用，选用合适的包装材料和包装技术，降低包装成本和减少包装费用。这实质上就是要求做好包装与装卸搬运，甚至销售和后期回收等各种物流功能之间的综合平衡，既要做到运输包装方便、保护功能的提高，又要降低物流管理费用，还能通过包装促进消费和提升企业形象。因此，在包装设计过程中，充分考虑材料选用、模具制作、制版印刷、原材料加工、封装以及回收，在每个环节都考虑碳排放量。在运输和仓储中，降低再包装的可能性，或选用可再利用的包装物，提高对废弃包装物的回收和再利用，使其能够创造新价值，并降低资源消耗。

第二，信息化包装。随着科技的大发展，物流与电子商务结合得更加紧密，呈现出数字化、网络化、信息化的特点，尤其在物流信息收集、传递、处理方面表现得更加突出。物流信息存储的数字化、电子订货系统、电子数据交换等技术的广泛应用，要求商品包装走向信息化。物流企业应通过内部规章制度的建立和执行，实现标准化包装和信息化包装，以托盘配送或集装箱配送的方式，提升配送效率，同时运用合理的物流设备、选择科学的物流链管理，减少资源损耗和管理成本。物流企业可成立企业内部监管独立小组，对物品的包装、运输和仓储进行动态化跟踪，对各网点的包装物回收和再利用进行管理，使得资源能够获得全方位利用。同时，通过薪酬激励措施，鼓励员工参与节能增效，使得企业能够在降本增效的同时，为低碳经济发展提供推动力。

第三，低碳化包装。坚持从客户需求出发进行产品包装的研发与设计，力求向客户提供满足其需求、兼具价格低廉和环保性能的包装物，为全球经济社会的可持续发展做出贡献。尤其是制造型企业可以通过供应链管理，要求供应商满足 ISO 14001 的环境管理标准，确保包装材料符合法律规定，并可以评估企业包装活动对环境的影响，正确设定公司的环境行动和环境绩效目标。物流企业公司秉持“零污染、零废弃、零非法丢弃”的理念，专注于包装物使用后的产品拆解，并逐步引入再制造技术，实现使用后的产品零废弃，为减轻环境负荷做出贡献，切实履行企业的环境责任。

四、废弃物环节的环境技术创新

随着中国居民生活水平的提高以及市场经济的日趋成熟，商品的流通速度和更新换代速度都在不断加快，因此，废弃物物流逐渐成为企业竞争的重要方面。如果能将废弃物进行合理的分类与拆解，实现资源的高效利用，不仅可以节约大量资源尤其是一次性资源，而且会降低企业的生产经营成本。基于以上分析，废弃物物流可以从以下三方面实现环境技术创新：

第一，资源的回收利用技术。如手机、电脑、电视机等废旧电器的资源回收利用率可以达到98%；1吨废线路板可提取400克黄金，其资源回收效益非常可观；过去要焚烧、填埋的废塑料如今可以卖到每吨1000美元；再好的铁矿石其产出率也比不过废钢。甚至在日本等国，国民眼中几乎没有“废物”，因为生产生活的各类废弃物都可以通过资源回收实现重新利用。

第二，垃圾分类与管理。垃圾分类与管理是资源回收的前提和基础，只有科学合理的垃圾分类与管理才能提高资源回收的数量和质量，进而为后期的资源循环创造条件。对于废弃物对象的挑选，可以先从本企业物流运输领域中的废弃物开始，再扩展到其他领域中的废弃物。在原来的物流业务延长线上扩展业务，是因为物流企业熟悉自己运输产品的某些特殊性，在考虑回收处理厂的选择和运输的成本时有一个整体性的思维，而且逆向物流的流通过程所需的相关工作人员和产品前期的相关工作人员基本一致，这样有利于开展和推进工作。

第三，构建废弃物的逆向物流供应链管理框架。物流企业必须和中间的处理商与最终的处理商有亲密的长期合作关系。中间处理厂的业务不仅是本企业的废弃物的收集和运输，也处理其他企业运输过来的废弃物。物流企业和中间处理商的合作，是将废弃物运输到中间处理厂，并将其处理的废弃物运输到最终处理厂，废弃物最终是要收集到最终处理厂。逆向物流模式的发展过程是一种帕累托的改进过程，并达到帕累托的最优模式。

以上是从各环节独立研究的视角提出的物流企业环境技术创新的可能路径，但实践过程中，由于各环节相互衔接，只有相互配合才能更好地实现物流企业的绿色发展目标。因此，从全局出发节约资源是物流企业开展环境技术创新的本质内容，也是实现低碳物流的重要指导思想。物流企业通过整合现有资源，优化资源配置，提高资源利用效率，减少资源浪费，从而减少对环境的损害。

第四节　环境技术创新推动经济高质量发展的实证研究

党的十九大报告明确指出，建设生态文明是中华民族永续发展的千年大计。报告同时也强调，中国经济已由高速增长阶段转向高质量发展阶段，目前正处在转变发展方式的攻关期，要坚定不移贯彻创新、协调、绿色、开放、共享的发展理念。因此，通过环境技术创新驱动经济高质量、低碳化发展，已成为党和政府的重大科学论断和战略方针。下面以河南省为例，围绕环境技术创新推动经济高质量发展问题进行实证研究。

一、模型构建与指标设置

1. 模型建立

联立方程等传统的经济计量方法，是根据经济理论去描述各个变量之间的关系，从而建立模型。但其存在的缺陷就是难以严密地说明变量互相之间的动态联系。另外，在模型的预估、推理和计算中常常由于内生变量在方程的左右两端同时出现而变得异常困难。相较于其他模型而言，VAR模型存在一个显著优势，就是该模型能够采用非结构性的方法来建立和考察各个变量之间的关系，因此，本书采用该模型研究绿色创新和河南经济高质量发展的动态影响关系。向量自回归模型（VAR）是基于数据统计性质的、处理多个变量之间关系的非常重要的一种模型，并且后续还可以对数据从多维度更加全面地加以考察，例如可采取脉冲响应、方差分解等一系列手段对变量相互之间的影响加以分析。该模型表达式为：

$$y_t = A_1 y_{t-1} + A_2 y_{t-2} + \cdots + A_p y_{t-p} + e_t \tag{5.1}$$

其中，y_t为时间序列组成的向量；p 为自回归的滞后阶数；A_p为解释变量的系数矩阵；e_t为误差向量。

2. 指标设置

首先，经济高质量发展指标的选取。已有研究成果表明，评价经济高质量发展水平不能单看 GDP 总量或增速。经过反复比较和考量，本书采用比 GDP 更能反映中国经济发展真实情况和质量的一个重要指标——克强指数（秦梦等，2018）。该指数由英国《经济学人》（*The Economist*）杂志于 2010 年根据李克强总理的思想推出，是由铁路货运量的新增、工业用电量的新增，以及银行中长期贷款的新增三者加权组成。该指数是李克强在担任辽宁省委书记时提出的，用于评估当时辽宁省内的经济运行情况。该指数在中国使用的科学之处和在中国其他省份同样可以应用的普适性在于：铁路是中国目前货运最大的载体，因而铁路货运增长率就反映出经济运行的现状和效率；现代经济发展需要能源消费，所以工业用电量就可以用来评价工业生产的活跃度；银行中长期的贷款发放量的新增程度，可以反映市场对经济运行的信心和对未来一段时间内的风险管控。

该指数比官方 GDP 数字能更精确反映经济现状的原因在于，这三个指标既易于核实，不易造假，也更切合我国经济特征。具体说来，相较于

GDP 数值，铁路货运量的新增、工业用电量的新增以及银行中长期贷款的新增，三者直接挂钩全国铁路、国家电网、全银行业的实际绩效的审核计算，与地方政府盲目追求的 GDP 数值并无瓜葛。换言之，从统计数据上来看，这三个指标在各级政府都因为缺乏空间和动机而不含“水分”。更真实地数据，自然能够更真实地反映出经济的实际走势，以及经济发展的实际质量。

在本书中，克强指数的具体计算参照花旗银行等权威机构发布的权重分配，即铁路货运增长率占比 25%、银行贷款增长率占比 35%、工业用电增长率的权重则是 40%。

其次，环境技术创新指标的选取。根据前面对环境技术创新的定义和内涵的阐释，特别是结合国内外学者关于环境技术创新的研究工作来看，环境技术创新是一个暂无统一认识、要素极多的概念。本书认为一切能够更多地促使“能源—经济—环境”系统协调发展的创造性活动，均属于“环境技术创新”。因此，本书将变量能源、环境及创新综合起来代表环境技术创新。另外，结合指标选取的系统性和可操作性原则，最终选取国家年鉴和省年鉴中统计的能源消费总量（*EC*）、工业废气排放量（*IE*）、专利授权量（*PA*）三个指标，分别代表能源、环境和创新。张振刚（2014）和赵黎晨（2017）的研究工作，也支持这种指标选取办法。

3. 数据来源

本书研究数据摘自 2002～2018 年的《河南省统计年鉴》、2002～2017 年《河南省国民经济和社会发展统计公报》。原始数据频率为年度数据，样本期限为 2002～2017 年，共 16 组数据。表 5－1 是克强指数和环境技术创新指标的原始统计数据。

表 5－1　　2002～2017 年克强指数和环境技术创新指标

年份	经济高质量指标				环境技术创新指标		
	银行中长期贷款（亿元）	铁路货运量（万吨）	全年用电量（亿千瓦时）	克强指数（%）	能源消耗量（万吨标准煤）	工业废气排放量（亿标立方米）	专利授权量（件）
2002	985.9	90334.0	916.3	—	9005	10644.0	2590
2003	1278.9	81323.0	1041.9	0.134	10595	11991.6	2961

续表

年份	经济高质量指标				环境技术创新指标		
	银行中长期贷款（亿元）	铁路货运量（万吨）	全年用电量（亿千瓦时）	克强指数（%）	能源消耗量（万吨标准煤）	工业废气排放量（亿标立方米）	专利授权量（件）
2004	1552.2	91013.0	1191.0	0.162	13074	13103.0	3318
2005	2057.0	98099.0	1352.7	0.188	14625	15498.0	3748
2006	2524.8	108059.7	1523.5	0.155	16234	16770.0	5242
2007	2972.7	122557.5	1808.0	0.170	17838	18890.4	6998
2008	3321.8	134863.0	1970.8	0.102	18976	20264.1	9133
2009	4852.7	144666.0	2081.4	0.202	19751	22185.6	11425
2010	7726.4	167804.0	2354.0	0.300	18964	22709.0	16539
2011	8563.9	193882.0	2659.1	0.129	20462	40791.1	19259
2012	9462.7	208094.0	2747.8	0.068	20920	35001.9	26833
2013	10844.7	181655.0	2899.2	0.041	21909	37665.3	29482
2014	13523.7	141780.0	2919.6	0.034	22890	39628.7	33366
2015	16309.1	136439.0	2879.6	0.057	23161	36285.6	47766
2016	20420.9	122342.0	2989.2	0.078	23117	29810.2	49145
2017	25524.2	116574.0	3166.0	0.099	22944	29448.2	55407

资料来源：2002～2018年《河南省统计年鉴》，其中，克强指数是基于前面的指标权重和原始统计数据计算所得。

二、实证检验

1. 变量描述

由于能源消费总量（*EC*）、工业废气排放量（*IE*）和专利授权量（*PA*）的原始数据较大，为了使变量更加平稳，对这几个变量取对数，记为ln*EC*、ln*IE*、ln*PA*，克强指数（*EG*）是百分制之后再取对数，记为ln*EG*。

对表5－1中的原始数值，与ln*EG*一起，采用Cubic方法将低频数据转换为高频数据，即将年频率数据转化为季度数据。在选择Cubic方法将年度数据转化为季度数据的过程中，在菜单中选择“最后日期一致”，从而得到了从2003年第三季度起，直到2017年第四季度的57组数据，其结果如表5－2所示。这种转换使得有效数据的频率大大提高，更利于后续模型的建立和实证分析。

表 5-2　Cubic 方法下的数据转换结果

时间	ln*EG*	ln*EC*	ln*IE*	ln*PA*	时间	ln*EG*	ln*EC*	ln*IE*	ln*PA*
2003Q_1	—	—	—	—	2010Q_3	3.428	9.854	9.986	9.636
2003Q_2	—	—	—	—	2010Q_4	3.400	9.850	10.007	9.713
2003Q_3	—	—	—	—	2011Q_1	3.262	9.861	10.004	9.761
2003Q_4	2.595	9.268	10.303	7.993	2011Q_2	3.047	9.882	9.981	9.791
2004Q_1	2.637	9.327	10.357	8.025	2011Q_3	2.797	9.906	9.948	9.820
2004Q_2	2.681	9.383	10.409	8.055	2011Q_4	2.554	9.926	9.917	9.866
2004Q_3	2.729	9.434	10.457	8.083	2012Q_1	2.354	9.938	9.895	9.939
2004Q_4	2.784	9.478	10.499	8.107	2012Q_2	2.191	9.943	9.879	10.029
2005Q_1	2.845	9.514	10.533	8.127	2012Q_3	2.052	9.945	9.865	10.121
2005Q_2	2.899	9.542	10.559	8.149	2012Q_4	1.923	9.948	9.846	10.197
2005Q_3	2.933	9.567	10.577	8.181	2013Q_1	1.792	9.956	9.819	10.247
2005Q_4	2.932	9.590	10.587	8.229	2013Q_2	1.663	9.967	9.787	10.273
2006Q_1	2.887	9.615	10.589	8.299	2013Q_3	1.537	9.981	9.755	10.285
2006Q_2	2.822	9.641	10.582	8.384	2013Q_4	1.421	9.995	9.727	10.292
2006Q_3	2.764	9.668	10.565	8.475	2014Q_1	1.319	10.008	9.708	10.300
2006Q_4	2.744	9.695	10.536	8.564	2014Q_2	1.244	10.020	9.692	10.319
2007Q_1	2.777	9.721	10.498	8.644	2014Q_3	1.211	10.030	9.674	10.354
2007Q_2	2.833	9.746	10.462	8.717	2014Q_4	1.235	10.038	9.648	10.415
2007Q_3	2.867	9.769	10.445	8.785	2015Q_1	1.324	10.044	9.611	10.504
2007Q_4	2.835	9.789	10.463	8.853	2015Q_2	1.456	10.048	9.566	10.606
2008Q_1	2.711	9.806	10.522	8.924	2015Q_3	1.605	10.049	9.520	10.703
2008Q_2	2.542	9.822	10.593	8.994	2015Q_4	1.744	10.050	9.481	10.774
2008Q_3	2.392	9.836	10.637	9.061	2016Q_1	1.851	10.050	9.451	10.807
2008Q_4	2.324	9.851	10.616	9.120	2016Q_2	1.931	10.050	9.430	10.813
2009Q_1	2.387	9.867	10.506	9.170	2016Q_3	1.993	10.049	9.412	10.806
2009Q_2	2.551	9.881	10.340	9.218	2016Q_4	2.049	10.048	9.392	10.803
2009Q_3	2.772	9.890	10.166	9.272	2017Q_1	2.107	10.047	9.367	10.815
2009Q_4	3.005	9.891	10.031	9.344	2017Q_2	2.169	10.045	9.338	10.843
2010Q_1	3.209	9.881	9.968	9.436	2017Q_3	2.232	10.043	9.306	10.880
2010Q_2	3.357	9.866	9.963	9.538	2017Q_4	2.296	10.041	9.273	10.922

注：Q_1、Q_2、Q_3、Q_4 分别表示第一、第二、第三、第四季度。

从表 5 – 1 可以看出，*EG* 原始数值处于最小值为 0.068 至最大值 0.300 的范围内，变量 *EC*、*IE*、*PA* 的数值范围远远大于 *EG*。此外，变量原始数据的标准差与均值之间比值也很大，数据的稳定性较差。不过，经过对数处理后，ln*EG*、ln*EC*、ln*IE* 和 ln*PA* 的量纲达到一致，标准差与均值的比值明显降低，表明数据的稳定性明显增强。对转换后的各变量进行取对数后的基本描述统计如表 5 – 3 所示（包括均值、中位数、最大值、最小值和标准差）。

表 5 – 3　　基本描述统计

变量	均值	中位数	最大值	最小值	标准差
EG	0.128	0.128	0.300	0.034	0.071
EC	19030.670	19751.000	23161.000	10595.000	3906.879
IE	24749.230	22185.600	40791.100	10644.000	10760.920
PA	21374.800	16539.000	55407.000	2961.000	18096.330
ln*EG*	2.389	2.554	3.400	1.235	0.614
ln*EC*	9.831	9.891	10.050	9.268	0.232
ln*IE*	10.022	10.007	10.616	9.273	0.460
ln*PA*	9.546	9.713	10.922	7.993	1.026

2. 相关系数

本书采用皮尔逊相关系数（Pearson correlation coefficient）检验变量之间的相关系数，结果如表 5 – 4 所示。可以看出，ln*EG* 与 ln*EC*、ln*PA* 的相关系数分别为 – 0.580、 – 0.654，均在 1% 显著水平下通过显著检验。这说明，在长期而言，克强指数与能源消耗、专利数量存在负相关；且从相关系数大小判断，ln*EG* 与 ln*EC*、ln*PA* 的相关强度为中等偏下。ln*EG* 与 ln*IE* 的相关系数为 0.612，在 1% 显著水平下通过显著检验。说明在长期而言，克强指数与废气排放量存在正相关；且从相关系数大小判断，ln*EG* 与 ln*IE* 的相关强度为中等偏下。变量 ln*EC* 与 ln*PA* 的相关系数为 0.936，ln*IE* 与 ln*PA* 的相关系数为 – 0.940，相关系数比较靠近 1。这说明 ln*EC*、ln*IE* 与 ln*PA* 三者之间存在很强的相关性，且由于相关系数很高，若采用 ln*EG* 和 ln*EC*、ln*IE* 与 ln*PA* 做线性最小二乘回归（OLS），变量之间极可能存在严重多重共线问题，导致结果伪回归。

表 5-4　　皮尔逊相关系数

	lnEG	lnEC	lnIE	lnPA
lnEG	1.000			
lnEC	-0.580***	1.000		
lnIE	0.612***	-0.783***	1.000	
lnPA	-0.654***	0.936***	-0.940***	1.000

注：*** 表示在1%水平下显著。

3. 平稳性检验

进行回归分析之前，往往要进行单位根检验，其目的是避免伪回归，确保估计效果有效。单位根检验主要有同质性单位根检验与异质性单位根检验，而同质性检验常用的方法主要有Berintung方法和LLC方法这两种，而后者常见的检验方法有Fisher-ADF法、Fisher-PP法或者IPS法等。对于检验时间序列平稳性的问题，往往采用Fisher-ADF单位根检验法。该方法的原假设是，如果该时间序列是存在有单位根的序列，则判定其不是平稳序列；若最后拒绝原假设，则判断时间序列数据是平稳的。本书采用ADF进行检验的结果如表5-5所示。

表 5-5　　ADF单位根检验

变量	检验形式	T	1%	5%	10%	P	是否平稳
lnEG	(c,t,7)	-3.603**	-4.157	-3.504	-3.182	0.040	是
lnEC	(c,t,10)	-3.548**	-4.171	-3.511	-3.186	0.046	是
lnIE	(c,t,2)	-4.190***	-4.137	-3.495	-3.177	0.009	是
lnPA	(c,0,7)	-3.722***	-3.571	-2.922	-2.599	0.007	是

注：检验形式（c，t，1）中c代表含有截距，t代表含有趋势项，1代表滞后1期；***、**分别表示在1%、5%水平下显著。

可以看出，lnEG序列的ADF统计量为-3.603，绝对值大于5%水平下的绝对值为3.504，对应的P值为0.040，满足小于0.05的判定条件。因此，在5%水平下，拒绝lnEG序列存在单位根的原假设，即lnEG序列不含有单位根，表明其是平稳序列。同理可知，lnEC、lnIE和lnPA序列都是平稳序列。

4. VAR模型的建立

VAR模型是多变量的方程形式，要求各变量是平稳的。前面的分析显示，变量 lnEG、lnEC、lnIE 和 lnPA 均是平稳变量，因此满足 VAR 模型建立的要求，可建如下模型公式：

$$\ln EG_t = \mu_{1,0} + \sum_{i=1}^{p}\alpha_{1,i}\ln EG_{t-i} + \sum_{i=1}^{p}\beta_{1,i}\ln EC_{t-i} + \sum_{i=1}^{p}\gamma_{1,i}\ln DG_{t-i} + \sum_{i=1}^{p}\lambda_{1,i}\ln PI_{t-i} + e_{1,t} \tag{5.2}$$

$$\ln EC_t = \mu_{2,0} + \sum_{i=1}^{p}\alpha_{2,i}\ln EG_{t-i} + \sum_{i=1}^{p}\beta_{2,i}\ln EC_{t-i} + \sum_{i=1}^{p}\gamma_{2,i}\ln DG_{t-i} + \sum_{i=1}^{p}\lambda_{2,i}\ln PI_{t-i} + e_{2,t} \tag{5.3}$$

$$\ln DG_t = \mu_{3,0} + \sum_{i=1}^{p}\alpha_{3,i}\ln EG_{t-i} + \sum_{i=1}^{p}\beta_{3,i}\ln EC_{t-i} + \sum_{i=1}^{p}\gamma_{3,i}\ln DG_{t-i} + \sum_{i=1}^{p}\lambda_{3,i}\ln PI_{t-i} + e_{3,t} \tag{5.4}$$

$$\ln PI_t = \mu_{4,0} + \sum_{i=1}^{p}\alpha_{4,i}\ln EG_{t-i} + \sum_{i=1}^{p}\beta_{4,i}\ln EC_{t-i} + \sum_{i=1}^{p}\gamma_{4,i}\ln DG_{t-i} + \sum_{i=1}^{p}\lambda_{2,i}\ln PI_{t-i} + e_{4,t} \tag{5.5}$$

VAR 模型建立时，内生变量的最优滞后阶数首先需要确定。本书根据 LOG、LR、FRE、AIC、SC、HQ 这五种检验统计量，结合 AR 根的表和图的方法，对该 VAR 模型进行最优滞后阶数选取。其中，AR 根的图可以检验 VAR 模型的稳定性：若 VAR 模型特征方程根的倒数值都落在单位圆内，说明模型的特征根均小于1，那么该 VAR 模型可以判定为是一个稳定的系统；否则不稳定。这是最优滞后阶数选取的一个重要条件。

那么，从第 1 期起一直检验至第 10 期开始选取滞后期。EViews10.0 仅支持 10 期以内的检验，且从经济学的角度上来讲，10 期以上的阶数选取并没有实际的意义。当首先尝试6～10 期作为最优滞后阶数的时候，会发现对应的 AR 根表出现 1 以上的值，对应的 AR 根图也有根的倒数值落在了单位圆外。而选取滞后阶数为 1～5 期的时候，AR 根图反映出 VAR 模型较为稳定。此时，就需要再利用上述五种检验统计量对 1～5 期逐一进行判定。其中，选取 1～4 期的时候，EViews 给出的选取结果中，五种检验量对应给出的最优滞后阶数并不能统一；但选择第 5 期的时候，刚好五种检验统计量的判定结果一致，均认为 5 为最优滞后阶数。结果如表 5－6所示。综合以上分析得出，此 VAR 模型对应的最优滞后阶数为 5。

表 5-6　　VAR 模型的最优滞后阶数选取结果

Lag	LogL	LR	FPE	AIC	SC	HQ
0	45.893	NA	0.000	-1.710	-1.555	-1.651
1	439.537	706.951	0.000	-17.124	-16.352	-16.831
2	682.713	397.022	0.000	-26.396	-25.007	-25.869
3	866.016	269.344	0.000	-33.225	-31.218	-32.463
4	938.397	94.538	0.000	-35.526	-32.901	-34.530
5	977.496	44.684 *	0.000 *	-36.469 *	-33.226 *	-35.238 *

注：* 表示在 10% 水平下显著。

相应的 AR 根检验结果如图 5-4 所示。从图 5-4 可以看出，模型的全部根的倒数值都落在单位圆内（最大值为 0.992），表明刚才所建立的滞后阶数为 5 的 VAR 模型是稳定的，这再次说明，确定滞后 5 阶为最优滞后阶数。

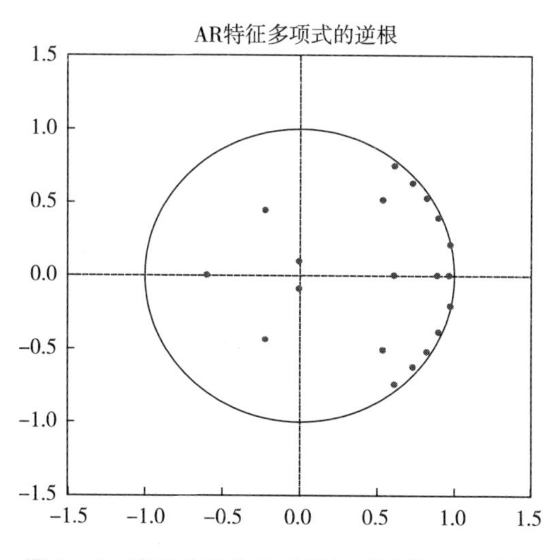

图 5-4　滞后阶数为 5 时 VAR 模型的 AR 根图

基于上述检验结果，对 ln*EG*、ln*EC*、ln*IE* 和 ln*PA* 建立滞后期为 5 的 VAR 模型。由于回归结果数据较多，这里不一一列出具体的回归方程。由于只通过回归方程的参数直接进行经济学解释，较为困难，因而接下来要进一步基于此 VAR 模型进行格兰杰因果关系检验、脉冲响应冲击分析和方差分解，以寻找模型的经济学意义。

5. 格兰杰因果检验

格兰杰因果关系检验的公式如下：

$$Y_t = \sum_{i=1}^{m} \alpha_i Y_{t-1} + \sum_{i=1}^{m} \beta_i X_{t-1} + \varepsilon_t \tag{5.6}$$

通过检验回归系数是否全部为零来判断 X 是否是 Y 的格兰杰原因，如果回归系数全部为零的假设被拒绝，那么 X 就是 Y 的格兰杰原因，如果假设没有被拒绝，那么 X 不是 Y 的格兰杰原因。

表 5 – 7 是滞后期为 10 时的格兰杰因果关系检验，该格兰杰检验结果集中关注 ln*EC*、ln*IE* 和 ln*PA* 对 ln*EG* 的影响。结果显示，ln*EC* 不是 ln*EG* 的格兰杰原因假设的 *F* 值为 2.039，统计量在 5% 显著水平下通过显著检验，因此，拒绝 ln*EC* 不是 ln*EG* 的格兰杰原因原假设，这说明 ln*EC* 是 ln*EG* 的格兰杰原因。ln*IE* 不是 ln*EG* 的格兰杰原因假设的 *F* 值为 2.305，统计量在 5% 水平下通过了显著检验，显著拒绝 ln*IE* 不是 ln*EG* 的格兰杰原因原假设，说明 ln*IE* 也是 ln*EG* 的格兰杰原因。ln*PA* 不是 ln*EG* 的格兰杰原因假设的 *F* 值为 2.063，统计量在 10% 水平下通过显著检验，显著拒绝 ln*PA* 不是 ln*EG* 的格兰杰原因原假设，说明 ln*PA* 同样是 ln*EG* 的格兰杰原因。由格兰杰因果关系检验结果可以得出，能源消费总量（*EC*）、工业废气排放量（*IE*）和专利授权量（*PA*）都是克强指数（*EG*）的格兰杰原因，只是前两者通过的显著水平为 5%，而专利授权量（*PA*）是克强指数的格兰杰原因是在 10% 显著水平下通过的。

表 5 – 7　　格兰杰因果关系检验结果

原假设	*F*	*OBS*	*P* 值
ln*EC* 不是 ln*EG* 的格兰杰原因	2.309 **	47	0.042
ln*IE* 不是 ln*EG* 的格兰杰原因	2.305 **	47	0.043
ln*PA* 不是 ln*EG* 的格兰杰原因	2.063 *	47	0.067

注：** 、* 分别表示在 5%、10% 水平下显著。

6. 脉冲响应分析

脉冲响应函数可以进行观测的内容，是在给予正误差冲击时，对应的一个内生变量跟随时间变化产生的反应。具体地说，脉冲响应函数所描述的是一个标准差大小的正向冲击施加在随机误差项上之后，内生变量的当期值和未来值会受到的影响。

结合本书的研究重点，需要用到的脉冲响应冲击主要为 ln*EC*、ln*IE*

和 $\ln PA$ 对 $\ln EG$ 的脉冲冲击，以及 $\ln EG$ 受到冲击后的响应。在 EViews 中选取 35 期的脉冲响应数据，对结果进行观测，图 5－5 是脉冲冲击结果的合图，图 5－6 是脉冲冲击结果的分图，二者结合能更清晰地辨识冲击响应结果。36 期的季度数据为 9 年，在实际经济学中比较符合一般观测时长选取习惯，太长或者太短均不利于反映出问题。

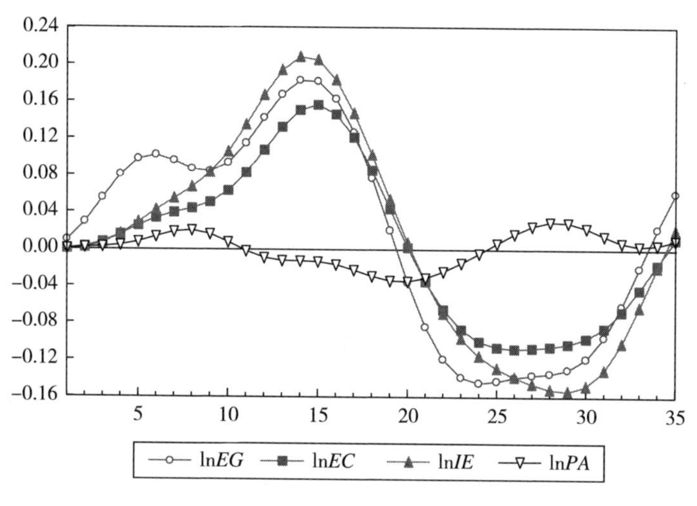

图 5－5　对 $\ln EG$ 脉冲冲击（合图）

图 5－5 显示，整体来看，在前 20 期内，$\ln EC$ 和 $\ln IE$ 对 $\ln EG$ 的冲击表现为正向，$\ln IE$ 的冲击强度大于 $\ln EC$ 的；在 20 期之后，$\ln EC$ 和 $\ln IE$ 对 $\ln EG$ 的冲击发生反向变化，表现为负向，$\ln IE$ 的冲击强度同样大于 $\ln EC$ 的。$\ln PA$ 对 $\ln EG$ 的冲击与 $\ln EC$、$\ln IE$ 对 $\ln EG$ 的脉冲响应存在明显区别：一是冲击强度较弱，如图 5－5 所示，$\ln PA$ 对 $\ln EG$ 的冲击强度明显弱于 $\ln EC$、$\ln IE$ 的；二是冲击方向，在前 10 期，$\ln PA$ 对 $\ln EG$ 的冲击方向为正，从 11 期到 25 期冲击方向为负，在 25 期后冲击又变为正向。

图 5－5 的结果表明，在短期内，$\ln EC$ 和 $\ln IE$ 对 $\ln EG$ 主要产生正向冲击，而在长期内，$\ln EC$ 和 $\ln IE$ 对 $\ln EG$ 主要产生负向冲击，且 $\ln EC$ 和 $\ln IE$ 对 $\ln EG$ 的冲击表现出很高同步性，$\ln IE$ 对 $\ln EG$ 产生的冲击强于 $\ln EC$ 的冲击。相对而言，$\ln PA$ 对 $\ln EG$ 的冲击强度很弱，相比 $\ln EC$ 和 $\ln IE$ 而言，可以忽略。

图 5－6（b）显示，$\ln EC$ 扰动一个正标准差时，前 6 期里对于 $\ln EG$ 产生的正向影响较为微弱，在 7 期后冲击强度开始明显增强，于第 15 期达到最强，影响强度为 0.16；随后冲击强度逐渐递减，20 期后转为负向，

在第 25 期至 27 期时负向冲击强度达到最大值 -0.11。由此可见，能源消耗的增长在短期内（约 5 年）对克强指数具有正向影响，会提高克强指数，但长期看会降低克强指数，产生负向影响。

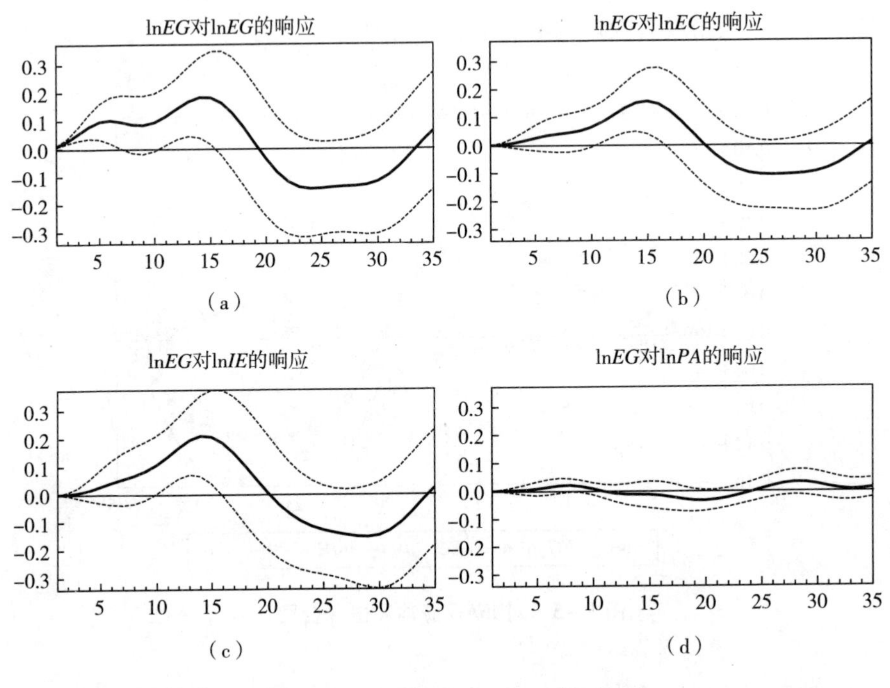

图 5-6 对 ln*EG* 脉冲冲击（分图）

图 5-6（c）显示，ln*IE* 扰动一个正标准差时，前 3 期里对于 ln*EG* 产生的正向影响较为微弱，在 4 期后冲击强度开始明显增强，于第 14 期达到最强，影响强度为 0.21；随后冲击强度逐渐递减，20 期后转为负向，在第 29 期时负向冲击强度达到最大值 -0.15。由此可见，废气排放的增长在短期内（约 5 年）对克强指数具有正向影响，会提高克强指数，但长期看会降低克强指数，产生负向影响。

图 5-6（d）显示，ln*PA* 变动一个正的标准差后对 ln*EG* 的冲击，整个冲击过程中，最大冲击强度为 0.03，冲击强度比较微弱，因此可以忽略，说明专利新增的变化在现阶段对克强指数没有明显影响。

7. 方差分解

方差分解提供了一种不同于脉冲响应函数的、能够展示系统动态变化情况的途径。方差分解可以计算出各个变量冲击的重要程度的相对占比，然后再比较其在时间影响下的变化情况，从而推算该变量作用的时间滞后，还可以估计出各变量效应的相对大小。

表5-8是克强指数 ln*EG* 的方差分解结果，选取了35个时期，根据相关系数结果中的相关强度由大到小的顺序对 ln*EC* 方差进行分解。由分解结果可得，在前3期（一年内），ln*IE* 对 ln*EG* 的预测误差的贡献比率最大，大于50%；其次是 ln*EC*，约为25%；再其次是 ln*EG* 本身；最后 ln*PA* 的贡献比例不足0.5%，几乎可以忽略。长期来看，连续变化到35期时，ln*EC* 在总方差中所贡献的比例总体呈现上升趋势，在35期时的贡献比例达到约31.7%；ln*IE* 在总方差中所贡献的比例总体基本呈现下降的趋势，在35期时的贡献比例约为25.5%；ln*PA* 在总方差中所贡献的比例总体始终较小，在35期时的贡献比例仅为约2.2%。因此，长期来看，ln*EC* 的变动对 ln*EG* 的变动影响程度最大，其次是 ln*IE*，而 ln*PA* 的变动对 ln*EG* 的变动贡献可以忽略。

表5-8　ln*EG* 的方差分解

时期	标准误差	ln*EG*	ln*EC*	ln*IE*	ln*PA*
1	0.009	19.279	27.682	53.033	0.006
2	0.029	21.041	26.339	52.581	0.039
3	0.056	23.788	24.113	52.067	0.033
4	0.085	27.409	22.702	49.834	0.054
5	0.110	31.388	22.162	46.297	0.153
6	0.128	35.406	22.253	41.903	0.439
7	0.139	39.173	22.398	37.483	0.947
8	0.146	42.482	21.890	34.143	1.485
9	0.152	45.147	20.398	32.728	1.727
10	0.160	46.886	18.466	33.048	1.600
11	0.175	47.533	17.289	33.821	1.357
12	0.198	47.398	17.608	33.808	1.186
13	0.226	46.995	19.136	32.802	1.066
14	0.255	46.533	21.248	31.253	0.966
15	0.283	45.898	23.582	29.613	0.907
16	0.305	44.879	26.010	28.191	0.921
17	0.322	43.359	28.426	27.174	1.040
18	0.333	41.475	30.628	26.618	1.279
19	0.341	39.665	32.302	26.435	1.598

续表

时期	标准误差	ln*EG*	ln*EC*	ln*IE*	ln*PA*
20	0.347	38.522	33.141	26.429	1.909
21	0.352	38.472	33.056	26.349	2.123
22	0.358	39.496	32.295	25.999	2.209
23	0.363	41.141	31.327	25.340	2.192
24	0.369	42.777	30.590	24.511	2.122
25	0.377	43.921	30.302	23.720	2.057
26	0.386	44.412	30.427	23.115	2.047
27	0.396	44.381	30.759	22.751	2.109
28	0.407	44.066	31.075	22.647	2.212
29	0.419	43.635	31.252	22.823	2.290
30	0.429	43.121	31.297	23.277	2.305
31	0.437	42.499	31.301	23.930	2.270
32	0.442	41.798	31.354	24.624	2.224
33	0.446	41.148	31.483	25.179	2.190
34	0.449	40.721	31.635	25.476	2.169
35	0.451	40.634	31.711	25.494	2.160

Cholesky Ordering: ln*IE* ln*EC* ln*PA* ln*EG*

三、结果分析

根据前面的实证结果可以得出以下结论:

(1) 能源消费总量 (*EC*) 的增长对克强指数 (*EG*) 会产生先正后负的影响。该结果说明，能源消费的增加对河南省经济发展在短期内起到正向的刺激性作用，这是由于大量的能源消费作为生产要素投入，在早期给经济增长带来了产出；但是长期来看，能源消费对河南省经济发展则起到了负向的消极作用（约 5 年），这说明过度能源消费的模式最终还是会给经济运行造成压力，对经济高质量发展不利。

(2) 工业废气排放量 (*IE*)，基本表现出与能源消费对克强指数影响相同的规律。短期来看，废气排放量的增大反映了企业产能的提高，因而对河南省经济增长呈现正向作用。但长期来看，废气排放造成环境污染，进而会导致生态环境的破坏，以及企业生存环境和居民生活质量的降低，对经济高质量发展产生滞后性的、积累性的不利影响。这符合河南省处于环境库兹涅茨曲线的左半边的实际情况，这一研究结论与董锁成等

(2016)“我国中部六省均处于经济增长会加大工业废气污染的阶段”的研究结果一致。

(3) 专利授权量(*PA*)方面，其变化对河南省经济发展的影响较小，这说明河南省的经济发展模式还处于粗放型的增长状态，远未达到依赖科技进步和知识积累的集约型经济增长模式的水平。同时，与河南省经济增长对于能源消费和工业废气排放的脉冲响应结果相一致，即经济增长能够在短期内快速被能源消耗量和工业废气排放量的增大所驱动，证明了河南省经济增长模式的落后和粗放。

(4) 从各变量的贡献度来看，短期内，工业废气排放量(*IE*)对克强指数(*EG*)的影响最大，其次是能源消费总量(*EC*)，最后是专利授权量(*PA*)；长期时，能源消费总量影响则是最高的。这进一步指出了河南省的不良经济发展方式，因此，河南省应尽快完成产业结构的优化升级和增长模式的转变，经济发展方式亟待从粗放型向节约型、低碳型方向转变。

总之，从河南省的实证研究结果可以看出，能源消费和环境污染对经济增长的影响很高，这正好说明，河南省进行绿色发展已经迫在眉睫，必须在河南省的经济发展中考虑生态环境和经济增长的协调可持续发展，或者称为经济高质量发展。而专利授权量对经济增长的影响目前虽小，但根据新经济增长理论和马克思经济增长理论中，创新代表的技术进步是经济增长质量的重要原因的论述，还必须加强省内的创新能力，也唯有如此，河南省才能尽快实现高质量发展。本书的实证结果与其他学者对河南省的绿色发展评价结果基本一致，如关成华和韩晶(2019)出版的《中国绿色发展指数报告——区域比较》中对各省份2016年的绿色发展指数进行了排序。结果显示，虽然2010~2015年河南省大力、全面推进了绿色发展，使得绿色发展指数稳定上升；但以6年间的平均值来衡量，河南省绿色发展水平确实在全国处于偏低水平，远低于全国平均水平。

第六章　物流企业低碳化发展的国际经验及政策体系研究

自20世纪80年代开始，欧美等发达国家和地区的物流产业相继进入快速发展阶段，开始了一场对各种物流功能、要素进行整合的物流革命。发展至今，发达国家已相继形成了完善的物流基础设施、高效的物流信息平台和比较发达的第三方物流所组成的社会化物流服务体系，现代物流产业进一步促进了经济社会的发展。

第一节　发达国家和地区的低碳物流实践经验

一、英国的低碳物流实践经验

英国是最早推行低碳化的国家。由于英国工业发展较早，所以较早地认识到低碳的重要性，在后期的发展中，不断开展"碳预算"体系研究，在政策方面也开始向低碳方面转变，并取得了良好效果。2008年，英国颁布了《气候变化法案》（Climate Change Act），其主要内容就是推动英国向低碳发展转型，并成立了相关的委员会，制定了2020年的中期目标和2050年的最终目标，这为后来英国的碳减排奠定了良好的法律基础。英国也是世界上第一个将减少碳排放、应对气候变化写入国家法律的国家。此后，英国政府又通过了与气候变化有关的多个协议，如《英国低碳转型计划》《英国可再生能源战略》等，并通过碳预算、碳税、碳基金等政策工具来推动碳减排的实施，其目的就是大力开展低碳经济。碳预算是指英国从2009年开始到2022年期间，每5年制定一个专门用于碳减排的财政预算，并纳入政府的年度财政计划中。这一做法的优点有三：一是将碳减排政策与其他国家的宏观经济政策联系到一起，有利于国家从宏观层面进行整体调控，从而有效避免政策之间的不协调、不统一、令出多门的问题；二是将碳减排效果与财政预算挂钩，有助于量化考核碳减排的效果，促进了碳减排政策的有效执行；三是通过财政资金有效调动了其他社会资本参与到低碳经济建设中来，共同为低碳社会发展提供资金保障。碳税是指通过调节征税的品种、税率以及提供税收优惠政策等，影响碳排放之后的产品价格，进而通过市场机制调节低碳产品的供需关系，引导企业积极开展环境技术创新、投资低碳环保产品、减少高耗能、高污染产品的生产。这一政策的突出特点是通过价格杠杆来调节低碳产品的供需，运行效率和运行质量都比较满意。碳基金是随着国际碳排放权交易的发展而产生的一种资本运作方式，按照《京都议定书》的规定，发达国家在2008～2012 年的部分碳减排任务必须通过碳排放权交易完成，因此，各国纷纷设立各种碳基金来支持碳减排项目的开展。英国的碳基金是从 2001 年起步的，碳基金的管理完全按照企业化方式进行。具体做法是：英国政府与企业合作，针对企业碳排放指标进行监督，只要企业每年的碳排放指标能够达到与政府签订协议的目标值，英国政府就会给予企业减免 8% 的碳税。这一政策的优点是，一方面，碳基金的资本来自政府，从而有利于从政府层面设置减排目标，保证了碳减排目标的持续推进；另一方面，碳基金由独立的企业管理，无论是碳基金的支出还是碳基金的投资，还是碳基金的内部人员管理等，都严格按照董事会的决议来执行，从而有利于实现基金效益的最大化，提升碳基金的使用效率。发展至今，碳基金已经非常成熟，并且形成了完善的互动体系，碳基金也被认为是最有说服力、最具认可度的经济政策手段之一。总之，英国低碳物流发展模式体现在利用法律法规、财税政策、政企合作等途径，在碳排放量这个结果控制的基础上，由企业自主发展低碳物流，实现低碳物流的社会化运营。

二、欧盟的低碳物流实践经验

总体来说，欧盟国家的低碳意识要高于其他地区，在很多方面都开启了全球低碳活动的先河。自 2007 年 6 月，欧盟就正式开启了欧盟气候变化应对计划，为保证这一计划能够在欧盟范围内实施，欧盟制定了很多措施来控制二氧化碳的排放量，并组织政府、民间积极参与其中，不仅制定了高标准而且严格落实，以推进《京都议定书》的实施。2007 年底，欧盟委员会对欧盟能源技术战略计划进行发布并要求推进实施，计划中要求欧盟要大力推广先进的节能减排技术，同时建立长效机制来做到可持续发展。2009 年 11 月，欧盟委员会又发布了《2009 年度欧洲就业报告》，内容中增加了绿色环保相关的工作岗位，同时开始重视相关的培训工作。欧盟的低碳经济发展模式体现在各个领域，在低碳物流发展方面，欧盟也有一套比较完整的先进管理经验，下面对欧盟的低碳物流总结如下。

1. 对物流管理模式推陈出新

从1980年开始，欧洲便开始研究新型的物流管理模式，即把与物流业有关的资源、信息通过物流企业的有效合作，实现资源、信息的统一，从而提高效率，强化物流服务质量，减少能源消耗和碳排放，从而实现保护环境的目的，这也称为综合性合作管理模式。具体来说，有两种合作模式，一是互惠互利的补偿式合作模式。这种合作模式主要是建立在双方都是各取所需，借助对方的优势来弥补自己的不足，从而实现有效的合作。二是替代型互换合作模式。即双方进行合作后，能够对双方的业务进行优化，只保留最有价值的业务，或者双方通过合作，在共有的业务上进行完善，做到强强合作，实现互换型合作。表6－1对这两种合作模式进行了对比。

表6－1　两种合作模式对比

类型	互补型合作	互换型合作
合作目的	取长补短、提高效率、节约能源	竞争改合作，充分利用资源
业务领域	业务有差异	业务无差异
业务关系	业务不连续	多项业务同时开展
业务特征	业务互补、独立均可	多项业务同时开展，但有约束性
双方关系	同一地位	既有竞争，又有合作

从表6－1可以看出，这两种合作模式各有优缺点，物流企业可以根据自己的实际情况，选择相应的合作方式。

2. 充分借助政府和协会来督促指导低碳发展

具体来说，针对运输安全问题设计缜密的计划，保证每项业务的安全性，减少损失。在欧洲，成立了专门的货运代理组织来推动低碳物流科学指标体系的建设，从而保证低碳物流的各项指标都在标准范围内，具有很强的操作性；加大低碳经济和节能减排宣传力度，不断建设基础设施，建立相关制度，并不断完善制度漏洞，强化制度的约束性，利用高科技来提效节能，并能很好地加以推广和实践。表6－2展示了欧盟交通运输长远发展的政策措施。

表 6－2　　交通运输长远发展的政策措施

项目	政策措施
实施目的	尽可能减少对环境所造成的污染
政府财政支出	通过政府经济支出及宣传来促进低碳交通运输发展
公共设施	积极支持公共交通运输体系建设
环保评价标准	创建并完善环境影响评价标准
危险品运输措施	强化危险性物品的物流运输管理

3. 加快物流网络信息体系的建设

为了提高物流运输效率，实现低碳物流，通过集中网络信息，对物流各环节进行了有效控制，形成了进货、价格、配送的有效整合，如图 6－1 所示。

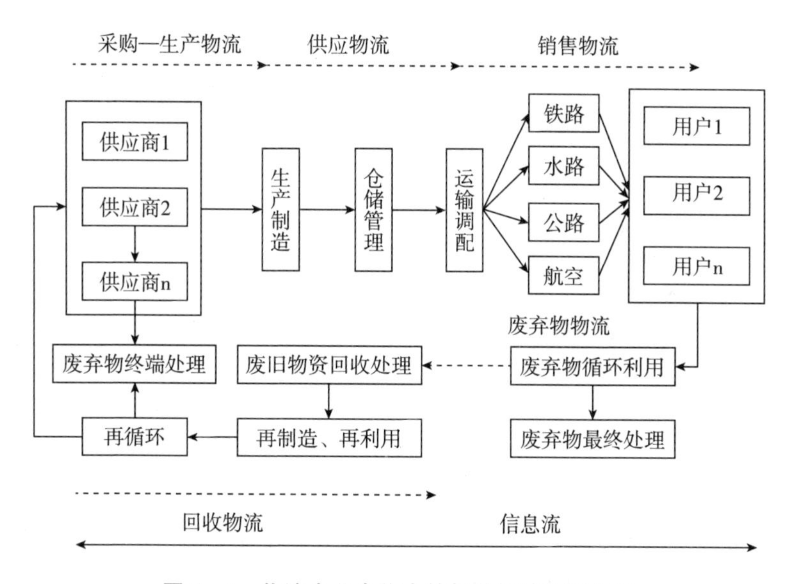

图 6－1　物流企业合作中的相关低碳物流流程

三、美国的低碳物流实践经验

节能增效、开发新能源、应对气候变化等都是美国发展低碳物流的主要政策规定，其中对新能源的开发与利用是最重要、最关键的，也是政府最支持的低碳措施。

1. 政策方面

首先，政府牵头，给予大量补贴补助支持低碳技术的开发。“美国复兴和再投资计划”是美国在低碳政策方面的最大保障，并在实施过程中给予高度重视和跟踪落实。美国政府还成立有“清洁能源研发基金”，耗资15亿美元专门支持新能源研发。同时在税收方面给予大力的减免支持，具体措施为：对于使用新能源的物流公司，包括太阳能、风能、循环经济、生物燃料等，政府提出减免企业税收额大约为30亿至45亿美元。与此同时，通过制定完善的约束机制，减少和控制高碳排放行为和高耗能的生产加工过程，对于超标行为给予严厉处罚。《美国清洁能源与安全法案》详细规划了温室气体减排的时间表和温室气体排放权配额与交易机制，法律制定详细程度可由此窥见一斑。

其次，美国利用科学技术的领先优势，加大科研项目的推进和成果转化，设立专门的优惠条件，既能满足物流企业低碳化发展无附加成本的基本需要，又能积极开展低碳物流的发展与探索，研发创新活动覆盖到各个物流环节（见图6-2），从而促进了物流行业整体的低碳化发展步伐。

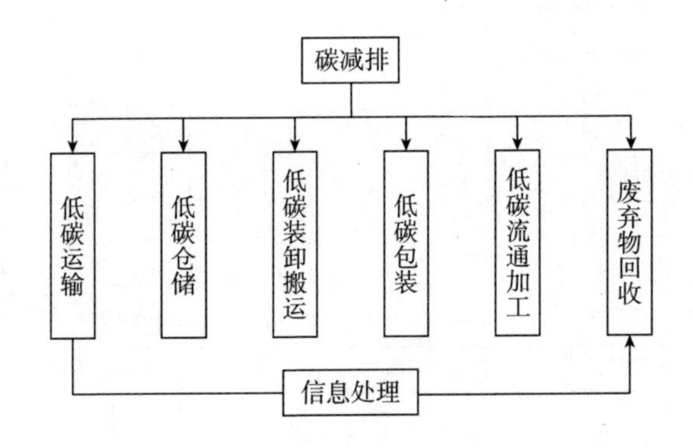

图6-2 低碳物流作业环节

最后，加快企业海外发展步伐。全球化的进程是不可避免的，物流公司国际化也是实现国家低碳发展的有效途径之一。由此，美国大型物流企业采取“走出去”策略。如美国的联邦快递，就是一家总部位于美国田纳西州的国际大型运输公司，它的客户遍布全球200多个国家和地区。联邦快递拥有覆盖全球的海陆空运输网络，以及总部位于孟菲斯的全球管理信息系统操控中心，实现对全球业务的监测和监控，同时做到对全球运输网络的优化设计和科学调度，这样既提升了工作效率，又有利于节能减排。

2. 运营模式

美国整个低碳物流的管理运营模式如图6-3所示。处于低碳物流最顶层的低碳设计就是出发点和重中之重，通过供应商对资源的有效、循环利用，一方面实现低碳仓储、物流、配送；另一方面通过对低碳技术支持和低碳政策激励，实现废弃物的高效环保处理和逆向物流管理。而实现这个目的的途径是通过资源的合理规划、高效的采购管理、相关制造环节的全盘跟进、装卸搬运的现代化和高效管理、包装的环保和循环利用、流通加工的高效和时效、营销政策和营销手段的全方位实施等多种具体措施与具体手段实现的。

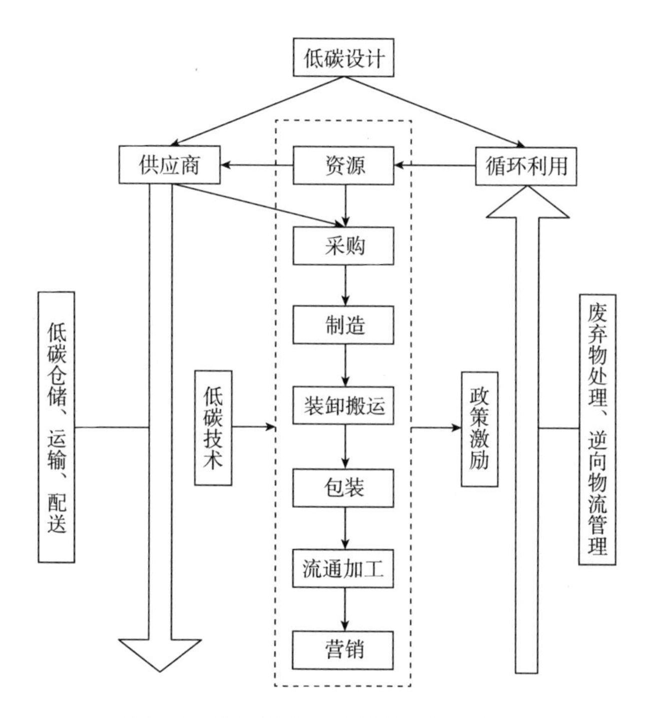

图 6－3　美国低碳物流管理运营模式示意

在上述的多个环节中，先进的科学技术是重要保障，为此，大量高校的科研人员和研究机构都参与其中，使科学技术研发得到人力资源保障；与此同时，信息化、网络化和智能化是低碳物流技术落到实处的另一个落脚点。

首先，拓展物流企业的功能。物流企业开始全方位关注仓储、高效运输、优化路线、附加值服务等多种业务，全方位推进低碳物流的发展，从而促进整个产业链的延伸和拓展，最终取得效率提升和资源优化配置等显著效果。

其次，从模式上看，大量商品采用直接流通方式，尽量减少中转。在美国，大部分产品实现了直接流通，这得益于美国已经形成了较为完善和丰富的运输服务链条。直接流通的优点在于，简化从生产商到消费者中间的几个环节，产品在物品流通过程中损耗非常小。

最后，信息化物流共享模式。1990 年以来，信息化建设是美国在物流方面建设投资力度较大的一个方向，主要是在产品信息网络的建设方面进行投入。在信息建设的成果上，超过八成的美国农民会使用互联网，大约 1/9 的农民会利用网络进行买卖活动，农业产品在网上交易占到网络商品交易的较大比重。这表明，在美国的物流环节，资源优化配置的程度相当高。总之，美国宏观经济政策的支持使得产品绿色物流能够获得较高效益。

四、日本的低碳物流实践经验

日本低碳物流的发展表现在政府的严格管控和法令实施效果显著。日本政府制定出一整套发展低碳物流的科学量化标准。1989 年日本政府就提出，在未来 10 年内，将含氮化合物产出量减少 30% ~60% 。从 1993 年开始，日本又开始大力推进新型环保车的使用。由此看来，政府的严格禁令和科学落实是促进低碳物流发展的重要手段和保障，也是确保各项进度能按计划推进的关键因素。为保护环境和恢复生态，日本建立了立体式的交通网络，严格控制路运数量，同时凭借日本独有的地理环境积极发展海运和空运，优化运输系统资源。2008 年日本提出了《低碳社会行动计划》，主要内容包括：一是加大科技投入，尤其是在资金和人才上加以政策倾斜；二是利用政府政策引导企业落实低碳物流；三是完善低碳物流持续发展体系，政府仅作为引导者，而由企业、技术团体加以落实和完善，并持续推广。实践证明这套做法成效斐然，图 6 -4 为日本低碳物流运营模式管理过程示意。

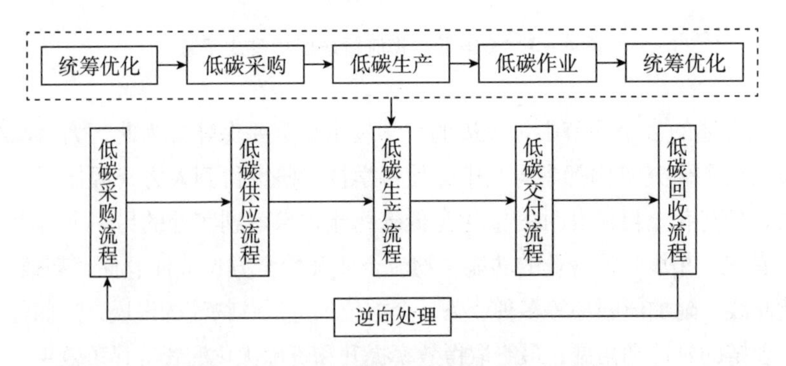

图 6 -4 日本低碳物流运营模式管理示意

1. 重视资源回收的作用和影响

加强废弃物回收利用的出发点是减少资源浪费和加强资源重复利用。

在物流资源回收利用方面，日本政府制定了废气排放标准和资源循环利用的规章制度，一方面起到约束和规范物流企业行为的作用，另一方面有利于量化监督这些政策措施的执行情况，最终实现降低资源浪费、减少环境污染的目的。在早期，使用过的物流包装物多用于发电，《能源保护和促进回收法》实施以后，日本物流包装使用的材料就是可降解、可循环利用的绿色环保材料，同时加大了这些材料的资源回收与利用。

2. 加强绿色物流模式的改进

从产品运作模式上来说，日本产品流通的优点是效率高、流动快。为了实现绿色高效的物流模式，日本多渠道筹措了大量资金用于物流基础设施建设，日本建立了关联性很强的低碳物流环保基站、市场和场所。在信息技术的支持下，网络信息保障了物流体系的完善和高效发展，如物流配送中心，会根据网络订单信息直接进行派送服务；在加工包装方面，低碳环保的绿色包装以及精细化的分类包装服务正在日本兴起。

第二节　中国物流企业低碳化转型的体制机制研究

物流企业的低碳化发展与政府行为有很大关系。一方面，在低碳经济发展的大背景下，政府为了促进物流企业低碳化发展，会制定相应的低碳化管制政策，并加强对物流企业的监督，对实施低碳物流的企业给予奖励，对不实施并对环境造成污染的企业进行惩罚；另一方面，物流企业考虑到自身利益最大化，会权衡是否实施低碳行为，是否进行低碳化转型发展。由此可见，政府部门和物流企业两个行为主体，都要在考虑对方行为的情况下采取相应的最优策略，由此便构成了两者的利益博弈（高凤华，2013）。因此，下面通过政府与物流企业之间的博弈分析，为中国设计和完善相关的体制机制，促进中国物流企业低碳化转型提供一些决策参考。

一、政府与企业低碳化发展的博弈分析

1. 基本假设与参数设立

不妨假定，物流企业可以选择实施低碳物流和不实施低碳物流两种策略，且不实施低碳物流的成本会低于实施低碳物流的成本，同时，政府会依据物流企业是否进行低碳发展，确立“不监管”和“监管”两种策略。进而假定，政府对物流企业实施监管的概率为 $x(x \in [0,1])$ ，不监管的概率为 $1-x$；物流企业实施低碳化发展的概率为 $y(y \in [0,1])$ ，不进行

低碳化发展的概率为$1-y$。在此基础上，建立政府与物流企业之间实施低碳行为的博弈模型，其模型分析中的主要参数如下：

E_1：政府的期望收益；

E_2：物流企业的期望收益；

P_1：企业实施低碳物流时获得的收益；

P_2：企业不实施低碳物流时获得的收益；

M：实施低碳物流后政府给予企业的奖励；

m：企业因不实施低碳物流造成碳排放超标而受到的罚款处罚；

c：政府对物流企业的监管成本。

上述参数之间存在如下关系：首先，由于物流企业发展低碳物流成本要高于不发展的成本，所以物流企业实施低碳物流时的收益要比不实施低碳物流的收益少，即$P_1 < P_2$；其次，出于对违规企业惩罚的需要，政府的处罚力度一定要大于企业违规所得，即政府制定的罚金m要大于物流企业的收益差额$\Delta P = P_2 - P_1$；同理，为了鼓励物流企业的低碳发展，政府对企业的奖励M也要高于企业的收益差额$\Delta P = P_2 - P_1$，当然也要小于企业物流企业实施低碳物流所获得的收益P_1；最后，为了激励政府进行监管，政府的监管成本c要小于罚金m。

2. 建立政企博弈模型

根据前面的描述和假设，建立政企博弈模型的基本要素如下：

（1）博弈方：两方，其中1代表政府，2代表物流企业。

（2）策略集：政府的策略集为A_1｛监管，不监管｝，物流企业的策略集为A_2｛实施，不实施｝。这里的监管和实施均是针对低碳化而言。

（3）行动次序：物流企业与政府的决策不分时间先后，同时进行决策，即使实际决策过程中双方的策略选择存在客观上的时间先后顺序，但由于双方是独立决策，在自己做出决策之前并不知道对方的策略选择，因此，仍然可以认为双方是同时进行策略选择。

（4）收益矩阵：政府与物流企业的收益不同，如表6－3所示。

表6－3　政府与物流企业的收益矩阵

博弈策略		物流企业	
		实施	不实施
政府	监管	$Q_1(-c-M, P_1+M)$	$Q_2(-c+m, P_2-m)$
	不监管	$Q_3(-m, P_1+M)$	$Q_4(0, P_2)$

基于以上博弈矩阵，下面依次对四种策略组合进行分析。

Q_1情况：若物流企业实施低碳行为，同时政府也进行了监管，那么，政府需要投入一定的监管成本 c，但是没有处罚收入。同时，由于物流企业采取了低碳化的措施，所以政府需要给予物流企业相应的奖励 M。此时，政府有一定的利益损失，亏损额度为监管成本和奖励支出，合计为 $c+M$,与此同时，物流企业获得的收益既包括低碳化收益也包括政府的低碳化奖励，合计为 P_1+M。

Q_2情况：在政府进行监管的情况下，如果物流企业没有实施低碳化行为且碳排量超标，那么企业就会受到政府的惩罚，物流企业交纳的污染罚金正是政府的收入，同时也是物流企业额外增加的成本。因此，这种情况下的政府最后收益为罚金收入和监管成本之差，记为 $m-c$，对于物流企业而言，由于受到了污染处罚同时也没有低碳化收益，因此企业最终的收益记为 P_2-m。

Q_3情况：物流企业主动实施低碳化转型发展，但政府没有进行市场监管，则此刻政府既没有监管成本支出，但政府仍需要支出 M 用于奖励企业的低碳行为，因此，政府的收益记为 $-M$，而企业获益记为 P_1+M。

Q_4情况：物流企业不实施低碳化转型发展，政府也不进行市场监管，此时政府的收益为0，企业收益为 P_2 。

面对以上四种不同情况的策略选择和博弈结果，政府和企业都会从理性人的角度出发，选择对自己利益最大化的策略。从物流企业来看，假定政府选择监管策略，因为 $m>\Delta P(\Delta P=\Delta P_2-P_1)$ ，所以物流企业的最佳策略选择就是实施，即进行低碳化转型发展；当政府不进行处罚时，因为利润 $P_2>P_1$ ，所以物流企业不会选择实施低碳物流。从政府角度来看，当物流企业决定实施低碳物流时，由于 $-c<0$ ，对于政府来说最优的策略是不监管；当物流企业选择不实施低碳时，因为 $c<m$ ，所以此时政府的最优策略是实施监管。

3. 博弈过程

由以上博弈模型分析得出，政府和物流企业的期望收益如下：

$$
\begin{aligned}
E_1 &= x[y(-c-M)+(1-y)(m-c)]+0 \\
&= x[m-c-(m+c)y] \qquad (6.1)
\end{aligned}
$$

$$
\begin{aligned}
E_2 &= y[x(P_1+M)+P_1(1-x)]+(1-y)[x(P_2-m)+P_2(1-x)] \\
&= y[(M+m)x-(P_2-P_1)]+P_2-mx \qquad (6.2)
\end{aligned}
$$

分别对上式对于 x、y 求偏导：

$$\frac{\partial E_1}{\partial x} = m - c - (m + c)y \tag{6.3}$$

$$\frac{\partial E_2}{\partial y} = (M + m)x - (P_2 - P_1) \tag{6.4}$$

令：以上两个偏导公式等于零，则：

$$\frac{\partial E_1}{\partial x} = m - c - (m + c)y = 0 \rightarrow y = \frac{m - c}{m + c} = 1 - \frac{2c}{m + c} \tag{6.5}$$

$$\frac{\partial E_2}{\partial y} = (M + m)x - (P_2 - P_1) = 0 \rightarrow x = \frac{P_2 - P_1}{m + M} \tag{6.6}$$

因此，此博弈模型的混合纳什均衡为：

$$(x,y) = (\frac{P_2 - P_1}{m + M},1 - \frac{2c}{m + c}) \tag{6.7}$$

因为物流企业实施低碳物流的概率与政府给予的罚金呈正相关关系，也就是政府对物流企业的处罚力度越大，物流企业实施低碳物流的积极性就越大，所以在政府对物流企业进行有效监管时，物流企业有更大意愿选择实施低碳物流。

4. 博弈结果分析

从政企关于实施低碳物流的博弈结果可以发现，在达到纳什均衡时，政府对物流企业进行有效监管、物流企业选择低碳化转型发展。这一均衡解的实践应用价值启示我们，政府可以通过实施一定措施促使物流企业发展低碳物流。

第一，降低监管成本。在博弈模型中可以看出，政府的监管力度与监管成本有关。政府的监管成本越高，也就是政府为监管物流企业是否实施低碳化所花费的成本越高，则监管的效率就越不理想。由此得出，政府机构应通过完善相关检察部门、采用更加科学有效的监督方法等，减少相关部门的监督成本。同时，政府可以加强对相关部门的培训，推广合理的手段和先进的技术，提高监管效率，降低监督管理的成本。

第二，增加政府监管部门失职成本与尽职收益。低碳化的最终落实还是需要政府与物流企业进行合作，因此相关监管者可能受到企业等其他利益相关者的外部干扰和影响，甚至有的监管者可能会选择与物流企业同流合污，进行包庇，导致监管行为与目标不匹配。所以，政府需要增加相关部门的失职成本，同时也要增加其尽职成本，这样才能增强监管人员的积极性。通过奖惩专家的收益悬殊进一步理顺职业倾向，激发忠于职守的监管者。增强政府对环保监督部门的监管，如制定一些责任制等，给予环保监督部门一定的压力，从而激发他们的动力，促使他们认真履行职责，进行严格的监督，以促进中国物流业向低碳化方向有序高效发展。

第三，增加环境违法行为的处罚力度。若有物流企业坚决抵制进行低碳化发展，并对环境造成极大污染和损害的，一定要进行严厉处罚。不仅是经济上的处罚还要有信誉体系和社会舆论上的处罚，如纳入失信清单、曝光其污染环境的高碳行为等，这不仅惩罚了企业，还给其他物流企业敲响了警钟，促使企业都进行低碳物流的转型发展。

从政府与物流企业关于是否实施低碳物流发展的博弈模型分析可以看出，物流业低碳化的发展离不开政府部门的环境监管和奖惩规制。为此，下面从征收碳排放税、实施碳减排财政补贴、鼓励公众参与三个方面构建博弈模型，以促进物流业低碳化的发展。

二、政府征收碳排放税的机制分析

1. 碳税模型建立

企业的环境污染治理成本只有企业自身清楚，作为局外的政府并不掌握企业的相关信息。但政府可以通过其他方式间接判断企业治污成本的大小，如碳税，那么政府对物流企业收取碳排放税就成为一个完全信息的动态博弈问题。首先，政府出台相关规制政策，设置碳排放税率为 t ，然后物流企业根据政府所制定的碳排放税去计算物流量 Q 所对应需要缴纳的碳排放税额，即 $R = Qt$ 。

征收碳排放税的激励机制模型涉及的参数如下：

t ：政府制定的碳排放税率；

Q ：物流企业的碳排放量；

P ：物流企业获得的收益；

E ：政府在征收碳排税后的期望收益。

物流企业的期望效益与碳排放税和自身的碳排放量有关，在条件一定的情况下，碳排放量与其物流量呈正相关关系。同样，政府的期望收益也与以上两个变量相关。政府与物流企业的利润函数关系如图 6-5 所示，图中物流企业的利润无差异曲线是凸向原点的，政府的利润曲线是凹向原点的。简而言之，就是物流企业的物流量越大，企业的效益也会越多，但与此同时，物流量越大也意味着需要缴纳的碳排放税也越多，所以物流企业会采取一定的措施减少碳排放量，进行低碳化的转型发展，从而尽可能增加企业的收益。

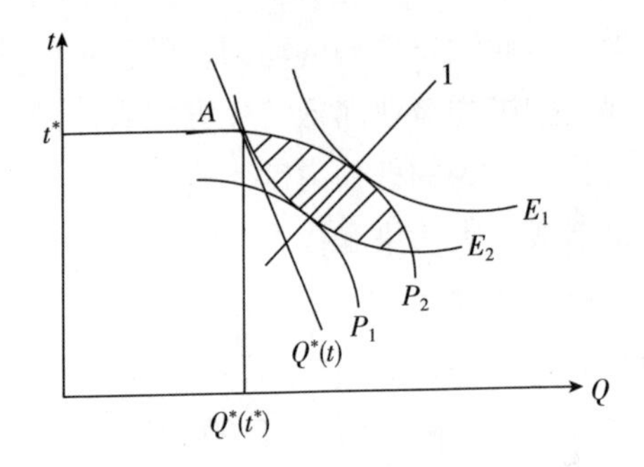

图 6 – 5　政府与物流企业关于碳排放税之间的博弈

物流企业的利润函数为 $P(t,Q) = P(Q) - tQ$ ，其中，$P(Q)$ 是物流企业在物流量为 Q 时所获得收益，且满足利润函数关于物流量的一阶导数大于0、二阶导数小于0，利润函数关于碳税税率一阶导数小于0，即 $P_Q' > 0$，$P_Q'' < 0, P_t' < 0$ 。与此同时，政府的期望效益可以表示为：$E(t,Q) = E[t, Q(t)]$ ，显然政府的期望收益与碳税税率和物流量均呈正相关关系，即碳税税率越高，支付收益越大，物流量规模越大，政府因此受到的碳税财政也会越多，即 $Et' > 0, EQ' > 0$ 。

2. 博弈过程

接下来运用里昂惕夫（Leontief）模型证明该机制的有效性。为了研究政府通过征收碳排放税的方式对物流企业实施低碳发展的激励，本书提出三项假设：第一，在此模型中参与博弈的政府与物流企业都以自身利益最大化为最终目标，唯一不同的是，企业的目标是为了使企业利益最大，而政府是为了使社会与环境效益最大化；第二，政府先提出碳排放税率，物流企业再确定自身的物流量；第三，假定物流市场是完全竞争的市场，物流企业可以决定自己企业的物流量，但不能决定市场价格，这一点与当前国内的物流市场运行状况基本吻合。

基于以上三个假设，通过逆向归纳，求解物流企业在利润最大化时的最佳物流量 Q^* ：

$$\max_Q P(t,Q) = P(Q) - tQ \tag{6.8}$$

函数 $P(Q)$ 是关于物流量单调递增的函数，所以 $P_Q' > 0$，有唯一的 Q^* 存在。将函数（6.8）对 Q 求导数，令导数等于0，求得 $Q = Q^*(t)$ 。出于物流企业自身利益的考虑，如果政府制定的碳排放税税率越高，那么物流企业的物流量将会相应减少，即 $Q^*(t)$ 是关于 t 的减函数。

由 $\max_t E(t,Q) = E[t, Q(t)]$ ，其中，对 t 求一阶偏导，并令式子等

于0，得出：

$$E_t' + E_Q'Q_t' = 0 \tag{6.9}$$

$$-\frac{E_t'}{E_Q'} = Q_t' \tag{6.10}$$

式（6.10）的左边代表政府所制定的碳排放税率相对于物流企业物流量的边际效用替代率，右边代表物流企业对碳排放税率的反应曲线斜率。

结合式（6.3）和环境效用函数，能够求出最优碳排放税率 t^* ，然后可以推算出最优碳排放税率下物流企业的最优物流量的数值。

如图6－5所示，P_1 和 P_2 是物流企业的等利润曲线，在物流量相同时，碳排放税率越大，企业的利润就会越小，可以看出，在利润曲线越往上时企业的利润越高，即 $P_1 > P_2$ 。图中 E_1 和 E_2 都是代表政府期望效用的无差异曲线，同理得，当物流量相同时，碳排放税率越大，政府的期望效用值越大，也即 $E_1 > E_2$ 。$Q^*(t)$ 是政府在制定不同碳排放税率情况下物流企业的最优反应曲线。根据 $\frac{E_t'}{E_Q'} = Q_t^{*'}$ 可以推导出，均衡点 A 是物流企业的最优反应曲线和图中政府无差异曲线的切点。结合图6－5分析可知，均衡点 A 并不是政府和企业的最优选择，图中阴影部分中的任意点都可以满足条件：$E > E_1, t > t_0$ ，也就是说图中阴影部分中的任意点都比均衡点 A 更有效。曲线1上的任一点都满足：

$$-\frac{P_t'}{P_Q'} = -\frac{Q}{P_Q' - t} = -\frac{E_t'}{E_Q'} \tag{6.11}$$

因此，最优解应该是图6－5中的曲线1，也即政府的无差异曲线和物流企业等利润曲线的所有切点集合。

式（6.11）说明，政府制定碳排放税率的激励机制能够影响物流企业对于物流量的选择。由于碳排放税率和物流企业物流量之间成反比，所以物流企业想要增加物流量就必须缴纳更多的碳排放税。在这种情况下，为了让整个系统处于一种相对平衡的状态，在政府的激励机制下有效促使物流企业进行低碳化转型发展，需要满足以下条件：物流企业对于政府提高碳排放税率和物流企业增加物流量间的边际效益之比等于政府对于提高碳排放税率和物流企业增加物流量间的边际效益比。以政府和物流企业利益最大化为原则并不能得到博弈均衡的结果，或者说，以自身利益最大化所制定的碳排放税率和物流量并不是最优的。这种情况下，政府通过提高碳排放税率的方式不能实现促进物流企业进行低碳转型的目的。这就需要政府和物流企业进行谈判，以达到两者双赢的结果。政府需要和物流企业进行协商，而后根据协商结果适当提高碳排放的税率，以促进物流企业进行低碳化的转型发展。

3. 博弈结果分析

通过建立政府征收碳排放税的激励机制模型，并进行分析，得到以下结论：

一是在此博弈过程中，存在着均衡解 $t^* = Q^*(t^*)$，是物流企业的等利润曲线和政府的无差异曲线切点的集合。

二是 $t^* = Q^*(t^*)$ 并不是模型中的最优选择，最优解需要满足以下条件：

$$-\frac{P_t'}{P_Q'} = -\frac{Q}{P_Q' - t} = -\frac{E_t'}{E_Q'} \tag{6.12}$$

同时，这个结果需要在政府和物流企业进行协商并达成一致的基础上实施。

三、政府提供碳减排财政补贴的机制分析

要想走低碳发展之路需要全社会的共同努力，尤其是政府部门，既要考虑对企业的环境监管和处罚震慑作用，同时也要从财政补贴角度出发，为物流企业的低碳化发展提供相应的财政支持，毕竟很多环境技术创新活动需要大量的前期资金投入，而且还存在一定的投资风险和经营风险，因此，建立相应的补贴机制对于全面推进低碳化发展也非常必要和重要。下面以财政补贴为例，详细阐述政府与企业之间的博弈过程，以期为完善中国政府的激励机制提供一些参考。

1. 财政补贴模型的建立

为了调动更多的物流企业参与到低碳化转型发展中来，政府通常会对那些减排效果好的企业提供一定的财政补贴予以激励，鼓励他们继续向前，坚持环境技术创新；同时吸引那些尚未重视低碳发展的物流企业，开始认识到低碳发展的好处和优势，从而加入到这一行列中来。为此，本书将探讨如何构建政府财政补贴的激励机制。物流企业在收到政府的补贴激励后，产出和收入的关系并不是线性的，用柯布－道格拉斯函数式表示政府的补贴激励作用：

$$Q(M,N) = \varphi M^{\alpha} N^{\beta} \tag{6.13}$$

其中，M 为物流企业进行低碳化转型发展所投入的资金，包括用于研发低碳物流技术和引进低碳人才等；N 是指政府为了激励物流企业进行低碳化转型发展而投入的资金；α、β 分别表示物流企业和政府在投入相应的资

金后所对应产生的低碳效益；φ 是常数，代表在低碳化转型发展后所带来的政府和物流企业之间的产出比。因为政府与物流企业的边际产出函数是单调递减的，也即 $\alpha+\beta<1$ 。

不妨用 X_E 代表物流企业在进行低碳化转型发展后所产生的边际效益，X_F 代表政府在促进物流企业进行低碳化转型发展中产生的边际效益，X_E、X_F 两者都是可以预测的常数。政府和物流企业的利润函数（P_E,P_F）等于二者边际收益 X_E、X_F 和产出 Q 的乘积，然后再减去各自投入的资本。

假设为了激励物流企业进行低碳化转型发展，政府主动帮助物流企业承担一部分由于低碳化所增加的成本，对物流企业进行一定的补贴，其补贴占总增加成本的比例为 K 。那么，政府与物流企业的利润函数可以分别表示为：

$$P_F = X_FQ - KM - N = X_F\varphi M^{\alpha}N^{\beta} - KM - N \tag{6.14}$$

$$P_E = X_EQ - (1-K)M = X_EM^{\alpha}N^{\beta} - (1-K)M \tag{6.15}$$

由此可以得出整个系统的总利润：

$$\begin{aligned} P &= P_E + P_F \\ &= X_E\varphi M^{\alpha}N^{\beta} - (1-K)M + X_F\varphi M^{\alpha}N^{\beta} - KM - N \\ &= (X_E + X_F)\varphi M^{\alpha}N^{\beta} - M - N \end{aligned} \tag{6.16}$$

到此，建立起了政府激励物流企业进行低碳化转型发展的财政补贴机制模型。为了简化起见，假设建立的模型没有企业风险。

2. 博弈过程

（1）物流企业与政府同时采取行动的博弈分析。当政府与物流企业同时行动时，都会选择以自身利益最大化为最终目标，物流企业最优的投入资金为 M ，政府会选择最优的财政投入 N 与最优补贴比例 K ，通过最大化的利润函数可得：

$$\max_X P_E = X_EQ - (1-K)M = X_E\varphi M^{\alpha}N^{\beta} - (1-K)M \tag{6.17}$$

$$\max_X P_F = X_FQ - KM - N = X_E\varphi M^{\alpha}N^{\beta} - KM - N \tag{6.18}$$

其中，$0 \leqslant K \leqslant 1, M > 0, N > 0$。

当政府与物流企业同时行动时，对政府来说，$\dfrac{\partial P_F}{\partial K} = -M < 0$ ，所以政府的最优补贴系数为0，也即 $K=0$ 是最优的补贴系数。在这个前提下，将式（6.17）、式（6.18）分别对 M、N 求一阶导数，同时令这个导数为0，得到：

$$\frac{\partial P_E}{\partial M} = \alpha X_E\varphi M^{\alpha-1}N^{\beta} - 1 = 0 \tag{6.19}$$

$$\frac{\partial P_F}{\partial N} = \beta X_F \varphi M^{\alpha} N^{\beta-1} - 1 = 0 \tag{6.20}$$

联立式（6.19）和式（6.20），得到唯一纳什均衡解：

$$M^* = [(\alpha X_E)^{1-\beta} \varphi (\beta X_F)^{\beta}]^{1/(1-\alpha-\beta)} \tag{6.21}$$

$$N^* = [(\beta X_F)^{1-\alpha} \varphi (\alpha X_E)^{\alpha}]^{1/(1-\alpha-\beta)} \tag{6.22}$$

$$K^* = 0 \tag{6.23}$$

综上分析可见，在政府与物流企业同时采取行动的情况下，得出以下结论：一是如果政府与物流企业同时行动，无论该博弈模型中的各个参数取任何值，政府的最优决策都是不进行财政补贴，即这时政府最优的补贴系数 $K = 0$ 。二是在整个博弈的过程中，由于政府和物流企业两个行为主体在低碳物流方面的投入都与自身利益相关，所以两者对进行物流低碳化发展的成本投入是由各自所得的边际收益所决定。

（2）政府优先行动情况下的博弈分析。假设政府有优先选择的权利，并决定了财政投入 N 和补贴系数 K 的值，在这种情况下，物流企业会针对政府所决定的 N 和 K 的值对应确定自身的最优资本量投入 M 。为了分析物流企业的最优策略，首先需要在给出的 N 和 K 值的基础上，运用逆向归纳的方法求出均衡解。为此，将式（6.23）对 M 求导，并令式子等于 0，得到：

$$\frac{\partial P_E}{\partial M} = \alpha X_E \varphi M^{\alpha-1} N^{\beta} - (1 - K) = 0$$

$$\rightarrow M = \left(\frac{\alpha X_E \varphi N^{\beta}}{1 - K}\right)^{1/(1-\alpha)} \tag{6.24}$$

由于政府可以提前得到物流企业的相关信息，所以在政府知道企业进行低碳化转型发展的投入资金 M 后，政府可以相对确定最优的财政投入 N 和最优的补贴系数 K 。将式（6.24）代入式（6.14），对 N 和 K 分别求一阶偏导，并令其为 0，得出：

$$N^{**} = [\beta^{1-\alpha} \alpha^{\alpha} (X_F + \alpha X_E)]^{1/(1-\alpha-\beta)} \tag{6.25}$$

$$K^{**} = 1 - \frac{X_E}{X_F + \alpha X_E}\left(当\frac{X_F}{X_E} \geqslant (1 - \alpha) 时\right)$$

$$K^{**} = 不存在\left(当\frac{X_F}{X_E} < (1 - \alpha) 时\right) \tag{6.26}$$

$$M^{**} = [\alpha^{1-\beta} \beta^{\beta} (X_F + \alpha X_E)]^{1/(1-\alpha-\beta)} \tag{6.27}$$

M^* 代表在信息对称的情况下，物流企业实施低碳物流的投入；M^{**} 表示在信息不对称的情况下物流企业实施低碳物流的投入，通过比较：

$$当\left(\frac{X_E}{X_F}\right)^{1-\beta}-\alpha\left(\frac{X_E}{X_F}\right)>1\text{时},M^*>M^{**} \tag{6.28}$$

$$当\left(\frac{X_E}{X_F}\right)^{1-\beta}-\alpha\left(\frac{X_E}{X_F}\right)<1\text{时},M^*<M^{**} \tag{6.29}$$

以此类推，N^* 表示在信息对称的情况下政府给予物流企业的补贴；N^{**} 表示在信息不对称的情况下政府给予物流企业的补贴。比较发现：

$$当\left(\frac{X_E}{X_F}\right)^{1-\alpha}-\beta\left(\frac{X_E}{X_F}\right)>1\text{时},N^*>N^{**} \tag{6.30}$$

$$当\left(\frac{X_E}{X_F}\right)^{1-\alpha}-\beta\left(\frac{X_E}{X_F}\right)<1\text{时},N^*<N^{**} \tag{6.31}$$

比较 K^*、K^{**} 后得出：

$$当\frac{X_F}{X_E}\geqslant(1-\alpha),K^{**}>K^*=0 \tag{6.32}$$

政府优先行动的情况下，得出以下结论：

结合式（6.26）分析，当 $\frac{X_F}{X_E}\geqslant(1-\alpha)$ 时，模型存在均衡解，而且补贴系数 K 与企业投入资金后的低碳收益 α，以及物流企业在进行低碳发展后所产生的边际效益 X_E 和政府在促进物流企业进行低碳发展中产生的边际效益 X_F 都存在相关关系。总的来说，α（企业投入资金后的低碳收益）、K（财政补贴系数）存在正相关的关系，α 越大 K 的值也就越大。X_F 和 K 也是正相关的关系，当 X_F（政府促进低碳的边际效益）越大，K（政府的补贴系数）也越大。X_E 和 K 之间是负相关的关系，当 X_E 越大时物流企业所获得的边际收益越多，政府所提供的补贴系数 K 将会减少。

假设：

$$\frac{X_F}{X_E}=\pi \tag{6.33}$$

那么：

$$K^{**}=1-\frac{1}{\pi+\alpha} \tag{6.34}$$

由式（6.34）可以看出，财政补贴系数 K 受 π 影响，两者之间存在正相关。在物流企业进行低碳化转型发展的过程中，政府注重提高物流企业实施低碳发展的积极性。所以，假如政府在物流企业进行低碳化转型发展中所获得边际收益增多，政府便会主动提高对物流企业的财政补贴比率。

（3）政府与物流企业相互合作下的博弈分析。当政府和物流企业都不以自身利益最大化为最终目标，而是从整个国家和社会的角度去考虑自身行为时，两个行动主体就能够进行合作，进而实现整体的利益最大化，这时的社会利益最大化函数可表示为：

$$\max_{M,N} P = P_E + P_F = (X_E + X_F)\varphi M^{\alpha} N^{\beta} - M - N \tag{6.35}$$

将式（6.35）分别对 M、N 求导并令式子等于0，得出：

$$\frac{\partial P}{\partial M} = \alpha(X_E + X_F)\varphi M^{\alpha-1} N^{\beta} - 1 = 0 \tag{6.36}$$

$$\frac{\partial P}{\partial N} = \beta(X_E + X_F)\varphi M^{\alpha} N^{\beta-1} - 1 = 0 \tag{6.37}$$

由式（6.36）和式（6.37）可得系统的均衡解为：

$$\overline{M} = [\alpha^{1-\beta}\beta^{\beta}\varphi(X_E + X_F)]^{1/(1-\alpha-\beta)} \tag{6.38}$$

$$\overline{N} = [\beta^{1-\alpha}\alpha^{\beta\alpha}\varphi(X_E + X_F)]^{1/(1-\alpha-\beta)} \tag{6.39}$$

对比 $\overline{M}$、$\overline{N}$ 与 M^{**}、N^{**}，由于 $\alpha < 1$，所以：

$$\overline{M} > M^{**},\ \overline{N} > N^{**} \tag{6.40}$$

对于 $\overline{K}$（最优补贴系数），有满足以下情况的均衡解存在，在保证政府与物流企业合作的情况下所获得的整体利润大于二者不合作的利润，也即存在 $\overline{K}$，使以下式子成立：

$$\Delta P_E = P_E(\overline{M},\overline{N},\overline{K}) - P_E(M^*,N^*,K^*) \geqslant 0 \tag{6.41}$$

$$\Delta P_F = P_F(\overline{M},\overline{N},\overline{K}) - P_F(M^*,N^*,K^*) \geqslant 0 \tag{6.42}$$

由式（6.41）和式（6.42）求出 $\overline{K}$ 的集合，也即存在解集（$\overline{K}/K_{\min} \leqslant \overline{K} \leqslant K_{\max}$），满足 $\Delta P_E \geqslant 0$、$\Delta P_F \geqslant 0$。

存在解集（$\overline{M},\overline{N},\overline{K}/K_{\min} \leqslant \overline{K} \leqslant K_{\max}$），使政府和物流企业在这个范围内合作，此时政府投入的成本是 $\overline{N}$，物流企业投入的成本是 $\overline{M}$，补贴系数 $\overline{K}$ 是由政府与物流企业相互沟通协商后确立的，使整个系统达到了平衡。毕竟政府与物流企业对于补贴系数都有自己的想法，存在着一定的矛盾，所以一定要政府和物流企业进行协商，找出一个令双方都满意的补贴系数。

通过对式（6.41）和式（6.42）的分析，得出 $\overline{M}$、$\overline{N}$ 与 $\overline{K}$ 无关（$\overline{M}$ 为政府投入成本，$\overline{N}$ 为企业投入成本），引入比例参数 H（政府与物流企业

之间利润的比例），有：

$$\Delta P_E = H\Delta P \leqslant 0 \tag{6.43}$$

$$\Delta P_F = (1 - H)\Delta P \leqslant 0 \tag{6.44}$$

其中，$\Delta P = P(\bar{M},\bar{N}) - P(M^*,N^*)$是指总的剩余利润份额，因为$\Delta P$与$\bar{K}$无关，所以最优值$\bar{K}$可以通过式（6.43）和式（6.44）求出，在此基础上，政府可以依据求出的最优解确定最优的补贴系数。

综上所述，可以得出结论：当政府与物流企业合作的情况下，存在方案集$W = (\bar{M},\bar{N},\bar{K}/\bar{K}_{\min} \leqslant \bar{K} \leqslant \bar{K}_{\max})$，能够促使政府与物流企业之间更好地进行沟通与合作，但对于两者合作后所取得的剩余利润分配问题，需要政府和物流企业再进行沟通，协商解决。

除此之外，政府最终确定补贴系数也需要根据具体情况进行分析。对于具有较强竞争力的大型物流企业，企业本身就拥有先进的技术和资源的优势，进行低碳化发展的风险相对低一些，政府可以对这些企业进行适度补贴，起到一定的激励效果。但对于企业实力相对较弱、低碳化发展有一定风险的中小型物流企业，政府需要对这类企业提供稍高的补贴，为有关物流企业进行低碳化转型发展提供一定的经济支持，以提高这些企业发展低碳物流的积极性。

3. 博弈结果分析

首先，从政府征收碳排放税的机制分析来看，通过建立政府征收碳排放税的激励机制模型，可以得到以下结论：一是在此博弈过程中，存在着均衡解$t^* = Q^*(t^*)$，是物流企业的等利润曲线和政府的无差异曲线切点的集合；二是$t^* = Q^*(t^*)$并不是模型中的最优选择，最优解需要在满足一定条件下，在政府和物流企业的协商基础上实施。

其次，从政府提供碳减排财政补贴的机制分析来看，存在以下三种情况：

第一，政府与物流企业同时行动。如果政府与物流企业同时行动，无论该博弈模型中的各个参数取任何值，政府的决策都是不进行财政补贴，这时政府最优的补贴系数为0。在整个博弈过程中，由于政府和物流企业两个行为主体在低碳物流方面的投入都与自身利益相关，所以两者对进行物流低碳化发展的成本投入是由各自所得的边际收益决定的。

第二，政府优先行动时。政府的补贴系数、企业的低碳收益、企业的碳减排边际收益和政府补贴后的边际收益之间存在相关关系，具体相关关系见前面的分析。在物流企业进行低碳化转型发展的过程中，政府注重提高物流企业实施低碳转型的积极性。所以，如果政府在物流企业进行低碳化转型发展中所获得的边际收益增加，则政府提供的补贴率会越高，政府提供补贴的主动性也越大。

第三，政府与物流企业合作的情况下。存在方案集，能够促使政府与物流企业之间更好地进行沟通与合作，但对于两者合作后所取得的剩余利润分配问题，需要政府和物流企业进一步进行沟通，协商解决。考虑到中小企业在低碳化发展中可能面临更大的困难，无论是资金方面还是风险方面，因此，政府可以为中小企业量身定制一些针对性较强的财政补贴方案，适当降低补贴门槛，以提升中小企业发展低碳物流的积极性。

四、社会公众参与碳减排监督的机制分析

在以上政府与物流企业进行低碳化转型发展的博弈和建立政府制定机制模型中，都只是政府和物流企业两个行为主体间的行动，并没有考虑到社会公众这个行为主体。但在现实中，社会公众作为环境物品的受益者，有责任也有义务监督企业的排放行为，并向政府投诉物流企业的高碳排放活动对环境造成的危害。由此可见，物流企业的碳减排不仅是企业和政府之间的博弈，更应该把社会公众作为第三方，加入到政府和物流企业的博弈中。

1. 参数设立与基本假设

在保持政府与物流企业的博弈参数不变的情况下，将社会公众的投诉行为作为博弈的一个考虑因素加以分析。为此，加入以下两个假设：

一是政府对物流企业的高碳行为不进行处罚的情况下，社会公众向政府投诉的概率是 A ，不投诉的概率则是 $1-A$ 。

二是政府在接到社会公众投诉后，政府对物流企业进行处罚的概率为 B ，不处罚的概率为 $1-B$ 。

在此基础上，建立社会公众、政府和物流企业的三方博弈模型，如图 6-6 所示。

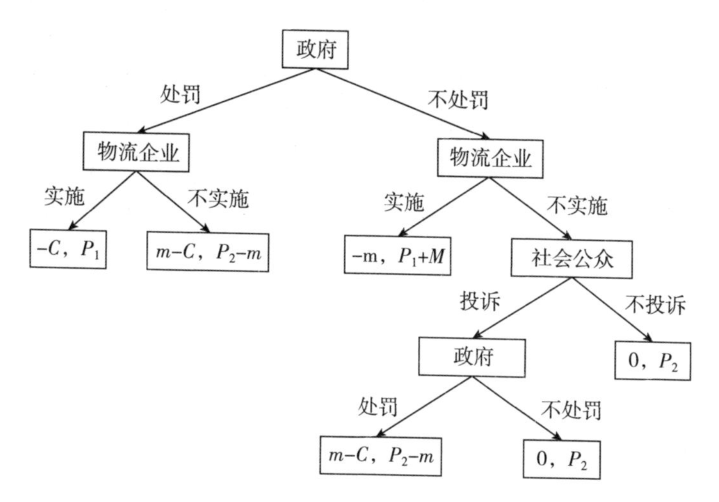

图 6－6 政府、物流企业和社会公众的三方博弈树

2. 博弈过程

由图 6－6 可以得出，加入社会公众投诉条件后，政府和物流企业的期望收益分别是：

$$\begin{aligned} E_1 &= -xyC + (m-C)[x(1-y)+(1-x)(1-y)]AB \\ &= -yC + (m-C)(1-y)(1-AB) \end{aligned} \tag{6.45}$$

$$\begin{aligned} E_2 &= xyP_1 + (P_2-m)[x(1-y)+(1-x)(1-y)AB] + (1-x)yP_1 \\ &\quad + (1-x)(1-y)(1-A)P_2 + (1-x)(1-y)(1-B)AP_2 \\ &= (P_2-m)\{(1-y)[x+(1-x)AB]\} + yP_1 \\ &\quad + (1-x)(1-y)P_2[(1-A)+(1-B)A] \end{aligned} \tag{6.46}$$

将式（6.45）和式（6.46）分别对 x 和 y 求偏导，并令式子为 0，得出：

$$x = \frac{P_1 - P_2 + ABm}{m + ABm} \tag{6.47}$$

$$y = \frac{(1-AB)(m-C)}{(1-AB)(m-C)+C} \tag{6.48}$$

对比在没有考虑社会公众投诉条件下，政府与物流企业间简单博弈的纳什均衡：

$$(x,y) = \left(\frac{P_2 - P_1}{m + M}, 1 - \frac{2C}{m + C}\right) \tag{6.49}$$

3. 博弈结果分析

通过以上博弈分析，结合图 6－6，可以得出以下结论：

第一，当 $AB=0$ 时，达到纳什均衡，这时会出现两种可能的情况。第一种是当社会公众对物流企业的环境违法行为投诉概率 $A=0$ 时，即社会公众不会因为物流企业没有实施低碳物流造成的环境污染进行投诉；第二种情况是在社会公众进行投诉后，政府不愿意进行再次处罚，即 $B=0$。在这两种情况下，无论是公众不投诉还是政府不处罚，结果都是一样的，即一方努力而另一方不努力的话，结果等于不努力。因此，这时社会公众进行投诉没有任何作用，并不能促进物流企业进行低碳化转型发展，也不能促进政府的监管力度。

第二，当 $AB\neq 0$ 时，没有达到纳什均衡，在这个情况下，假如政府起初对物流企业不实施低碳物流，放松了监管，后面会对物流企业的监督投入更多的成本，同时物流企业也会进行低碳化发展避免被处罚。因此，存在社会公众投诉的情况下，能够促进物流企业进行低碳化转型发展，同时也能促进政府加大监管力度。

综上分析可见，环境监管是大家共同的使命，仅仅有政府的努力或者仅仅有公众的热情都不能很好地发挥作用，比较理想的情况应该是：公众热心参与环境监管，面对企业的环境违法行为勇于说不，坚决予以曝光；同时，政府也积极倾听公众的环境诉求，面对公众提供的监管线索，政府加大环境处罚力度，最终政府和公众一起共同收获良好的环境效益。

第三节　促进中国物流业低碳化发展的政策建议

结合前面的理论分析和实证研究结果，本书从政府、企业和社会公众三个层面提出相关的政策建议。

一、政府层面的建议

1. 政府部门应完善物流业低碳化的相关规制法规

虽然中国政府也制定了一些关于低碳化发展的法律法规，但大多是从宏观调控的角度出发的，关于物流行业的较少，且具体的操作性也不强。在这样的情况下，中国政府的相关立法机构需要尽快修订和完善物流行业低碳化发展的相关法律法规，最好具体到物流业的某一个环节或者低碳物流技术的应用等，从根本上规范物流活动，以达到减少碳排放和保护环境的目的。此外，政府相关部门还要建立和完善低碳物流的标准化体系，在提升物流业低碳化运营效率的同时实现减少碳排放的目的。低碳物流的标准化体系应包括统一的物流业碳排量测算标准、低碳物流流程的标准化、低碳物流监管与考核体系等。特别是，还应加强环保监管部门的监督力度。政府对于物流企业的低碳化转型发展制定了一系列机制和规制法规，但具体实施情况如何还需要监管部门进行进一步的监管和督查。首先，在对物流企业进行监管的过程中，监管部门要重视相关政策的落实情况，以便更好地完善监管体系。除此之外，监管部门也要保证各个政策实施的一致性和连续性，避免过于频繁的调整，保证物流企业低碳发展的热情和信心。其次，在物流企业具体实施低碳化行动的时候，有关监管部门要做到政策执行的公平、公正、公开，为物流企业低碳化转型发展创造良好的营商环境。

2. 加强低碳理念的宣传与教育

环境保护是一个全球化的问题，所有的国家和人民都应重视这个问题。作为世界上第一大发展中国家，也是碳排放量最多的国家，中国有义不容辞的责任去实施物流业低碳化发展。要想更好地发展低碳物流，首当其冲的就是向社会公众全面普及低碳发展理念，让人们真正了解低碳发展的内涵，同时把低碳理念作为一种行为准则，应用于日常生活的每一件小事中。具体来说，政府可以采用电视、网络、广播、户外广告等多种方式进行低碳理念的宣传教育，使低碳理念深入人心，内化为社会公众的一种习惯。对于学生来说，学校可以将低碳的相关知识带进校园、带入课堂，给孩子从小灌输低碳理念，并鼓励孩子从小事做起，为低碳发展做出自己的贡献，同时带动自己的家庭一起为低碳发展做贡献。对于家庭来说，可以在小区和街道的宣传栏中对低碳的生活方式进行宣传，如低碳出行和低碳消费等，可以张贴低碳的各种生活方式标准，使大家都树立起低碳生活的理念，使低碳的理念渗入每个家庭，共同打造低碳家庭、低碳社区。对社会来说，可以经常举办一些低碳交流会，让社会公众更多地了解低碳知识与低碳的相关研究成果，了解各行业进行低碳发展的状况，在整体上打造一个低碳的发展模式，共建低碳社会。

3. 碳税机制

政府通过碳税机制可以对物流企业的低碳化转型起到监管和惩罚的作用，也可以起到激励的作用，而且税收机制还可以和财政补贴机制、投融资机制等相结合，共同促进物流企业的低碳化发展。政府通过对物流企业收取碳排放税，可以有效地针对那些并没有进行低碳物流发展的企业，提高他们的经营成本，促使他们进行低碳物流的发展。政府可以根据物流企业采用能源类型的不同而制定不一样的碳税政策，通过碳税政策调节能源消耗结构。对于石油、煤炭等既不可再生又产生大量二氧化碳的能源，政府可以加大碳税的征收力度，但对于那些使用清洁能源的物流企业可以给予免征碳税或碳税优惠政策。同时，根据前面的研究结果，在制定碳税税率时，政府需要多方考虑，与物流企业进行协商，制定一个双方满意的税率。此外，碳税收入的使用与管理也应尽可能做到专款专用，使税收财政政策更好地服务物流企业的低碳发展。

4. 财政补贴机制

财政补贴是政府激励企业实施某项行动时常用的一种激励机制。为了促进物流企业进行低碳化转型发展，政府可以提供一定的财政补贴，但要注意补贴系数要根据物流企业的具体情况制定。对于具有较强竞争力的大型物流企业，企业本身就拥有先进的技术和资源优势，进行低碳化发展的风险相对低一些，政府对这些企业可以适度补贴，起到一定的激励效果。但对于实力没那么强，低碳化发展有一定风险的中小型企业，政府需要对他们提供稍高的补贴，为有关物流企业进行低碳化转型发展提供一定的经济支持，提高这些企业发展低碳物流的积极性。在实践中，政府对物流企业的具体补贴可以从以下三方面进行。第一，针对运输方式的补贴。运输环节是物流过程中碳排放量最大的环节，所以政府可以鼓励物流企业尽可能地选择低碳的运输方式，并且尽可能应用清洁能源，对于那些采取水路运输和铁路运输等方式的物流企业，政府要给予一定额度的低碳补贴。第二，对于空气污染的补贴。政府对那些采取一定措施减少空气污染的物流企业应给予一定的补贴，以此为部分物流企业进行低碳化转型发展的巨额投资进行一些分担。第三，对资源循环利用的低碳补贴。资源的循环利用也是节约资源，在当前中国资源回收分类还不够完善的情况下，物流企业在前期需要投入较多的人力、物力和财力，因此建议有关政府部门对此进行低碳财政补贴，促进循环经济发展模式在物流业的推广应用。

5. 完善低碳物流基础设施

首先，从国家战略高度和区域经济协调发展的角度，规划国家层面或区域层面的物流枢纽和现代物流服务中心，在此基础上合理设计车站、港口、机场、物流园区和物流集散中心等各个节点的地址，同时，各个节点的设备也要与国际相接轨，尽量使用先进高效的设备以减少碳排放量。其次，是加强各类运输线路的设计与维护，加大力度建设等级公路，扩大乡镇物流配送中心的覆盖面积，疏通运河水道为船只提供较好的航行环境，优化航空运输网络，合理布局天然气的管线建设，加快多式联运运输网络的建设，加快物流信息网络平台的大数据建设步伐，形成层次合理、供需匹配、技术先进、无缝衔接的物流基础设施网络。

二、企业层面的建议

作为物流企业，要想实现低碳化发展、提升企业竞争优势，应着重做好以下几点。

1. 加强内部管理，提升物流效率

物流企业在低碳化转型发展时，首先要注意的就是加强企业内部管理，提升各方面的效率。因为在现代物流过程中包含了很多环节，如运输、包装、配送等，都会出现资源浪费和环境污染的现象，此时就需要物流企业对相应的物流环节进行一定的改善和优化，减少资源浪费，以达到物流系统中资源效用最大化和降低企业成本的目标。与此同时，在物流各个环节中要实现低碳化发展，也离不开低碳技术的应用。在物流的各个环节中，运输环节是碳排放大户，所以物流企业可以选择将高碳排放的车辆进行绿色低碳的改装，如采取甩挂运输等方式，降低在运输环节中的碳排放。运用智能运输系统对运输的路线进行优化，减少物流运输环节的车辆行驶路程或者缩短运输的时间，同时还能解决空驶率高、重复运输等不合理的运输问题，既解决了资源过度消耗的问题，又解决了碳排放量超标的问题。在物流储存和搬运等环节，企业可以对机动的路程进行适当的减少，运用统一的规范操作或标准化设备降低各项人力和物力的损耗。在包装环节中，要避免过度包装，并尽可能利用可降解的或可重复利用的材质去包装，以降低包装环节对环境的污染。在流通加工环节，可以进行集中加工来减少资源闲置所导致的资源浪费。在信息处理环节，运用 GIS、GPS 和 EDI 等先进的信息技术实现低碳化运转，做到真正意义上的信息化。而物流企业的高层管理者更要为员工树立榜样，引导企业员工重视低碳物流的转型对企业生存与发展带来的影响，进一步通过规范员工行为的方式来确保物流过程中的低碳化发展。由于中国低碳物流发展较晚，所以在很多方面还需要向国外同行学习，因此企业可以适量引进国外物流企业的先进低碳物流技术和设备，也可以鼓励外国发展低碳物流较好的企业入股，在低碳物流技术方面对中国企业进行共享，进而从硬件设备和技术上支持中国物流企业的低碳化转型发展。

2. 增强物流企业环境技术创新能力

在低碳经济盛行的大背景下，伴随着社会公众低碳意识的不断提高，低碳消费将成为一种消费趋势。无论是适应市场竞争需要还是满足消费需求的需要，物流企业都需要持续保持低碳实践的动力，不断发展自身的低碳创新能力，当然这也是政企博弈均衡所要实现的结果。换句话说，环境技术创新能力的增强可以使物流企业更好地适应行业需求的变化，在一定程度上可以影响低碳物流市场的需求，由此可以使物流企业获得相应的低碳化利润，降低物流企业由于低碳化发展而投入的过高成本。在物流企业进行环境技术创新能力的培养时可能需要投入一定资金，同时也需要物流企业拥有一定的耐心。物流企业的环境技术创新发展，一定要建立在企业本身的实际情况之上，由此选择适合自己公司的创新和发展模式，使“引进来”和“走出去”相结合，使低碳物流人才的创新能力得到一定的提高，同时拓展物流企业的创新发展渠道，不断增强创新管理能力，并设立相应的企业创新管理机制，为物流企业提升环境技术创新能力提供动力。

3. 培育及引进低碳人才

根据前面的文献研究和对中国低碳物流发展现状的分析，低碳物流人才的短缺是当前中国物流低碳发展的一个突出问题。对于物流企业来说，低碳物流人才是能否取得转型发展的一个重要因素，同时低碳物流人才也是物流企业的重要人力资源储备，在提高企业自身低碳管理能力方面有很大作用。低碳物流人才的专业特长应用于物流企业的具体转型和发展过程中，可以为低碳物流注入永久的动力，企业要在专业学术层面上重视低碳物流，进而去培养和引进低碳物流人才。具体来说，可以开展短期或者长期的与低碳物流相关的项目培训，丰富员工的低碳物流专业知识。同时可以与物流协会合作，经常组织外出考察与学习、听讲座、参加低碳物流技术交流会等活动，向行业内低碳标杆企业请教，学习经验，并加强进一步的合作，营造出培养低碳物流人才的学习氛围。相对于物流企业的管理者来说，可以考虑配备一定量的与低碳发展相关的岗位，给低碳物流人才施展才华的机会。最后，各物流企业也要重视低碳物流人才的稳定和发展问题，在工资补贴、居住条件与办公环境等方面给予更多优待，为低碳物流人才提供长期稳定的良好的物质保障和精神支持，避免人才的流失。

三、社会层面的建议

在低碳化发展的过程中，社会公众的作用不容小觑。在低碳物流发展过程中，社会公众要发挥应有的作用，具体做到以下几点。

1. 积极参与低碳消费

低碳消费不是单纯地只要求消费者所消费的所有有形产品减少或者完全消除对环境造成的恶劣影响，而是要求所有被消费的产品和包装在整个生命周期中都可以降低或者消除对环境造成的负面影响。因此，消费者的低碳消费可以刺激企业生产低碳产品，提供低碳服务，加强产品在全生命周期的环境管理，做好资源回收等。消费者对绿色包装和节约化包装的需求可以反过来抵制企业的过度包装行为。总之，通过消费者的消费反馈，促进物流企业低碳化转型发展。所以，社会公众应大力地倡导低碳消费行为，由此将低碳思想和理念从消费领域逐步渗入企业生产和流通产品的物流环节，促使物流企业低碳化转型发展。

2. 形成低碳监督的社会网络

首先，为了促使物流企业更好更快地进行低碳发展，社会公众要统一思想，坚定低碳发展理念，积极参与社会的环保监督，并通过各种合法组织、新媒体等传递自己的想法与心声，通过社会公众的监督给物流企业施加一定的舆论压力。其次，通过政府组织公开的环境信息披露渠道，及时了解企业发布的社会责任报告和可持续报告等，掌握企业的低碳发展战略和具体的发展措施，督促企业积极落实政府的低碳物流战略部署。社会公众应充分发挥人人参与监督的有力机制，加强对企业在社区环保方面的监管，对于环保执行不力或存在严重环境违法行为的物流企业，必要时可以通过环境公益诉讼上诉环保法庭。最后，社会公众的监督机制还要覆盖对政府行为的监督，在政府和物流企业的动态博弈研究中已经看到，如果物流企业存在寻租行为，那政府可能会降低监督和管理的强度，这会为一些“搭便车”者提供机会，不仅会扰乱低碳市场的正常发展，而且也减弱了物流企业低碳化发展的动力。因此，社会公众的监督不仅要针对物流企业，也要向政府施加适当压力，避免政府部门出现监管缺失和激励不当的现象。

参考文献

[1] 蔡宁、郭斌：《从环境资源稀缺性到可持续发展：西方环境经济理论的发展变迁》，载于《经济科学》1996 年第 6 期。

[2] 陈红敏：《国际碳核算体系发展及其评价》，载于《中国人口·资源与环境》2011 年第 9 期。

[3] 陈艳莹、孙辉：《环境管制与企业的竞争优势——对波特假说的修正》，载于《科技进步与对策》2009 年第 4 期。

[4] 成舸、岳贤平：《基于环境库兹涅茨曲线的经济增长与碳排放相关性研究：以江苏为例》，载于《商场现代化》2011 年第 5 期。

[5] 楚龙娟、冯春：《碳足迹在物流和供应链中的应用研究》，载于《中国软科学》2010 年 S1 期。

[6] 戴鸿轶、柳卸林：《对环境创新研究的一些评论》，载于《科学学研究》2009 年第 11 期。

[7] 邓君、蒋喆慧：《我国八大行业的能源消费驱动因素研究——基于完全指数分解法》，载于《 华中农业大学学报》（社会科学版）2010 年第 5 期。

[8] 董锁成、史丹、李富佳等：《 中部地区资源环境、经济和城镇化形势与绿色崛起战略研究》，载于《资源科学》2019 年第 1 期。

[9] 杜晶、朱方伟：《企业环境技术创新采纳的行为决策研究》，载于《科技进步与对策》2010 年第 7 期。

[10] 杜雯翠、张平淡：《新常态下的经济增长与环境污染——来自新兴经济体国家的经验证据》，载于《软科学》2015 年第 10 期。

[11] 段向云、陈瑞照、李建峰：《美、日、德低碳物流经验探析及启示》，载于《环境保护》2014 年第 13 期。

[12] 范群林、邵云飞、唐小我：《以发电设备制造业为例探讨企业环境创新的动力》，载于《软科学》2011 年第 1 期。

[13] 冯博、王雪青：《中国各省建筑业碳排放脱钩及影响因素研

究》，载于《中国人口·资源与环境》2015 年第 4 期。

[14] 傅京燕、张珊珊：《中美贸易与污染避难所假说的实证研究——基于内涵污染的视角》，载于《中国人口·资源与环境》2011 年第 2 期。

[15] 高凤华：《政府规制下的企业低碳物流技术应用博弈研究》，山东大学硕士论文，2013 年。

[16] 高晓红、俞海宏：《基于因子分析的物流企业竞争力评价——以宁波市为例》，载于《 武汉理工大学》（社会科学版）2012 年第 6 期。

[17] 耿勇：《铁路战略装车点物流竞争力评价——基于 BP 神经网络的视角》，载于《河北经贸大学学报》2014 年第 4 期。

[18] 龚雪、荆林波：《发展绿色物流理论与政策研究述评》，载于《现代经济探讨》2017 年第 11 期。

[19] 顾丽琴、梅志强：《基于环境库兹涅茨模型的江西省物流业碳排放分析》，载于《物流技术》2012 年第 17 期。

[20] 关成华、韩晶：《2017/2018 中国绿色发展指数报告——区域比较》，经济日报出版社 2019 年版。

[21] 郭朝先：《中国碳排放因素分解：基于 LMDI 分解技术》，载于《中国人口·资源与环境》2010 年第 12 期。

[22] 国家发展和改革委员会能源研究所课题组：《中国 2050 年低碳发展之路：能源需求暨碳排放前景分析》，科学出版社 2009 年版。

[23] 国家统计局国民经济核算司：《中国地区投入产出表（1997 ~ 2012）》，中国统计出版社 2016 年版。

[24] 国家统计局能源司：《中国能源统计年鉴（1997 ~ 2017）》，中国统计出版社 2017 年版。

[25] 何美玲、谢君平、武晓晖、罗建强：《基于 LMDI 的江苏省交通能源消费碳排放因素分解》，载于《数学的实践与认识》2015 年第 8 期。

[26] 河南省统计局：《河南省统计年鉴 2018》，中国统计出版社 2018 年版。

[27] 河南省统计局、国家统计局河南调查总队：《2018 年河南省国民经济和社会发展统计公报》，http：//www. ha. stats. gov. cn/sitesources/hntj/page_pc/zfxxgk/tzgg/articlecfa803b024634e0b9a3a3bcb445cee74. html。

[28] 侯建超、史丹：《中国电力行业碳排放变化的驱动因素研究》，载于《中国工业经济》2014 年第 6 期。

[29] 胡聃、许开鹏、杨建新、刘天星：《经济发展对环境质量的影响——环境库兹涅茨曲线国内外研究进展》，载于《生态学报》2004 年第

6 期。

[30] 胡美琴、李元旭、骆守俭:《企业生命周期与企业家管理周期匹配下的动态竞争力模型》,载于《当代财经》2006 年第 1 期。

[31] 黄健:《基于环境技术创新导向的环境政策研究》,浙江大学硕士学位论文,2008 年。

[32] 黄崎、康建成、黄晨皓:《酒店业碳排放评估与节能减排潜力研究》,载于《资源科学》2014 年第 5 期。

[33] 贾顺平、毛保华、刘爽、孙启鹏:《中国交通运输能源消耗水平测算与分析》,载于《交通运输系统工程与信息》2010 年第 1 期。

[34] 简晓彬、施同兵、刘宁宁:《经济预测模型在碳减排压力中的应用探讨》,载于《生态经济》2011 年第 4 期。

[35] 金碚:《竞争力经济学》,广东经济出版社 2003 年版。

[36] 金碚:《中国企业竞争力报告(2008)》,社会科学文献出版社 2008 年版。

[37] 金碚:《资源环境管制与工业竞争力关系的理论研究》,载于《中国工业经济》2009 年第 3 期。

[38] 金碚、李佩钰:《中国企业竞争力报告(2005)》,社会科学文献出版社 2005 年版。

[39] 金芳芳、黄祖庆、虎陈霞:《长三角城市群物流竞争力评价及聚类分析》,载于《科技管理研究》2013 年第 9 期。

[40] 李创、高震:《我国制造业发展低碳物流之路探析》,载于《现代管理科学》2017 年第 1 期。

[41] 李创、昝东亮:《我国物流运输业碳排放测量及分解模型实证研究》,载于《资源开发与市场》2015 年第 10 期。

[42] 李国志、李宗植:《二氧化碳排放与经济增长关系的 EKC 检验——对我国东、中、西部地区的一项比较》,载于《产经评论》2011 年第 6 期。

[43] 李丽:《京津冀低碳物流能力评价指标体系构建——基于模糊物元法的研究》,载于《现代财经》(天津财经大学学报)2013 年第 2 期。

[44] 李明贤、刘娟:《中国碳排放与经济增长关系的实证研究》,载于《技术经济》2010 年第 9 期。

[45] 李玉民、熊育伟:《基于碳排放最小化的低碳物流园区实施策略》,载于《安徽农业科学》2012 年第 12 期。

[46] 梁雯、方韶晖:《物流产业增长、城镇化与碳排放动态关系研究》,载于《江汉学术》2019 年第 4 期。

［47］刘慧、陈光：《企业绿色技术创新：一种科学发展观》，载于《科学学与科学技术管理》2004 年第 8 期。

［48］刘景卿、俞海山：《我国制造业低碳升级进程评估及预测》，载于《系统科学学报》2015 年第 3 期。

［49］刘龙政、潘照安：《 中国物流产业碳排放驱动因素研究》，载于《商业研究》2012 年第 7 期。

［50］刘伟力、刘冰露：《论低碳经济背景下低碳物流的政府规制》，载于《中国管理科学》2011 年第 12 期。

［51］刘燕娜、林伟明、石德金、余建辉：《企业环境管理行为决策的影响因素研究》，载于《福建农林大学学报》（哲学社会科学版）2011 年第 5 期。

［52］龙志和、陈青青：《中国区域 CO_2 排放影响因素实证研究》，载于《软科学》2011 年第 8 期。

［53］卢萌：《低碳物流发展的影响因素及实施策略》，载于《商业时代》2014 年第 3 期。

［54］卢愿清、史军：《中国第三产业能源碳排放影响要素指数分解及实证分析》，载于《环境科学》2012 年第 7 期。

［55］吕永龙、梁丹：《环境政策对环境技术创新的影响》，载于《环境污染治理技术与设备》2003 年第 7 期。

［56］吕永龙、许健、胥树凡：《我国环境技术创新的影响因素与应对策略》，载于《环境污染治理技术与设备》2000 年第 5 期。

［57］罗春燕、文桂江：《基于生命周期法的企业碳足迹计量与核算》，载于《会计论坛》2011 年第 13 期。

［58］罗希、张绍良、卞晓红、张韦唯：《我国交通运输业碳足迹测算》，载于《江苏大学学报》（自然科学版）2012 年第 1 期。

［59］马丁：《低碳物流影响因素及绩效评价研究》，西安工程大学硕士学位论文，2018 年。

［60］马浩：《竞争优势》，北京大学出版社 2010 年版。

［61］马小明、张立勋：《基于压力—状态—响应模型的环境保护投资分析》，载于《环境保护》2002 年第 11 期。

［62］马中东、陈莹：《环境规制、企业环境战略与企业竞争力分析》，载于《科技管理研究》2010 年第 7 期。

［63］〔美〕迈克尔·波特：《竞争论》（高登第、李明轩译），中信出版社 2003 年版。

[64]〔美〕迈克尔·波特：《竞争战略》（李明轩、邱如美译），华夏出版社 2002 年版。

[65] 孟庆峰、李真、盛昭瀚、杜建国：《企业环境行为影响因素研究现状及发展趋势》，载于《中国人口·资源与环境》2010 年第 9 期。

[66] 聂晓文、李云燕：《生态补偿机制在中国实施的可行性与途径探讨》，载于《经济研究导刊》2008 年第 13 期。

[67] 欧阳斌、凤振华、李忠奎、毕清华、周艾燕：《交通运输能耗与碳排放测算评价方法及应用——以江苏省为例》，载于《软科学》2015 年 1 期。

[68] 潘瑞玉：《低碳物流及其实现途径研究》，载于《生态经济》（学术版）2011 年第 1 期。

[69] 钱洁、张勤：《低碳经济转型与我国低碳政策规划的系统分析》，载于《中国软科学》2011 年第 4 期。

[70] 秦新生：《物流企业碳排放指标计算方法研究》，载于《铁道运输与经济》2014 年第 7 期。

[71] 曲艳敏、白宏涛、徐鹤：《基于情景分析的湖北省交通碳排放预测研究》，载于《环境污染与防治》2010 年第 10 期。

[72] 任稚苑：《试论中国如何通过发展低碳经济带动低碳物流》，载于《中国集体经济》2010 年第 16 期。

[73] 沈斌、冯勤：《基于可持续发展的环境技术创新及其政策机制》，载于《科学学与科学技术管理》2004 年第 8 期。

[74] 沈文婷：《中国物流低碳化发展的机理研究》，浙江理工大学硕士学位论文，2014 年。

[75] 世界资源研究所、世界可持续发展工商理事会、中国标准化研究院：《温室气体核算体系：产品生命周期核算与报告标准》，中国质检出版社 2013 年版。

[76] 舒辉：《区域物流发展模式选择影响要素分析》，载于《当代财经》2010 年第 12 期。

[77] 宋杰鲲：《基于 LMDI 的山东省能源消费碳排放因素分解》，载于《资源科学》2012 年第 1 期。

[78] 宋强玉、葛新权：《基于投入产出分析的环渤海地区的 CO_2 排放测量方法运用与分析》，《21 世纪数量经济学（第 12 卷）》，中国数量经济学会 2011 年年会。

[79] 孙宁、蒋国华、吴舜泽：《国家环境技术管理体系实施现状与

政策建议》，载于《环境保护》2010 年第 15 期。

[80] 孙亚梅、吕永龙、王铁宇、贺桂珍：《基于专利的企业环境技术创新水平研究》，载于《环境工程学报》2008 年第 3 期。

[81] 唐慧玲、唐恒书、朱兴亮：《基于改进蚁群算法的低碳车辆路径问题研究》，载于《中国管理科学》2019 年第 12 期。

[82] 唐建荣、李烨啸：《基于 EIO-LCA 的隐性碳排放估算及地区差异化研究——江浙沪地区隐含碳排放构成与差异》，载于《工业技术经济》2013 年第 4 期。

[83] 陶晶：《低碳经济下的低碳物流探讨》，载于《中国经济导刊》2010 年第 12 期。

[84] 田侃、高红贵、欧阳峰：《国外关于政府环境管制问题的研究走向》，载于《科技进步与对策》2007 年第 6 期。

[85] 汪一、曾利彬：《中国物流企业竞争力评价指标体系设计》，载于《经济与管理》2008 年第 11 期。

[86] 王道平、翟树芹：《第三方物流企业竞争力评价指标体系构建及其评价》，载于《财经理论与实践》2005 年第 6 期。

[87] 王镜宇：《环境技术创新与可持续发展》，载于《科技情报开发与经济》2005 年第 17 期。

[88] 王俊豪、李云雁：《民营企业应对环境管制的成略导向与创新行为》，载于《中国工业经济》2009 年第 9 期。

[89] 王丽萍：《低碳经济与排污权交易研究》，中国经济出版社 2018 年版。

[90] 王丽萍：《我国环境管制政策的演进特点及中外政策对比》，载于《现代经济探讨》2014 年第 10 期。

[91] 王丽萍：《物流业碳排放与能源消耗、经济增长关系的实证研究——以河南省为例》，载于《系统科学学报》2017 年第 2 期。

[92] 王丽萍、刘明浩：《基于投入产出法的中国物流业碳排放测算及影响因素研究》，载于《资源科学》2018 年第 1 期。

[93] 王丽萍、宋姣姣：《国内外环境管制与企业竞争力关系研究综述》，载于《资源开发与市场》2011 年第 2 期。

[94] 王丽萍、夏文静：《中国污染产业强度划分与区际转移路径》，载于《 经济地理》2019 年第 3 期。

[95] 王卿、尤建新：《基于 ISO14064 标准的制造业绿色物流碳排查与碳排放 KPI 评价体系研究》，第二届管理科学与工程国际会议（MSE

2011）。

［96］王圣云、沈玉芳：《我国省级区域物流竞争力评价及特征研究》，载于《中国软科学》2007 年第 10 期。

［97］王士轩、孙慧、朱俏俏：《新疆碳排放、能源消费与经济增长关系的实证研究》，载于《科技管理研究》2015 年第 18 期。

［98］王微、林剑艺、崔胜辉、吝涛：《碳足迹分析方法研究综述》，载于《环境科学与技术》2010 年第 7 期。

［99］王玉婧：《环境壁垒与环境技术创新》，载于《生产力研究》2008 年第 15 期。

［100］王志亮、杨媛：《环境管制国际比较与借鉴》，载于《 财会通讯》2016 年第 7 期。

［101］韦韬、彭水军：《基于多区域投入产出模型的国际贸易隐含能源及碳排放转移研究》，载于《资源科学》2017 年第 1 期。

［102］温丹辉：《不同碳排放计算方法下碳关税对中国经济影响之比较——以欧盟碳关税为例》，载于《系统工程》2013 年第 9 期。

［103］吴军、笪风媛、张建华：《环境管制与中国区域生产率增长》，载于《统计研究》2013 年第 9 期。

［104］吴开亚、何彩虹、王桂新、张浩：《上海市交通能源消费碳排放的测算与分解分析》，载于《经济地理》2012 年第 11 期。

［105］吴贤荣、张俊飚、田云、李鹏：《中国省域农业碳排放：测算、效率变动及影响因素研究——基于 DEA-Malmquist 指数分解方法与 Tobit 模型运用》，载于《资源科学》2014 年第 1 期。

［106］肖宏伟：《中国碳排放测算方法研究》，载于《阅江学刊》2013 年第 5 期。

［107］徐盈之、胡永舜：《中国制造业部门碳排放的差异分析：基于投入产出模型的分解研究》，载于《软科学》2011 年第 4 期。

［108］许广月、宋德勇：《中国碳排放环境库兹涅茨曲线的实证研究——基于省域面板数据》，载于《中国工业经济》2010 年第 5 期。

［109］杨雨薇：《国内外低碳物流研究综述》，载于《物流工程与管理》2011 年第 3 期。

［110］姚冠新、张冬梅、徐静、戴盼倩：《低碳物流研究现状综述》，载于《物流科技》2015 年第 7 期。

［111］叶蕾、麦强、王晓宁、安实：《国外物流节能减排措施综述》，载于《城市交通》2009 年第 5 期。

[112] 易艳春、宋德勇：《经济增长与我国碳排放：基于环境库兹涅茨曲线的分析》，载于《经济体制改革》2011 年第 3 期。

[113] 于杨：《日本低碳社会实践对我国的启示》，载于《法制博览》2018 年第 36 期。

[114] 岳超、王少鹏、朱江玲、方精云：《2050 年中国碳排放量的情景预测——碳排放与社会发展Ⅳ》，载于《北京大学学报》（自然科学版）2010 年第 4 期。

[115] 张栋华、王皓、袁汝鹏：《竞争力模型研究新进展——一个多角度综述》，载于《产业组织评论》2014 年第 2 期。

[116] 张红凤、张细松：《环境规制理论研究》，北京大学出版社 2012 年版。

[117] 张晶、蔡建峰：《我国物流业碳排放区域差异测度与分解》，载于《中国流通经济》2014 年第 8 期。

[118] 张嫚：《环境规制与企业行为间的关联机制研究》，载于《财经问题研究》2005 年第 4 期。

[119] 张天悦：《环境规制的绿色创新激励研究》，中国社会科学院研究生院博士学位论文，2014 年。

[120] 张秀媛、杨新苗、闫琰：《城市交通能耗和碳排放统计测算方法研究》，载于《中国软科学》2014 年第 6 期。

[121] 张振刚、白争辉、陈志明：《绿色创新与经济增长的多变量协整关系研究——基于 1989 ~ 2011 年广东省数据》，载于《科技进步与对策》2014 年第 10 期。

[122] 赵爱文、李东：《中国碳排放的 EKC 检验及影响因素分析》，载于《科学学与科学技术管理》2012 年第 10 期。

[123] 赵宏斌：《论产业竞争力——一个研究综述》，载于《当代财经》2004 年第 12 期。

[124] 赵黎晨、李晓飞、侯璠、吕可文、赵宏波：《河南省绿色创新与经济增长关系的实证分析》，载于《经济论坛》2017 年第 7 期。

[125] 郑红星、赵滢瑄、匡海波：《排放控制、管理决策与集装箱班轮企业竞争力关系研究》，载于《软科学》2019 年第 4 期。

[126] 中国交通年鉴社：《中国交通年鉴 2016》，《中国交通年鉴》社 2016 年版。

[127] 中国交通运输协会：《2018 年交通运输行业发展统计公报》，http：//xxgk. mot. gov. cn/jigou/zhghs/201904/t20190412_ 3186720. html。

［128］中国物流与采购杂志社：《关于开展“2013 中国物流社会责任贡献奖”评选活动的通知》，http：//www. chinawuliu. com. cn/lhhkx/201309/24/256512. shtml。

［129］中华人民共和国国家统计局：《中国统计年鉴 2015》，中国统计出版社 2015 年版。

［130］中华人民共和国国家统计局：《中国统计年鉴 2018》，中国统计出版社 2018 年版。

［131］中华人民共和国国家质量监督检验检疫总局、中国国家标准化管理委员会：《GB/T 4754—2017 国民经济行业分类》，中国标准出版社 2017 年版。

［132］周叶、王道平、赵耀：《中国省域物流作业的 CO_2 排放量测评及低碳化对策研究》，载于《中国人口·资源与环境》2011 年第 9 期。

［133］朱长征：《基于协整分析的我国交通运输业碳排放影响因素研究》，载于《公路交通科技》2015 年第 1 期。

［134］朱启贵：《可持续发展评估》，上海财经大学出版社 1999 年版。

［135］朱勤、彭希哲、陆志明、吴开亚：《中国能源碳排放变化的因素分解及实证分析》，载于《资源科学》2009 年第 12 期。

［136］Abdelkader, S., Richard, W. E., “Combinatorial optimization and green logistic”, *A Quartery Journal of Operations Research*, 2007, 5 (2): 99 - 116.

［137］Al-Mulali, U., Ilhan, O., “The investigation of environmental Kuznets curve hypothesis in the advanced economies: the role of energy prices”, *Renewable and Sustainable Energy Reviews*, 2016, 54: 1622 - 1631.

［138］Ambec, S., Barla, P., “A theoretical foundation of the Porter hypothesis”, *Economics Letters*, 2002, 75 (3): 355 - 360.

［139］Ang, B. W., “Decomposition analysis for policy making in energy: what is preferred method”, *Energy Policy*, 2004, 32 (9): 1131 - 1139.

［140］Ang, B. W., “The LMDI approach to decomposition analysis: a practical guide”, *Energy Policy*, 2005, 33 (7): 867 - 871.

［141］Barbier, B. B., *Economics, natural resource scarcity, and development: conventional and alternative views*, London: Earthscan/James & James, 1989.

［142］Bekhet, H. A., Latif, N. W. A., “The impact of technological innovation and governance institution quality on Malaysia's sustainable growth: evidence from a dynamic relationship", *Technology in Society*, 2018, 54: 27-40.

[143] Bhattarai, M., Hammig, M., "Institutions and the environmental Kuznets Curve for deforestati on: a cross-country analysis for Latin America, Africa and Asia", *World Development*, 2001, 29 (6): 995-1010.

[144] Boyd, G. A., Hanson, D. A., Sterner, T., "Decomposition of changes in energy intensity: a comparison of the divisor index and other methods", *Energy Economics*, 1988, 10 (4): 309-312.

[145] Brand, C., Tran, M., Anable, J., "The UK transport carbon model: an integrated life cycle approach to explore low carbon futures", *Energy Policy*, 2010, (9): 107-124.

[146] Brawn, E., Wield, D., "Regulation as a means for the social control of technology", *Technology Analysis and Strategic Management*, 1994, 6 (3): 497-505.

[147] Burchart-Korol, D, "Significance of environmental life cycle assessment (LCA) method in the iron and steel industry", *Metallurgist then Zagreb*, 2011, 50 (3): 205-208.

[148] Button and D. A. Hensher, *The Handbook of logistics and supply-chain management*, London: Pergamon/ Eslevier, 2001.

[149] Cho, D., "A dynamic approach to international competitiveness: the case of Korea", *Asia Pacific Business Review*, 1994, 1 (1): 17-36.

[150] Claver, E., Lǒpez, M. D., Molina, J. F., Tarí, J. J., "Environmental management and firm performance: a case study", *Journal of Environmental Management*, 2007, 84 (4): 606-619.

[151] Cole, M. A., Rayner, A. J., Bates, J. M., "The environmental Kuznets Curve: an empirical analysis", *Environment and Development Economics*, 1997, 2 (4): 401-416.

[152] Cooper, J., "Innovation in logistics: the impact on transport and the environment", *Studies in Environmental Science*, 1991, 45: 235-253.

[153] Dada, A., Staake, T., Fleisch, E., *The potential of the EPC netwwork to monitor and manage the carbon footprint of products*, Auto-ID Labs White Paper WP-BIZAPP-047, 2009.

[154] David, B., Hartmut, K., Juergen, S., "Climate policy and solutions for green supply chains: Europe's predicament", *Supply Chain Management*, 2015, 20 (3): 249-263.

[155] Delmas, M. A., "The diffusion of environmental standards in Europe and in the United States: an institutional perspective", *Policy Science*, 2002, 35 (1): 91 – 119.

[156] Downing P. B., Kimball, J. N., "Enforcing pollution control laws in the United States", *Policy Studies Journal*, 1983, 11 (1): 55 – 65.

[157] Eiadat, Y., Kelly, A., Roche, F., Eyadat, H., "Green and competitive? an empirical test of the mediating role of environmental innovation strategy", *Journal of World Business*, 2008, 43 (2): 131 – 145.

[158] European Environment Agency. Market-based instruments for environmental policy in Europe, EEA Technical Publications, 2005.

[159] Fabian, T., "Supply chain management in an era of social and environment accountability", *Sustainable Development International*, 2000, (2): 27 – 30.

[160] Fahimnia, B., Sarkis, J., Davarzani, H., "Green supply chain management: a review and bibliometric analysis", *International Journal of Production Economics*, 2015, 162: 101 – 114.

[161] Fischer, K., Johan, S., *Environmental Strategies for Industry*, Washington D C: Island Press, 1993.

[162] Geerlings, H., Nijkamp, P., Rietveld, P., *Towards a new theory on technological innovations and network management: the introduction of environmental technology in the transport sector*, Innovative Behaviour in Space and Time. Springer Berlin Heidelberg, 1997.

[163] Ghisetti, C., Rennings, K., "Environmental innovations and profitability: how does it pay to be green? an empirical analysis on the German innovation survey", *Journal of Cleaner Production*, 2014, 75: 106 – 117.

[164] Gray, W. B., Shadbegia, R. J., Pollution abatement cost, regulation and plant level productivity, Washington D C, NBER Working Paper No. 4994, 1995.

[165] Groenewegen, P., Vergragt, P., "Environmental issues as threats and opportunities for technological innovation", *Technology Analysis & Strategic Management*, 1991, 3 (1): 43 – 55.

[166] Gu, L., Xi, L., Wen, S., "Exploration on the low-carbon strategy based on the evolutionary game between the government and highway logistics enterprises", *Argo Food Industry Hi-Tech*, 2017, (2): 1796 – 1880.

[167] Guo, Z., Zhang, D., Liu, H., He, Z., Shi, L., "Green transportation scheduling with pickup time and transport mode selections using a novel multi-objective memetic optimization approach", *Transportation Research Part D: Transport Environment*, 2018, 60: 495 - 506.

[168] Halldórsson, Á., Gyöngyi, K., "The sustainable agenda and energy efficiency: logistics solutions and supply chains in times of climate change", *International Journal of Physical Distribution & Logistics Management*, 2010, 40: 5 - 13.

[169] Harris, I., Naim, M., Palmer, A., Potter. A, Mumford, C., "Assessing the impact of cost optimization based on infrastructure modelling on CO_2 emissions", *International Journal of Production Economics*, 2011, 131 (1): 313 - 321.

[170] Hart, S. L., "A natural resource based view of the firm", *Academy of Management Review*, 1995, 20 (4): 986 - 1014.

[171] Hart, S. L., "Beyond greening: strategies for a sustainable world", *Harvard Business Review*, 1997, 75 (1): 66 - 76.

[172] Hettige, H., Lucas, R. E. B., Wheeler, D., "The toxic intensity of industrial production: global patterns, trends and trade policy". *The American Economic Review*, 1992, 82 (2): 478 - 481.

[173] Herbert-Copley, B., "Technical change in African industry: reflections on IDRC-Supported research", *Canadian Journal of Development Studies*, 1992, 13 (2): 231 - 249.

[174] Hickman, R., Ashiru, O., Banister, D., "Transport and climate change: simulating the options for carbon reduction in London", *Transport Policy*, 2010, 17 (2): 110 - 125.

[175] Huang, H., A study of developing Chinese low carbon logistics in the new railway period, International Conference on E-product E-service & Eentertainment, 2010.

[176] Hussain, N., Rigoni, U., Orij, R. P., "Corporate Governance and Sustainability Performance: Analysis of Triple Bottom Line Performance", *Journal of Business Ethics*, 2018, 149 (2): 411 - 432.

[177] ISO technical committee ISO/TC 207, ISO 14064 - 1 Greenhouse gases// Part 1: Specification with guidance at the project level for quantification, monitoring and reporting of greenhouse gas emission reductions or removal

enhancements, 2006.

[178] ISO technical committee ISO/TC 207, ISO 14064 -2 Greenhouse gases// Part 2: Specification with guidance at the project level for quantification, monitoring and reporting of greenhouse gas emission reductions or removal enhancements, 2006.

[179] ISO technical committee ISO/TC 207, ISO 14064 -3 Greenhouse gases// Part 3: Specification with guidance for the validation and verification of greenhouse gas assertions, 2006.

[180] ISO, *ISO 26000d Guidance on Social Responsibility*, The International Organization for Standardization, Geneva, Switzerland, 2010.

[181] Jaffe, A. B., Peterson, S. R., Portney, P. R., "Environmental Regulation and the competitiveness of U. S. manufacturing: what dose the evidence tell us?". *Journal of Economic Litterature*, 1995, 33 (1): 132 -163.

[182] Jaffe, A. B., Palmer, K., "Environmental regulation and innovation: a panel data study", *The Review of Economics and Statistics*, 1997, 79 (4): 610 -619.

[183] Jamali, D., Karam, C., "Corporate social responsibility in developing countries as an emergingfield of study", *International Journal of Management Reviews*, 2016, 20 (1): 32 -61.

[184] James, K., Fitzpatrick, L., Lewis, H., Sonneveld, K., *Sustainable packaging system development, handbook of Sustainability research*, Frankfurt: Peter Lang Scientific Publishing, 2005.

[185] Joo, H. Y., Seo, Y. W., Min, H., "Examining the effects of government intervention on the firm's environmental and technological innovation capabilities and export performance", *International Journal of Production Research*, 2018, (3): 1 -22.

[186] Jorgenson, D. W., Wilcoxen, P. J., "Intertemporal general equilibrium modeling of us environmental regulaion", *Journal of Policy Modeling*, 1990, 12 (4): 715 -744.

[187] Kahn, M. E., "A Household Level Environmental Kuznets Curve", *Economics Letters*, 1998, 59 (2): 269 -273.

[188] Karakaya, E., Hidalgo, A., Nuur, C., "Diffusion of eco-innovations: A review", *Renewable & Sustainable Energy Reviews*, 2014, 33: 392 -399.

[189] Karen, B., Dietmar, G., Jeffrey, H., *Mastering carbon man-*

agement balance trade-offs to optimize supply chain efficiencies, IBM Global Business Services, 2008.

[190] Keeley, J., "Balancing technological innovation and environmental regulation: an analysis of Chinese agricultural biotechnology governance", *Environmental Politics*, 2006, 15 (2): 293 - 309.

[191] Kemp, R., Arundel, A., et al., Survey indicators for environment innovation, Paper Presented to Conference Towards Environment Innovation Systems in Garmisch-Partenkirchen, 2002.

[192] Krystyna, K., "Corporate social responsibility: a case study of a logistics company", *Economic Science for Rural Development*, 2013, (31): 159 - 163.

[193] Lampikoski, T., Westerlund, M., Rajala, R., Möller, K., "Green innovation games: value-creation strategies for corporate sustainability", *California Management Review*, 2014, 57 (3): 88 - 116.

[194] Lantz, V., Feng, Q., "Assessing income, population, and technology impacts on CO_2 emission in Canada, Where's the EKC?" *Ecological Economics*, 2006, 57 (2): 229 - 238.

[195] Lee, K., "Integrating carbon footprint into supply chain management: the case of Hyundai Motor Company (HMC) in the automobile industry", *Journal of Cleaner Production*, 2011, 19 (11): 1216 - 1223.

[196] Levy, B., Spiller, P. T., *Regulaations, institutitions and commitment: comparative studies of telecommunication*, Cambridge University Press, 1996.

[197] Lin, C., Tseng, J., "Green technology for improving process manufacturing design and storage management of organic peroxide", *Chemical Engineering Journal*, 2012, 180: 284 - 292.

[198] Linton, J. D., Klaasen, R., Jayaramn, V., "Sustainable supply chains: an introduction", *Journal of Operations Management*, 2007, 25 (6): 1075 - 1082.

[199] Loureiro, M. L., Labandeira, X., Haneman, M., "Transport and low-carbon fuel: a study of public preferences in Spain", *Energy Economics*, 2013, 40: 126 - 133.

[200] Mahony, T. O., Peng, Z., John, S., "The driving forces of change in energy-related CO_2 emissions in Ireland: a multi-sectoral decomposition from 1990

to 2007", *Energy Policy*, 2012, (44): 256 - 267.

[201] Marianne, V., Lane, T. E., Korver, W., "Managing energy demand through transport policy: what can South Africa learn from Europe", *Energy Policy*, 2010, 38 (2): 826 - 831.

[202] Martinez-Zarzoso, I., Bengochea, M. A., "Pooled mean group estimation for an environmental Kuznets curve for CO_2", *Economic Letters*, 2004, 82 (1): 121 - 126.

[203] Mattews, H. S., Weber, C., Hensrickson, C. T., Estimating carbon footprints with input-output models, Spain: International Input Output Meeting on Managing the Environment, 2008.

[204] McKinnon, A. C., "Product-level carbon auditing of supply chains environmental imperative or wasteful distraction", *International Journal of Physical Distribution & Logistics Management*, 2010, 40 (1/2): 229 - 238.

[205] McKinnon, A. C., Woodburn, A., "Logistical restructuring and road freight traffic growth", *Transportation*, 1996, 23 (2): 141 - 161.

[206] Moon, H. C., Rugman, A. M., Verbeke, A., "A generalized double diamond approach to the global competitiveness of Korea and Singapore", *International Business Review*, 1998, 7 (2): 135 - 150.

[207] Morrow, W. R., Gallagher, K. S., Collantes, G., Lee, H., "Analysisof policies to reduce oil consumption and greenhouse-gas emissions from the US transportation sector", *Energy Policy*, 2010, 38 (3): 1305 - 1320.

[208] Murphy, P. R., Poist, R. F., Braunschweig, C. D., "Role and relevance of logistics to corporate environmentalism: an empirical assessment", *International Journal of Physical Distribution & Logistics Management*, 2013, 25 (2): 5 - 19.

[209] Nowicka, K., "Smart city logistic on cloud computing model", *Procedia-Social and Behavioral Sciences*, 2014, 115: 266 - 281.

[210] OECD Publishing, "OECD studies on environmental innovation environmental policy, technological innovation and patents", *Source OECD Environment & Sustainable Development*, 2008, 17: i - 183.

[211] Palmer, A., An integrated routing model to estimate carbon dioxide emissions from freight vehicles, Logistics Research Network 2007 Conference Preceedings University of Hull, 2007: 27 - 32.

[212] Panayotou, T., "Empirical tests and policy analysis of environ-

mental degradation at different stages of economic development", *Ecological Economics*, 1993, 28: 311 - 125.

[213] Pandey, D., Agrawal, M., Pandey, J. S., "Carbon footprint: current, methods of estimation", *Environment Monitoring and Assess*, 2011, 178 (1 - 4): 135 - 160.

[214] Pao, H. T., Tsai, C. M., "CO_2 emissions, energy consumption and economic growth in BRIC countries", *Energy Policy*, 2010, 38 (12): 7850 - 7860.

[215] Papagiannaki, K., Diakoulaki, D., "Decomposition analysis of CO_2 emissions from passenger cars: the cases of Greece and Denmark", *Energy Policy*, 2009, 37 (8): 3259 - 3267.

[216] Pargal, S., Wheeler, D., "Informal regulation of industrial pollution in developing countries: evidence from Indonesia", *Journal of Political Economy*, 1996, 104 (6): 1314 - 1327.

[217] Pashigan, B. P., "The Effects of Environmental Regulation On Optimal plant Size and Factor Shares", *Journal of Law & Economics*, 1984, 27 (1): 1 - 28.

[218] Pattara, C., Raggi, A., Cichelli, A., "Life cycle assessment and carbon footprint in the wine supply-chain", *Environmental Management*, 2012, 49 (6): 1247 - 1258.

[219] Pearce, D., Markandya, A., Barbier, E, *Blueprint for a green economy: a report*, London: Earthscan, 1989.

[220] Porter, M. E., "America's green strategy", *Scientific American*, 1991, 264 (4): 168.

[221] Porter, M. E., Van der Linde, C., "Green and competitive: Ending the stalemate", *Harvard Business Review*, 1995, 28 (6): 128 - 129.

[222] Prahalad, C. K., Hamle, G., "The core competeence of the corporation", *Harvard Business Review*, 1990, 5 (6): 89 - 98.

[223] Rennings, K., "Redefining innovation-eco-innovation research and the contribution from ecological economics", *Ecological Economics*, 2000, 32 (2): 319 - 332.

[224] Rhoades, J. D., *Methods of soil analysis: chemical and mircobiological properties*, New York, USA: Academic Press, 1985.

[225] Rothman, D. S., "Environmental Kuznets curves—real progress

or passing the buck?: a case for consumption-based approaches", *Ecological Economics*, 1998, 25 (2): 177 - 194.

[226] Rugman, A. M., D'Cruz, R. J., "The double diamond model of international competitiveness: the Canadian experience", *Management International Review*, 1993, 33: 17 - 39.

[227] Russo, M. V., Fouts, P. A., "A resource-based perspective on corporate environmental performance and profitability", *Academy of Management Journal*, 1997, 40 (3): 534 - 559.

[228] Schiederig, T., Tietze, F., Herstatt, C., "Green innovation in technology and innovation management—an exploratory literature review", *R&D Management*, 2012, 42 (2): 180 - 192.

[229] Sharma, S., Vredenburg, H., "Proactive corporate environmental strategy and the development of competitively valuable organizational capabilities", *Strategic Management Journal*, 2015, 19 (8): 729 - 753.

[230] Simpson, R. D., Bradford, R. L., "Taxing variable cost: environmental regulation as industrial policy", *Journal of Environmental Economics and Management*, 1996, 30 (3): 282 - 300.

[231] Slater, J., Angel, I. T., "The import and implications of environmentally linked strategies on competitive advantage: a study of Malaysian companies", *Journal of Business Research*, 2000, 47 (1): 75 - 89.

[232] Sundarakani, B., Souza, R. D., Goh, M., Wagner, S. M., Manikandan, "Modeling carbon footprints across the supply chain", *International Journal of Production Economics*, 2010, 128 (1): 43 - 50.

[233] Stan, Li, Y., "Energy policy systems and reference significance of nordic countries", *Academic Frontier*, 2015 (1): 6 - 21.

[234] Stanwick, P. A., Stanwick, S. A., "The relationship between corporate social performance, and organizational size, financial performance, and environmental performance: an empirical examination", *Journal of Business Ethics*, 1998, 17 (2): 195 - 204.

[235] Tajik, N., Tavakkoli-Moghaddam, R., Vahdani, B., Meysam, M. S., "A robust optimization approach for pollution routing problem with pickup and delivery under uncertainty", *Journal of Manufacturing Systems*, 2014, 33 (2): 277 - 286.

[236] Tang, S. L., Wang, W. J., Yan, H., Hao, G., "Low carbon

logistics: reducing shipment frequency to cut carbon emissions", *International Journal of Production Economic*, 2015, 164: 339 - 350.

[237] Timo Busch, Volker H. Hoffmann, "Emerging carbon constraints for corporate risk management", Ecological Economics, 2007, 62, (3): 518 - 528.

[238] Ubeda, S., Arcelus, F., Faulin, J., "Green logistics at Eroski: a case study", *International Journal of Production Economics*, 2011, 131 (1): 44 - 51.

[239] Upbam, P., Bleda, M., *Carbon labelling: public perceptions of the debate*, Tyndall Centre, Manchester, 2009.

[240] USEPA (USEPA, United States Environmental Protection Agency), Sources of Greenhouse Gas Emissions, 2016.

[241] Veugelers, R., "Empowering the green innovation machine", *Interecomics*, 2016, 51 (4): 205 - 208.

[242] Vincent, J. R., "Testing for environmental Kuznets Curves within a developing country", *Environment and Developmental Economics*, 1997, 2 (4): 417 - 431.

[243] Waldman, D. A., Siegel, D., "Defining the socially responsible", *The Leadership Quarterly*, 2008, 19 (1): 117 - 131.

[244] Walley, N., Whitehead, B., "It's not easy being green", *Harvard Business Review*, 1994, 5 (6): 46 - 52.

[245] Wang J. X., Lim, M. K., Tseng, M., Yang Y. "Promoting low carbon agenda in the urban logistics network distribution system", *Journal of Cleaner Production*, 2019, 211: 146 - 160.

[246] Wang, Y. H., Luo, J. Y., "Evolution relationship between Hangzhou economic growth and environmental quality based on EKC", *Value Engineering*, 2012, 29 (17): 151 - 152.

[247] Wei, Y. M., Liu, L. C., Fan, Y., Wu, G., "The impact of lifestyle on energy use and CO_2 emission: an empirical analysis of China's residents", *Energy Policy*, 2007, 35 (1): 247 - 257.

[248] Wernerfelt, B., "A resource-based view of the firm", *Staategic Managemengt Journal*, 1984, 5 (2): 171 - 181.

[249] Winn, S. F., Roome, N. J., "R&D management responses to the environment: current theory and implications to practice and research", *R&D Management*, 2010, 23 (2): 147 - 160.

[250] Woensel, T. V., Creten, R., Vandaele, N., "Managing the environmental externalities of traffic logistics: the issue of emissions", *Production and Operations Management*, 2001, 10 (2): 207 – 223.

[251] Wu, H. J., Dunn, S. C., "Environmentally responsible logistics systems", *International Journal of Physical Distribution & Logistics Management*, 1995, 25 (2): 20 – 38.

[252] Yorka, R., Rosab, E. A., Dietz, T., "STIRPAT, IPAT and ImPACT: analytic tools for unpacking the driving forces of environmental impact", *Ecological Economics*, 2003, 46 (3): 351 – 365.

[253] Zahiri, B., R. Tavakkoli-Moghaddam M. Mohammadi, Jula, P., "Multi-objective Design of an Organ Transplant Network under Uncertainty", *Transportation Research Part E: Logistics and Transportation Review*, 2014, 72: 101 – 124.

[254] Zhang, D. Z., Zhan, Q. W., Chen, Y. C., Li, S., "Joint optimization of logistics infrastructure investments and subsidies in a regionallogisticsnetwork with CO_2 emission reduction targets", *Transportation Research Part D: Transport and Environment*, 2018, 60: 174 – 190.

图书在版编目（CIP）数据

中国物流业碳排放测算与低碳化路径研究/李创著.
—北京：经济科学出版社，2020.5
ISBN 978－7－5218－1457－6

Ⅰ.①中…　Ⅱ.①李…　Ⅲ.①物流企业－二氧化碳－排放－研究－中国　Ⅳ.①X511

中国版本图书馆CIP数据核字（2020）第058913号

责任编辑：赵　蕾
责任校对：郑淑艳
责任印制：李　鹏　范　艳

中国物流业碳排放测算与低碳化路径研究
李　创　著
经济科学出版社出版、发行　新华书店经销
社址：北京市海淀区阜成路甲28号　邮编：100142
总编部电话：010－88191217　发行部电话：010－88191522
网址：www.esp.com.cn
电子邮箱：esp@esp.com.cn
天猫网店：经济科学出版社旗舰店
网址：http://jjkxcbs.tmall.com
北京季蜂印刷有限公司印装
710×1000　16开　13.25印张　230000字
2020年5月第1版　2020年5月第1次印刷
ISBN 978－7－5218－1457－6　定价：66.00元
（图书出现印装问题，本社负责调换。电话：010－88191510）